高等学校设计类专业教材

# 现代人机交互界面设计


主　编　李娟莉
副主编　李　博　谢嘉成
参　编　王学文　刘慧喜　庞新宇　张　婧　孙梦祯
主　审　任家骏

机械工业出版社
CHINA MACHINE PRESS

本书系统地介绍了人机交互界面设计的概念、原则、方法及其在网页端、移动端、虚拟现实系统、工业产品人机界面设计中的应用和评价。全书共分8章，内容包括用户界面设计、用户体验设计、交互设计、网页端人机界面设计、移动端界面设计、虚拟现实系统界面设计、工业产品中的人机交互、人机交互设计评价等。

本书符合党的二十大报告中关于“深入实施科教兴国战略、人才强国战略、创新驱动发展战略”的要求，在详细讲授基础理论知识的同时融入探索性实践内容，以增强学生的自信心和创造力，即用学科理论知识促进学生活跃思维、敢于创新，尽可能地将新思路在实践中进行创造性的转化，推动科学技术实现创新性发展。

本书适合作为普通高等院校工业设计、艺术设计、计算机应用等相关专业的教学用书，也可供设计人员及广大设计爱好者参考使用。

**图书在版编目（CIP）数据**

现代人机交互界面设计 / 李娟莉主编. —北京：机械工业出版社，2022.7（2024.3 重印）
高等学校设计类专业教材
ISBN 978-7-111-70949-7

Ⅰ.①现… Ⅱ.①李… Ⅲ.①人-机系统-设计-高等学校-教材 Ⅳ.①TB18

中国版本图书馆CIP数据核字（2022）第098709号

机械工业出版社（北京市百万庄大街22号 邮政编码100037）
策划编辑：舒 恬　　责任编辑：舒 恬 王勇哲
责任校对：潘 蕊 张 薇　　封面设计：张 静
责任印制：李 昂
北京中科印刷有限公司印刷

2024年3月第1版第4次印刷
184mm×260mm · 11.5印张 · 272千字
标准书号：ISBN 978-7-111-70949-7
定价：49.80元

电话服务
客服电话：010-88361066
010-88379833
010-68326294

网络服务
机 工 官 网：www.cmpbook.com
机 工 官 博：weibo.com/cmp1952
金 书 网：www.golden-book.com
机工教育服务网：www.cmpedu.com

# 前　言

随着互联网的快速发展，社会对 UI、UE 设计师的需求逐年增加，交互设计成为设计师顺应时代发展趋势的必备技能。同时，随着智能化设备的不断普及，人机交互设计也成为产品开发过程中需重点关注的环节。交互设计是人、产品、服务之间联系与沟通的纽带，是多学科有机结合的产物，在互联网时代发挥着越来越重要的作用。将交互设计纳入课程教学，可加强学生对产品思维、用户体验的理解，使学生在界面设计、产品人机交互设计等方面更加系统地构建相关知识框架，并为实际设计操作提供理论指导，提高设计创作能力。

本书共分 8 章，第 1 章介绍了用户界面设计的概念及理论依据，提出了 UI 设计的开发流程和技术，并对 UI 设计的内容、版式、色彩三大细节设计规律进行深度探讨。第 2 章介绍了用户体验的相关知识，包括用户体验的概念、要素、特点等，以及用户体验在设计中的具体表现方法。第 3 章介绍了交互设计的构架与原则，结合用户体验，从用户认知的角度阐述交互设计的多样化形式，系统地介绍了交互设计的方法与设计流程。第 4 章与第 5 章分别介绍了网页端与移动端的界面设计原则、流程与内容。第 6 章介绍了交互设计在虚拟现实与增强现实中的发展与应用，阐述了交互设计在虚拟现实中的独特性与设计原则。第 7 章针对工业设计中产品的人机交互进行介绍，包括产品中的人机界面交互与人机操纵交互。第 8 章介绍了人机交互评价指标、评价流程、方法和数据获取，并结合案例对评价流程进行深入分析。在每一章中附有丰富的案例解析，帮助读者掌握相关理论知识的同时，能够有效指导读者将理论知识应用于产品设计中。本书融合了传统工业产品设计、平面设计与现代互联网新型技术，可使学生全面系统地掌握现代人机交互界面设计的相关知识，并应用于工业产品设计及互联网产品研发，进而扩大学生就业范围，达到学以致用的目的。

本书由太原理工大学李娟莉任主编，李博、谢嘉成任副主编，参加编写的有太原理工大学王学文、刘慧喜、庞新宇、张婧，山西工程技术学院孙梦祯。其中，第 1 章由李博编写，第 2 章由王学文编写，第 3 章由刘慧喜编写，第 4 章由庞新宇编写，第 5 章由张婧编写，第 6 章由谢嘉成编写，第 7 章由李娟莉编写，第 8 章由孙梦祯编写。参与本书资料收集及案例制作的还有太原理工大学研究生赵彩云、边轩毅、刘怡梦、沈宏达、温利强等。全书大纲由李娟莉和谢嘉成拟定，李娟莉和李博对全书进行了统稿。

本书承任家骏教授精心审阅，任教授提供了不少宝贵的意见，特致以衷心感谢。

由于编者水平所限，书中若有不足之处敬请读者批评指正，以便修订时改进。若读者在使用本书的过程中有其他意见或建议，恳请向编者提出。

编　者

# 目　录

# 第 1 章 用户界面设计

## 1.1 用户界面设计概述

用户界面（User Interface，UI）又称使用者界面，早期的 UI 设计追求繁复、美观、色彩绚丽、高端的视觉效果，然而在 UI 设计逐渐成熟的今天，过多的修饰反而成为一种累赘，影响用户体验。当今 UI 设计重点不仅是视觉设计，更注重用户体验；在未来，尤其是屏幕“消失”后，UI 设计不再受到屏幕制约，过分精美的视觉设计就会显得画蛇添足。

UI 设计的对象是产品所呈现给用户的、并与用户产生交互活动的界面，该界面的简洁、美观和易用对用户体验有很大的影响。UI 设计不仅强调界面的色彩、图形图标等视觉元素的美观性，对界面布局的合理性、信息的快速传递同样重视，旨在通过设计提高用户体验。

### 1.1.1 概念和现状

用户界面是系统和用户之间进行交互和信息交换的媒介，它实现信息的内部形式与人类可以接受形式之间的转换。UI 设计是指对软件的人机交互、操作逻辑、界面美观的整体设计；是通过协调界面的构成要素，给用户传递信息，满足用户心理需求，提高人与界面交流的效率。在 UI 设计过程中，用户心理学、人机工学、设计学等都是设计师必须考虑应用的学科。好的 UI 设计不仅是让软件变得有个性、有品位，还要让软件的操作变得舒适、简单、自由，充分体现软件的定位和特点。

我们从三个层面来理解 UI 的概念，如图 1－1 所示。UI 视觉层指对视觉元素美观性的设计，该层面是实现人机交互的基础。视觉元素包括 UI 界面中的图像、图标、色彩、文字等。UI 交互层指基于界面而产生的人与产品之间的交互行为，该层面通过对视觉元素的布局、形状和色彩进行设计，以符合用户的认知和行为习惯。UI 用户层指从用户出发，利用大数据对视觉元素进行情感化、个性化设计，实现沉浸式交互。这需要更多地研究用户心理和用户行为，从用户的角度来进行界面结构、行为、视觉等层面的设计。

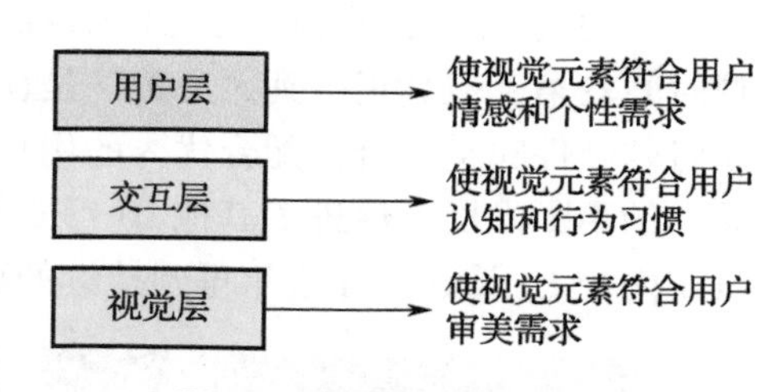


图 1－1 UI 概念的三个层次

1983 年，苹果公司发布了世界首台图像界面计算机 Lisa，它的问世可以作为 UI 设计的开端。随后 UI 样式不断发展，出现图形图标的应用，甚至保留至今。例如，1985 的计算机系统——Windows 1.0 的操作界面（图 1－2a）、Mac 早期操作界面（图 1－2b）、1985 年 6 月由俄罗斯发明者阿列克思·帕基特诺夫发明的俄罗斯方块游戏机（图 1 - 2c）、广告灯箱上闪动的文字和图片（图 1 - 2d）。

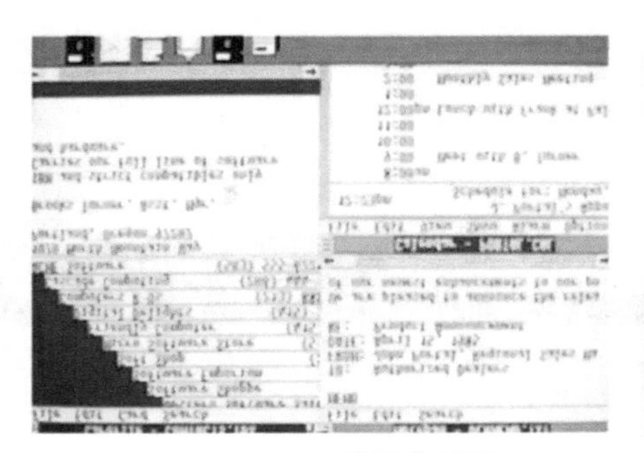

a）Windows1.0 的操作界面

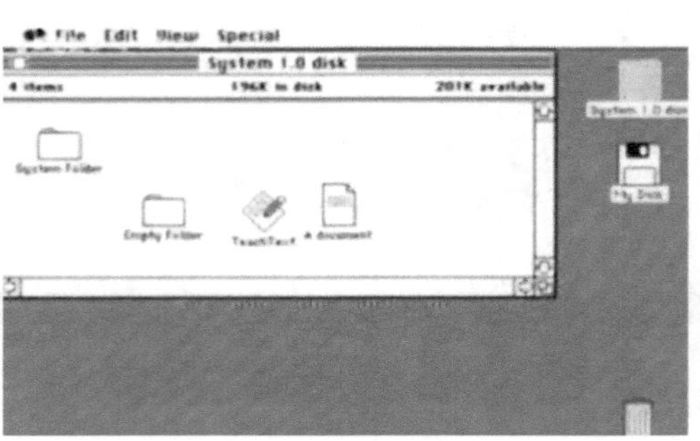


b）Mac 早期操作界面

c）俄罗斯方块游戏机

d）广告灯箱的图文

图 1 - 2　早期 UI 发展样式

由于互联网数字变革的飞速发展与智能移动设备的普及，人们在生活中对智能产品的操作已经成为日常习惯，各个行业开始对 UI 设计日趋重视，企业设计部门的设立也日趋完备，整体行业处于稳步发展阶段。近几年，国内一些知名度较高、发展较快的企业如小米、腾讯、新浪等，纷纷设立了 UI 设计部门，设计师逐渐开始注重用户体验。UI 设计的应用逐步拓展至工业设计与产品设计领域，如智能手表与智能家电，UI 的设计也逐步向可用性、人性化的方向发展。

移动端 UI 的出现改变了 UI 的发展方向，也推动着 UI 设计的创新与进步。手机 UI 的出现时间较早，但真正得到大力关注是在 iPhone4 出现以后（其 UI 设计如图 1 - 3 所示）。乔布斯将软硬件完美结合，配合优秀的用户体验，从此开辟了“苹果”设计的新时代。移动端 UI 设计的不断发展，促进了其他 UI 形式的兴起，指引 UI 设计发展方向。如图 1 - 4 中所展示的汽车内饰 UI 设计，在近年得到持续的更新发展。

图 1 - 3　移动端 UI 设计样式

图 1 - 4　汽车内饰 UI 设计样式

### 1.1.2　七大定律

随着 UI 设计的发展，众多设计者根据自身经验，结合跨领域知识，总结出 UI 设计中常用的七大定律，包括菲茨定律、席克定律、米勒定律、接近法则、泰思勒定律、防错原则、奥卡姆剃刀原理。

#### 1. 菲茨定律

菲茨定律（又称费茨法则）是 1954 年保罗 · 菲茨首先提出来的，用来预测从任意一点到目标中心位置所需时间的数学模型，在人机交互（Human Machine Interaction，HMI）和设计领域的影响最为广泛、深远。

定律内容：从一个起始位置移动到一个最终目标所需的时间（$T$）由两个参数来决定，分别是设备当前位置到目标位置的距离 $D$ 和目标的大小 $W$，如图 1 - 5 所示。用数学公式表达见式（1 - 1），其中 $a$ 和 $b$ 是经验参数，$a$ 代表设备开始/结束的时间，$b$ 代表设备本身的速度。

$$T = a + b\log_2(D/W + 1) \tag{1-1}$$

菲茨定律的启示：

1）按钮等可点击对象需要合理的尺寸。

2）因为屏幕的边角位置是鼠标移动的极限位置，换言之，无论鼠标如何移动都会停留在屏幕的边角位置，因此将菜单栏、按钮等置于该位置可以方便用户快速定位，降低操作精度要求，缩短操作时间。

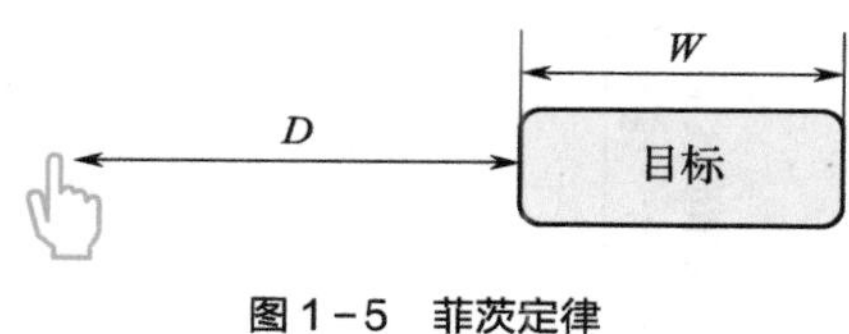

图 1 - 5　菲茨定律

3）由于出现在用户当前操作对象旁的控制菜单（右键菜单）可以减少移动鼠标的操作，因此可以比下拉菜单或工具栏打开得更快。

#### 2. 席克定律

席克定律（又称希克法则）以英国心理学家 William Edmund Hick 的名字命名。该定律指出，我们做决定的时间会随着选择数量的增加而相应增加，其函数关系如图 1 - 6 所示。用数学公式表达见式（1 - 2），其中 $T$ 为反应时间，$n$ 为选项数量，$a$ 表示的是与做决定无关的时间（前期认识和观察的时间），$b$ 表示根据对选项认识的处理时间（从经验衍生出的常量，对人来说约为 0.155s）。

$$T = a + b\log_2(n) \tag{1-2}$$

根据席克定律内容，设计师应尽量减少可供选择的选项数目，从而缩短反应时间，降低犯错的概率；此外，设计师也可以对选项进行同类分类或多层次分布，提高用户的使用效率。席克定律多应用于软件或网站界面的菜单及子菜单的设计中，在移动设备中也比较适用。

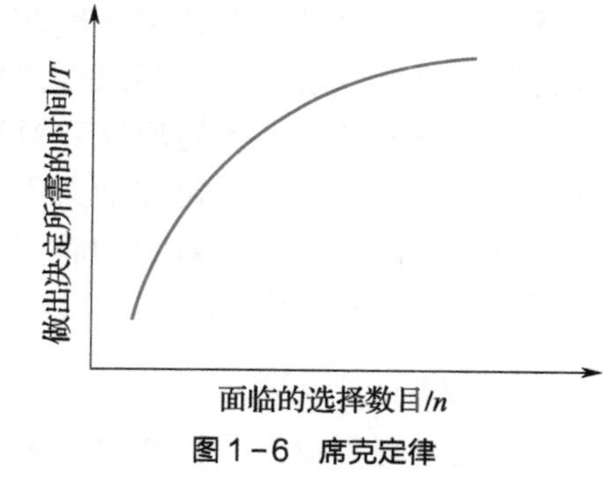

图 1 - 6　席克定律

#### 3. 米勒定律

1956 年，乔治 · 米勒对短时记忆能力进行了定量研究，他发现人类头脑最好的状态能记忆 7 ± 2 项信息块，在记忆了 5 ~ 9 项信息后人类的头脑就开始出错，记忆精准度随着记忆信息数增加而降低，该发现被称为米勒定律（又称 7 ±2 法则），其函数关系如图 1 - 7 所示。

米勒定律适用于生活中的方方面面，如当设计一个相对复杂的任务时，可以减少每个组块中元素的数量（不超过 9 个），确保用户使用界面时，大脑可以最大限度地记住这些内容，当项目列表变得很长时，可读性和易读性会变得很弱，需要用户花费额外的时间来阅读或搜索。

### 4. 接近法则

格式塔（Gestalt）心理学指出，当对象离得很近的时候，意识会认为它们是相关的。在交互设计中表现为一个提交按钮会紧邻着一个文本框，从而给使用者一个暗示，两者在功能上具有相关性。因此，如果相互靠近的功能块不相关，则说明交互设计可能存在问题。如图 1 - 8所示，因为摆放距离不同，人们潜意识里会认为距离近的圆形具有相关性，从而将下图中的圆形分为 a 和 b 两个集体。

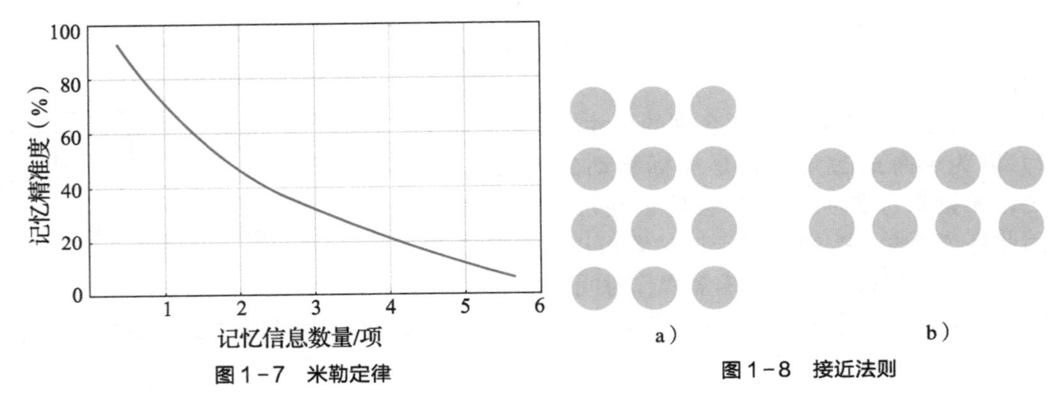


图 1 - 7　米勒定律

图 1 - 8　接近法则

### 5. 泰思勒定律

泰思勒定律由 Larry Tesler 于 1984 年提出，又称复杂性守恒定律。该定律认为，每一个系统或过程其整体的复杂度是不变的，存在一个临界点，超过这个点，该过程将不能再简化，只能将固有的复杂性从一个地方移动到另外一个地方。图 1 - 9 形象地说明了泰思勒定律的内容，用户复杂度和系统复杂度的和为整体复杂度，且整体复杂度为固定大小。

下面从手机的演变过程来理解该定律的内容。手机开发和使用这一过程的整体复杂度可以分为两部分：用户操作复杂度和手机开发复杂度。随着手机功能的不断演变，其操作方式从物理按键发展到虚拟按键，并进一步出现了手势操作和语音操作，用户操作方式的复杂度不断降低；而手机开发的复杂度却不断增加，投入的资金越来越多，技术要求随之提高。两者一增一减，使手机开发和使用这一过程的整体复杂度保持不变，是泰思勒定律的典型体现。设计师正是通过设计寻找设计对象的临界点，尽可能减少用户所面临的复杂程度。

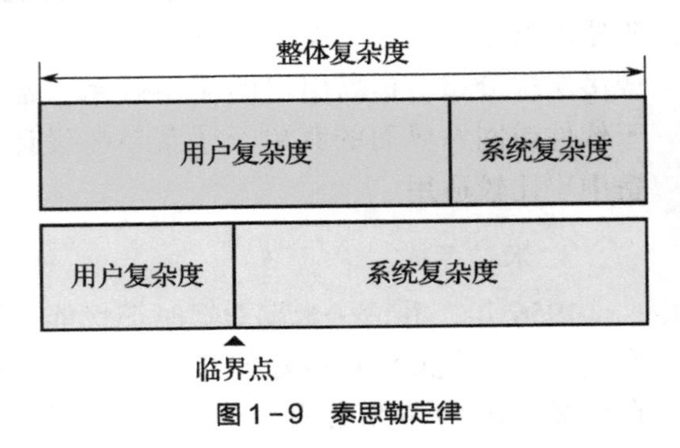


图 1 - 9　泰思勒定律

### 6. 防错原则

防错原则是通过设计将过失降低到最小，通

过设计及时地告诉用户哪里操作错了。防错原则认为，大部分的意外都是由于设计的疏忽，而不是人为操作疏忽造成的，因此在设计中要引入必要的防错机制。

防错原则最初用于工业管理，但在交互界面设计中也十分适用，如图 1－10 所示为知乎的登录界面，当输入的手机号格式错误时，“获取验证码”按钮为灰色，并无法点击，阻止用户的无效操作，如图 1－10a 所示；当手机号码格式正确时“获取验证码”按钮可以点击，如图 1－10b 所示。

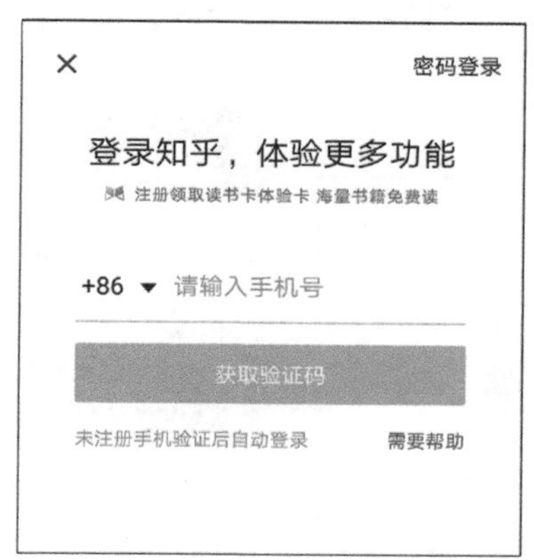


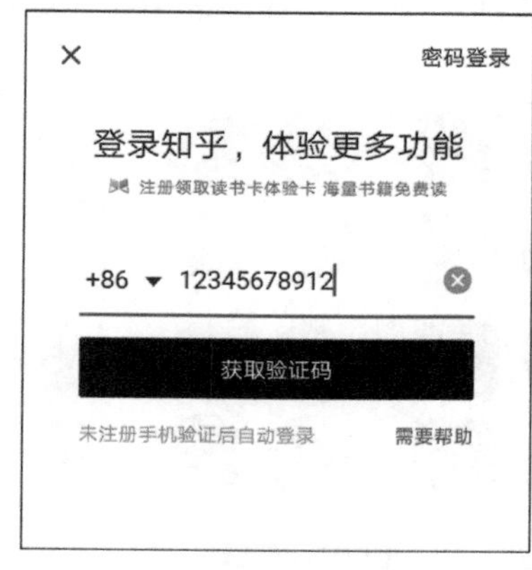


图 1－10　知乎登录界面

### 7. 奥卡姆剃刀原理

奥卡姆剃刀原理是由 14 世纪逻辑学家、圣方济各会修士奥卡姆的威廉提出。该原理指出不必要的元素会降低设计的效率，而且增加未预期后果发生的概率。在实体、视觉或者认知上，多余的设计元素，有可能造成设计失败或者其他问题。因此，合理地使用奥卡姆剃刀原理，能更好地传达设计者想要表达的内容，给用户带来更好的体验。

如图 1－11 所示为百度搜索首页界面，简洁的网站首页能让用户快速找到他们所需要的功能块。如果网站设计中充斥着很多无关紧要的东西，比如小弹窗、无用链接等，用户会因为不能快速找到自己想要的信息或功能而关闭网站。

图 1－11　百度搜索首页

## 1.1.3　完形心理学

在界面设计中，格式塔完形心理学的相关原则是非常重要的。格式塔心理学家认为，人类在进行认知行为的时候，会自动将形状缺失的部分填满，对零散的元素进行分类组合，进而形成完整的形状，因此格式塔学派也被称为“完形心理学”。完形心理学包含内容丰富，读者可以从五个方面进行学习，上文七大定律中提及的接近法则正是其中一个方面，下文将不再对其进行详述，具体讲解其他四个定律。

### 1. 相似定律

人会将特征相似的物品视为同一个组群。物品的特征主要包括颜色、形状、大小、肌理，其中颜色是最重要的一个特征。如图 1 – 12 所示，根据图中物品的颜色、形状和排列方式，以红色虚线框对其进行如下分组。

相似性可以帮助我们组织和分类一个组内的对象，并将它们与特定的意义或功能联系起来；一个物体可以通过与其他物体不同而得到强调，这被称为“异常”，用来创造对比或视觉重量。在 UI 设计中，相似定律多用于导航、链接、按钮、标题等功能块的设计中。图 1 – 13 展示了相似定律在 APP 的链接和按钮中的使用效果。通过对不同层级按钮图标的风格、链接选项卡的形状进行设计，借用相似定律对界面功能进行分区，提高用户识别效率。

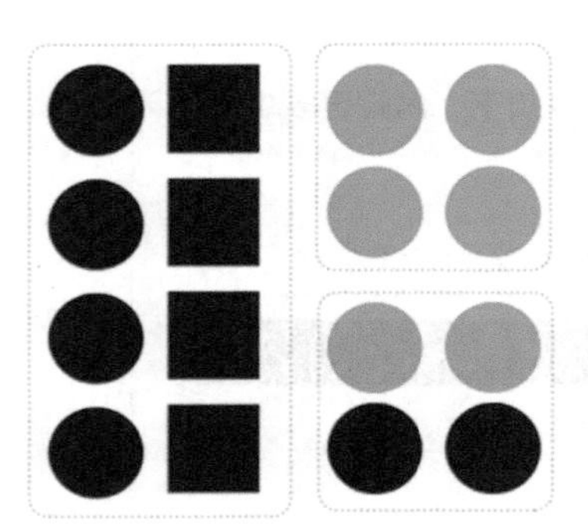

图 1 – 12　相似定律图示

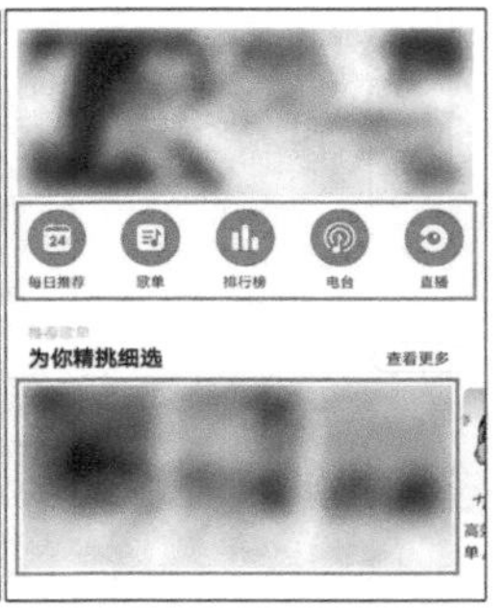


图 1 – 13　相似定律的应用

## 2. 延续定律

人会在视觉上寻找各种延续性的线条，因此如果在构图中有重复性的元素，观看者很快就会把它们串联起来，且串联所得的线条越光滑，这些元素越易被视为统一的形状。

延续定律是通过构图来指明物体延续方向的，可以帮助我们的眼睛平滑地在页面上移动，流畅地阅读信息。延续定律加强了对分组信息的感知，创造了秩序，并通过不同的内容片段引导用户。中断延续性可以标志一段内容的结束，让人注意到新的内容。

延续定律常用于导航栏、内容模块和滑动条排列设计。如图 1 – 14a 和 b 所示，只显示一半的导航栏和内容模块并不影响阅读，反而更好地发挥了延续定律的作用，为用户提供视觉引导，提高页面拓展性。图 1 – 14c 中视觉将沿着滑动条延续至整体。

a）导航栏

b）内容模块

c）滑动条

图 1 – 14　延续定律的应用

## 3. 闭合定律

闭合定律是完形心理学的重要主张，该定律认为，人们的视觉系统会自行对不连续、敞开的图形进行补充，形成封闭的、完整的图形，以此将其辨识为一个未进行任何分割的整体，而非零落的碎片。如图 1 – 15 所示，根据封闭性原理，可以将其分别看为圆形、正方形以及三角形。

图 1－15　闭合定律图示

正如闭合定律所指出的，当我们面对适当的信息量时，我们的大脑会通过填补空白并创建一个统一的整体来得出结论。该定律应用于 UI 设计中可以减少信息交流所需的元素数量，从而节省空间，在有限的交互界面内展示更多信息；同时，用户靠自身想象力补充图形的行为，可增加用户使用的趣味，保留想象空间。如图 1－16 所示为苹果公司的 logo，是闭合定律的典型案例。

图 1－16　苹果公司的 logo

#### 4. 简化定律

人对复杂的图形进行识别时，如果没有特定的要求，很容易把复杂图形识别为一个有组织的、简单的图形。在设计中，实现简化的常用方法是删除、重组、放弃和隐藏。图 1－17 为淘宝网首页通过隐藏的方式简化标签页展示。

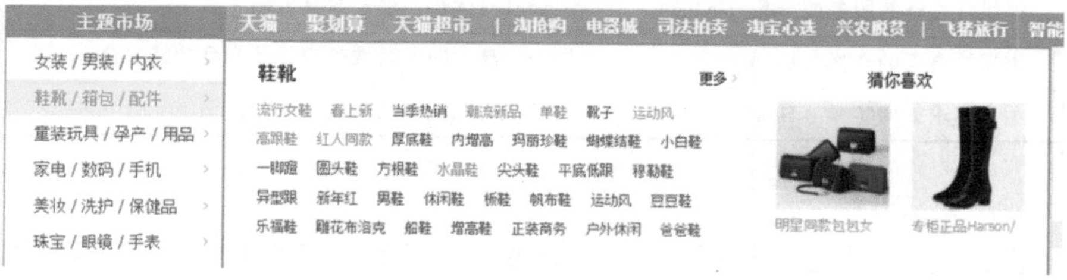

图 1－17　淘宝网首页

上述四条定律加上接近法则构成了完形心理学中最重要的五条定律，这些定律并不能单独存在，需要将其相互融合，共同作用于 UI 界面设计，才能达到最好的视觉效果。

## 1.2　UI 设计流程

UI 设计的流程众多，一般按照产品定位和竞品分析，确定风格，绘制线框图，设计配色以及细节的顺序进行。下面，我们将按照这个顺序对每个步骤进行介绍。

### 1.2.1　产品定位及竞品分析

#### 1. 产品定位和竞品分析的概念

产品定位是以产品的研发目的、功能范围、风格特征、目标用户为约束条件，确定一个产品方向去满足目标用户的需求，从而使产品在消费者心中留下独特的形象和地位。竞品分析正是产品定位的一个主要方法。竞品分析一词最早来源于经济学领域，是指对现有的以及潜在的竞争产品的优劣进行比较分析，可在产品定位中发挥参考作用。

### 2. 产品定位的意义和方法

产品定位为设计指明了方向，只有在项目实施过程中，不断依照产品定位修正设计方向，才能得到符合设计初衷的可视化界面。

一方面，产品定位决定了设计的基调。定位目标用户，有利于设计师了解目标用户，将产品的个性与用户的追求相匹配，确定产品的气质，思考设计风格。比如给小女孩设计的蛋糕，口味要甜，情感上要满足开心，外观上要梦幻可爱；那么给糖尿病老年人设计的蛋糕就要满足无糖、健康的功能，外观上也要恬淡、温馨。也就是说，产品定位要和用户的心智模型相匹配，才能设计出更加易被接受以及符合用户审美的界面。另一方面，产品定位规定了需求的迫切程度，即按照问题的缓急程度有顺序地解决，有助于设计师有效抓住用户“痛点”，挖掘其潜在需求，划分界面的主次关系，突出主要功能，合并隐藏或删除非主要的功能。

进行产品定位时，我们要解决 5 个问题，即 Who、Want、What、Unite 和 How。表 1 - 1 将对这五个步骤的目的和具体内容进行介绍。

表 1 - 1　产品定位步骤

| 步骤 | 步骤目的 | 步骤具体内容、方法 |
|---|---|---|
| 1 | 我们为谁服务（Who） | 目标市场定位，确定用户对象 |
| 2 | 用户需求是什么（Want） | 根据用户需求，确定产品功能需求的组合 |
| 3 | 提供什么样的服务或产品（What） | 结合自身优势，确定产品方向 |
| 4 | 供需结合点的选择（Unite） | 结合产品方向，筛选确定上述产品功能组合 |
| 5 | 用户需求如何实现（How） | 设计产品功能，从而满足用户需求 |

### 3. 竞品分析方法介绍

竞品分析是产品定位的一个主要方法。通过分析竞品，能够帮助企业了解当前市场竞争态势，找准产品定位的方向。

例如，在设计一款新的健身类 APP 产品之前，为了探索产品方向，可先调研现在市面上有哪些竞品，并对其各自的定位、用户群体、服务特色、发展现状进行分析，从而确定该 APP 的切入方向和设计模式。以当前市场现有的健身类 APP（KEEP、趣运动、初炼）为例，分析如下：KEEP 以健身教学视频为主打特色，趣运动以预约健身教练为主，而初炼以预约健身场馆为主；三个产品的切入点不同，目标用户也有差异，服务与模式同样大相径庭。

在选择和分析竞品时，可以根据产品定位、产品功能、目标用户、行业维度将竞品分为直接竞品、间接竞品和潜在竞品三大类，其中直接竞品最需要关注。表 1 - 2 对这三类竞品进行了对比分析。就竞品数量而言，不需选择所有的竞品，只需选取目前市场上位于前 20% 的优秀竞品进行分析，即可达到设计分析的目的。

表 1 - 2　竞品类型对比介绍

| 竞品类型 | 概念及特点 | 举例 |
|---|---|---|
| 直接竞品 | 根据产品功能筛选得到的产品；具体指产品的用户、方向、模式等完全相同 | 映客直播和花椒直播都是真人秀，两者为直接竞品关系 |

（续）

| 竞品类型 | 概念及特点 | 举例 |
| --- | --- | --- |
| 间接竞品 | 根据目标用户筛选得到的产品；产品目标人群相同，或产品需求/产品商业模式不同，但功能相同 | 映客直播和斗鱼直播是间接竞品关系，后者是游戏直播，与前者功能相同，但需求不同 |
| 潜在竞品 | 行业维度上功能类似的产品 | 映客直播和陌陌都用于个人展示，是潜在竞品关系 |

### 1.2.2　确定设计风格

一般来说，我们把设计风格拆分成设计与风格两方面。设计是人类有目的性的审美活动，是为达到某一明确目的的自觉行为；风格是美的不同视觉形式。简单地说，设计风格就是一种能够给人特定视觉感受的设计形式。确定设计风格是指开始设计之前先给一款界面确定整体基调，这是减少设计师不必要的时间成本的一个关键步骤。图 1－18 所示为确定设计风格的步骤。

（1）寻找产品气质　任何产品都有自己独特的气质，这种气质应该是设计本身赋予的，但是设计要忠于产品目标和产品方向，形式服从于功能，不然只是“花瓶”而已。产品的气质性语言是产品的独特语言，它使产品具有鲜明的风格特点，能够增加产品的社会魅力。

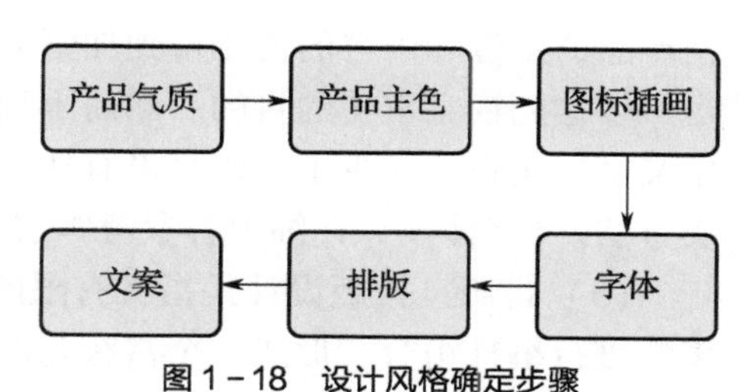


图 1－18　设计风格确定步骤

产品的气质性语言有很多，如柔美灵巧、阳刚有力、热情奔放、冷酷神秘、简约自然、有趣可爱、优雅高贵、高科技高品质、现代时尚、前卫新奇及复古经典等，每种产品气质都有着对应的视觉语言。

（2）确定主色　淘宝的橘色，天猫的红色，微信的绿色，这些 APP 和它们相应的品牌色深入人心，可以说，看到这个颜色就想到了这个应用。由此可见，品牌色的选择对设计的重要性。在设计中，我们必须确定一个品牌色，并以该色彩为主色，同时在界面元素设计中搭配不同的辅助色，从而组合成完整的界面。

主色是产品色彩的灵魂，更是一种可以强化视觉识别的信号。由于导航栏是全局的，更容易被用户重复看到，所以主色通常会用在 APP 界面的导航栏设计中，可强化主色的识别性，形成品牌色。

当然也有例外，如图 1－19a 所示的旧版微信界面，除了品牌色绿色，导航栏都是灰色的，各个界面元素也是使用不同灰度的色阶来搭配的。因为作为一定体量的产品，如何让用户“不讨厌”其实是一项非常重要的设计考量。如图 1－19b 新版的微信界面，样式更是简单，导航栏的灰色也没有了，虽然该界面设计并不炫酷，但它也不会使用户反感，而是使用户聚焦于内容。

（3）图标插画　选用恰当的图标设计手法，也能衬托出产品的气质（图标设计详细内容参考本书 1.3.2 节）。而插图可以影响产品的整体风格。如图 1－20 中，纤细的线性图标显得设计非常高雅，不规则的卡通图标适合儿童类应用，规则图形插画就显得中规中矩，而手绘插图则显得更加可爱温情。

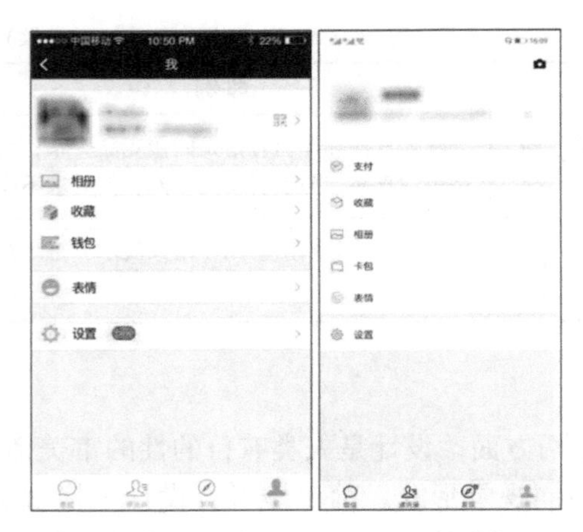


a）旧版微信界面　　b）新版微信界面

图 1－19　旧版微信界面和新版微信界面

图 1－20　矢量插画和手绘插画

（4）选用符合产品气质的字体　字体是设计师的重要武器之一，恰当地运用字体，可以使产品的定位和内容的情感得到加倍的表达。优秀的字体设计，既可以起到传递信息的作用，也可以达到视觉审美的目的。然而困扰许多设计师的是，不管是哪个平台，移动系统自带的中文字体实在是太少了，而且没有什么特色，内嵌字体成为一些追求完美的设计师的一个解决方法。（字体设计详细内容参考本书 1. 3. 1 节）

（5）排版　排版设计是指在有限的版面空间里，将界面元素按照所要表现的主题和设计美学进行编排组合，形成一个富有艺术美的整体形象的行为。产品界面的排版设计决定产品最终的视觉形象，传达产品的个性气质，对产品的品牌形象有重要的影响。（版式设计详细内容参考本书 1. 4 节）

（6）文案　文案是 APP 类应用的构成要素之一，通过词语加速表现、传播产品的信息和风格，是一种重要的表现形式，优秀的文案设计可以提高产品的使用效率提升使用体验。产品中的文案风格能直接体现产品的气质，如“抽风，网络又抽风了”“地主家也有没粮的时候”“闲着也是闲着，不如逛逛街吧”等淘宝文案，整体风格是欢乐和亲切的，从而塑造了淘宝轻松愉快、亲切友好的产品气质。

不要认为文案是产品设计的事情，作为一个有追求的设计师，理应尽可能从方方面面的细节去提升应用的设计品质。

### 1. 2. 3　绘制交互线框图

线框图是一种只使用简单形状（如框、圆、线和箭头等）和灰阶色彩填充（不同灰阶标明不同层次）来呈现界面的表示形式。换言之，线框图是一种低保真度的设计原型，在去除所有视觉设计细节之下，进行页面结构、功能和内容规划。具有以下三个优点：快速创建、帮助聚焦、方便修改。

线框图对于产品的作用就如同建筑蓝图，在项目的初始阶段规定好产品各方面的细节，作为整体项目说明。因为绘制起来简单、快速，也经常用于非正式场合，比如团队内部交流。可以说，线框图是产品设计流程中不可或缺的一部分。图 1－21 是一个网页的交互线框图，对界面元素布局做出了规划。

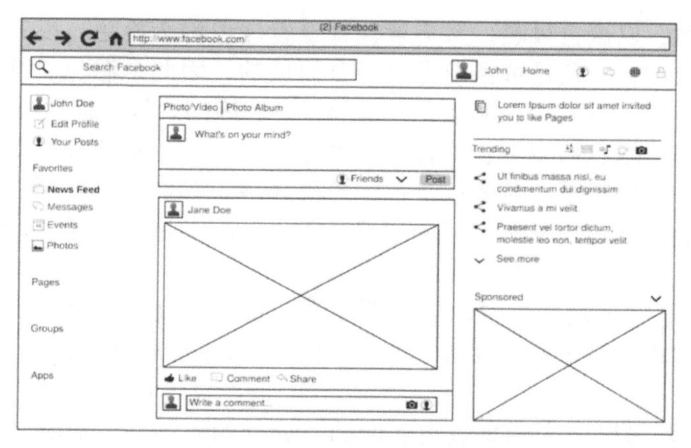


图 1－21　交互线框图范例

## 1.2.4　界面配色设计

我们都知道，世界万物多姿多彩，不同的色彩，能够让我们产生不同的情绪。同时，色彩还能影响人们的生理反应，一般红色会使血压升高，而蓝色则使人冷静。因此，在设计 UI 界面时，一定要注意色彩也是影响用户的一个非常重要的因素。设计师对不同配色方案的选择，绝不是仅仅取决于其对色彩的喜好，而是基于色彩的效应和色彩理论进行取舍的，因此颜色的选择过程远比它看起来要复杂得多。

### 1. 色彩的效应

色彩对设计产生了最直接的影响，是用户使用时可以最快捕捉到的视觉信息，能够对用户生理和心理产生潜移默化的影响。

（1）色彩的生理效应　生理心理学表明，感受器官能把物理刺激转化为能量，如将压力、光、声、化学物质等转化为神经冲动，神经冲动传到大脑而产生感觉和知觉。而在人的心理过程中，对先前经验的记忆、思想、情绪和注意集中等，都是大脑较高级部位以一定方式所具有的机能，它们表现了神经冲动的实际活动。费厄发现，肌肉的机能和血液循环在不同色光的照射下会发生变化，蓝光影响最弱，随着色光变为绿、黄、橙、红，影响依次增强。

色彩刺激对人的身心所起的重要影响，相当于长波的颜色引起扩展的反应，而短波的颜色引起收缩的反应。整个机体由于不同的颜色，或者向外胀，或者向内收，并向机体中心集结。此外，人的眼睛会很快地在它所注视的任何色彩上产生疲劳，而疲劳的程度与色彩的彩度成正比，当疲劳产生之后眼睛有暂时记录它的补色的趋势；如当眼睛注视红色后，产生疲劳时，再转向白墙上，则墙上能看到红色的补色绿色，因此，赫林认为，眼睛和大脑需要中间灰色，缺少了它，就会变得不安稳。

由此可见，在使用刺激色和高彩度的颜色时要十分慎重，并要注意在色彩组合时应考虑到视觉残像对物体颜色产生的错觉，以及能够使眼睛得到休息和平衡的机会。

（2）色彩的心理效应　用户根据经验、习惯等信息，对色彩可以产生不同的心理感受，因此色彩不仅包含颜色信息，更可以传递温度感、重量感、距离感和尺度感。在色彩运用中，可根据产品的气质、目标人群、使用环境等，选择合适的色彩，获得良好的用户体验。

1）温度感。在色彩学中，把不同色相的色彩分为暖色、冷色和温色，从红紫、红、橙、黄到黄绿色称为暖色，以橙色最暖；从青紫、青至青绿色称为冷色，以青色为最冷；紫色是红色与青色混合而成的，绿色是黄色与青色混合而成的，因此是温色。这和人类长期的感觉经验是一致的，如红色、黄色，让人似看到太阳、火、炼钢炉等，感觉温暖；而青色、绿色，让人似看到江河湖海、绿色的田野、森林，感觉凉爽。但是色彩的冷暖既有绝对性，也有相对性，越靠近橙色，色感越暖；越靠近青色，色感越冷。如红色比红橙色较冷，红色比紫色较暖，但不能说红色是冷色。此外，还有补色的影响，如在小块白色与大面积红色对比下，白色明显地带绿色，即红色的补色的影响加到白色中。

2）重量感。色彩的重量感主要取决于明度和纯度，明度和纯度高的视觉感受较轻，如桃红、浅黄色。在室内设计的构图中常以此达到平衡和稳定的需要，以及表现性格的需要，如轻飘、庄重等。

3）距离感。色彩可以使人感觉进退、凹凸、远近的不同，一般暖色系和明度高的色彩具有前进、凸出、接近的效果，而冷色系和明度较低的色彩则具有后退、凹进、远离的效果。室内设计中常利用色彩的这些特点去改变空间的大小和高低。

4）尺度感。色彩对物体大小的作用，包括色相和明度两个因素。暖色和明度高的色彩具有扩散作用，因此物体显得大，而冷色和明度低的色彩则具有内聚作用，因此物体显得小。不同的明度和冷暖有时也通过对比作用显示出来，室内不同家具、物体的大小和整个室内空间的色彩处理有密切的关系，可以利用色彩来改变物体的尺度、体积和空间感，使室内各部分之间的关系更为协调。

#### 2. 色彩理论

每个设计师都应该知道色彩的三个属性：色相、明度和饱和度。（色彩设计具体内容详见本书 1.5 节）

### 1.2.5 细节规律

仅从一个产品整体层面来评价其优劣往往是不够的，还要考量界面设计的细节是否到位。现在的竞争日益激烈，设计差异正在逐渐缩小，此时的细节就显得尤为重要。

UI 设计中的细节规律主要包括文字和图标（详见本书 1.3.2 节），箭头、分割线等页面组件（详见本书 1.3.4 节）、元素布局留白（详见本书 1.4.3 节）等。除此之外，还有一些小的细节需要注意，见表 1－3。设计细节是让设计师想得更细致，更全面，而不是一味地给页面填充更多的元素。

表 1－3　细节设计规律

| 细节元素 | 规律 | 图例 |
| --- | --- | --- |
| 圆角与尖角 | 圆角更具亲和力、稳重感，尖角易产生距离感 | |

（续）

| 细节元素 | 规律 | 图例 |
| --- | --- | --- |
| 投影 | 投影是一把双刃剑，用得好，会让界面产生层次感，更生动活泼；用不好，就会让界面变得脏与躁 |  |
| 信息层级 | 界面的设计更多是在进行复杂的信息层级整理，信息层级的整理本身就是细节的设计 | 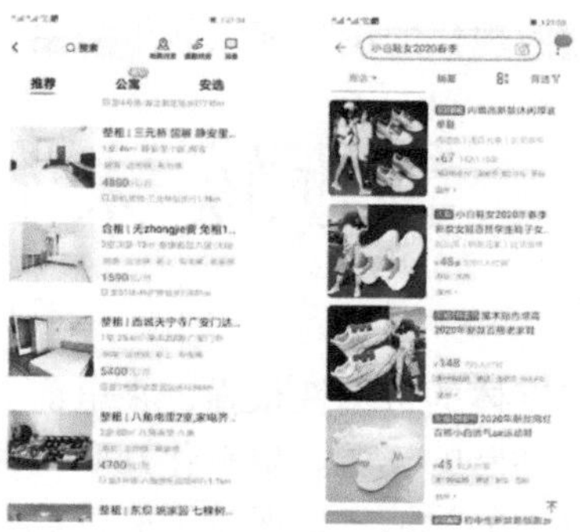 推荐 公寓 安选<br>4880<br>1590<br>5400<br>4700<br>小白鞋女2020春季<br>¥67<br>¥148<br>¥45 |
| 对齐 | 对齐可以使页面更规整、易于阅读，并且大大地降低程序开发的时间 |  脚踏板顺反旋驱动自行车亮相"上交会" |

## 1.3 UI 内容设计规律

UI 内容设计可以影响甚至决定产品界面风格，提高界面识别和使用效率，加强产品用户体验感，其设计对象主要包括文字、图标、图像、内容组件和多媒体五个部分。下面将分别对上述设计内容进行具体介绍。

### 1.3.1 文字

在 UI 设计中，文字主要用于承载内容，对文字的设计规律可以从以下四个角度进行考虑：文字的字体、文字笔画的粗细、文字排布的疏密、文字的色彩。

1. 字体

不同的字体气质不一样，并且不同场景下带给人的感受也不一样。虽然字体在界面设计中是一个非常重要、占比最多的元素，但关于字体设计的设计规范并不完善，更多的是设计师根据自身经验进行选择和设计，笔者在此根据自身经验做出关于字体设计的总结。

（1）衬线体和非衬线体　对所有文字字体，根据其特点分为衬线体和非衬线体两大类。衬线体即文字边角有装饰、笔画粗细有变化的字体，常见的衬线体有：英文字体 Caslon、Garamond 等，中文字体宋体。与衬线体相反，非衬线体即文字笔画粗细相同、线条笔直、曲率相同、转角锐利的字体，如英文字体 Helvetica、Gotham 等，中文字体黑体。

衬线字体优雅纤细，很适合唯美或者女性产品；因其装饰性明显，所以传达出来的文艺气质也更多；衬线字体常用于文化、艺术、生活、女性、美食、行政等领域，属于定位清晰的字体。宋体和楷体是最常见的衬线体文字（图 1－22），在从前的书籍印刷中多用于长篇幅的文本，然而现代的设计都以简单为主，所以宋体和楷体多用于中国风或复古风格的营造。

微软宋体　微软楷体

图 1－22　宋体与楷体字

非衬线字体的可塑性很强，在电商大促销的一些男性、运动类产品中经常见到，可以表现激情的、动感的气质。扁平化互联网时代到来之后，非衬线字体大篇幅应用于界面中，不仅保持了界面的简洁，也保持了阅读流畅性。黑体是典型的、最常见的非衬线体文字（图 1－23），其特点是笔画简单，横直均匀，较易识别并且充满现代感，多用于电子屏幕内的大篇幅正文。圆体笔画粗细相同，转角圆润（图 1－24），是非典型的非衬线字体，正因其圆润的转角，多用于孩童类产品或者营造青春少女派气息。

微软黑体

图 1－23　黑体字

汉仪粗圆　汉仪细圆

汉仪粗圆　汉仪细圆

图 1－24　圆体字

如图 1－25a 为知乎 APP 读书会界面，书本封面使用衬线字体，唯美文艺，具有装饰性；图 1－25b 为知乎 APP 杂志界面，使用非衬线体，展示更多内容的同时保持界面简洁，通过文字大小、粗细、色彩区别保持阅读流畅性。

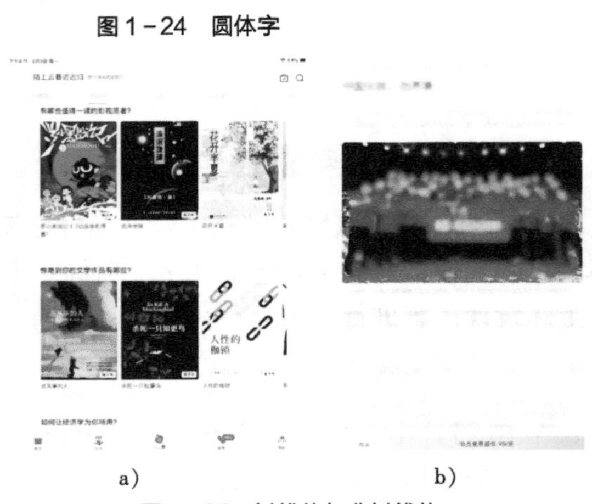

a)　b)

图 1－25　衬线体与非衬线体

（2）特殊字体　特殊字体本就容易引起视觉上的注意，所以在做 H5 或者其他活动页面时，除了需要设计的主标题，其他字体尽量用常规字体，过多的特殊字体会使页面对比过多，而且选择字体时一定要符合产品的属性和气质。如图 1－26 所示，“音乐的力量”这一名称使用特殊字体，在该界面中极大地吸引了用户视线，指明该 APP 为音乐类应用软件。

（3）书法体　书法体由于个人风格成分过多，识别感较差，所以一般不用于篇幅文本，多用于标题营造中国风；刚劲的书法体也常用于形容男儿的气概。

图 1－26　特殊字体界面效果

### 2. 文字笔画的粗细

粗笔画字体在文字排版上会形成高密度的文本块，这是因为笔画加粗，字体的负空间就会减小，视觉面积加重，产生一种压迫感，进而形成视觉重心，产生强调的作用。字体越粗越抓视觉，越彰显力道。

细笔画字体在视觉面积上较淡较轻，缩小了视觉面积后，笔画负空间增大，结构显得疏朗清透，较小的视觉分量亦不会让读者产生压迫感。细笔画彰显文艺。

文字笔画的粗细可以作为文字层级排列的方式之一。粗笔画常用于层级较高、文字较少的内容，如标题栏。细笔画多用于文字较多、层级较低、不需要强调的内容，如正文、辅助提示文字。如图 1－27 所示为手机应用商店的界面，该界面中“软件榜”使用大号、粗体文字，强调该页面的内容分类情况；每款 APP 的名称加粗，更快地引起用户的关注，增加识别效率；相反 APP 的介绍、评分等重要性较低的信息采用小号、细体、浅色文字，与 APP 名称形成对比。文字笔画粗细的变化既避免了界面信息层级不清的隐患，也使界面视觉效果均衡，不会给用户压迫感。

### 3. 文字排布的疏密

文字排布的疏密会影响用户的阅读效率和界面的美观度。过于紧凑的文字会增加界面的压迫感，用户阅读速度会降低；过于疏散的文字使界面缺乏整体感，界面变得混乱，也给用户阅读带来困难。

同时，文字排布的疏密可以影响产品的风格。日常生活中的文字书写显得轻松活泼，有一种随性不羁之美，而文字书于庙堂、铸于钟鼎，或者付梓成书、传于后世，则是有一种严谨端庄的美，其本质的区别则是结构的松散与严谨之分。

字间距更要注意松与散的把控，根据阅读顺序，明确字间距。字体结构越松散越轻松、随性；字体结构越紧凑越正式、庄重。

图 1－27　字体的粗与细效果

### 4. 文字的色彩

文字色彩的选择不仅需要满足清晰、易识别的要求，同时要与产品风格色彩相呼应，达到产品界面的和谐统一。

下文主要通过“KEEP”和“抖音”这两个明星级产品

来进行文字色彩分析，因为从日常比较高频使用的热门 APP 来说，这两款的整体设计非常优秀且又有各自的独立特点，里面有很多设计细节和交互特点值得我们研究学习。

如图 1－28a 所示，KEEP 由于品牌色深度刚好可以在主文本上延伸使用，这样既能够有一个品牌特点呈现，又减少了多一个主文字配色的麻烦；其他的常规文本和辅助文本都是用了标准的通用文字配色，这样会保持整个页面内重点文本内容突出且有品牌特点呈现，又避免了页面整体视觉感过于朝一个色系偏离而产生的视觉疲劳感。KEEP 的底部导航栏中未选中的图标使用色彩偏向了品牌色系，刚好和主色形成呼应，而整体色彩深度又比底部导航栏上的文本色略浅一些，这个小细节的选择完全看得出设计师的用心，因为文本和图标对比显示的面积更小，如果图标使用同样明暗度的颜色会显得比文本色重很多，整体视觉感也会有很大偏差。

如图 1－28b 所示，由于抖音产品特点是走暗色系的都市时尚感，所以其界面也是恰好地把品牌色直接延续使用在页面底色和底部导航栏上；同时版块的底色也是在色域不变的基础上把明度提高了一些，保持了整体色彩的平衡性。并且由于整体接近黑色所以大范围的使用也不会造成视觉疲劳感。

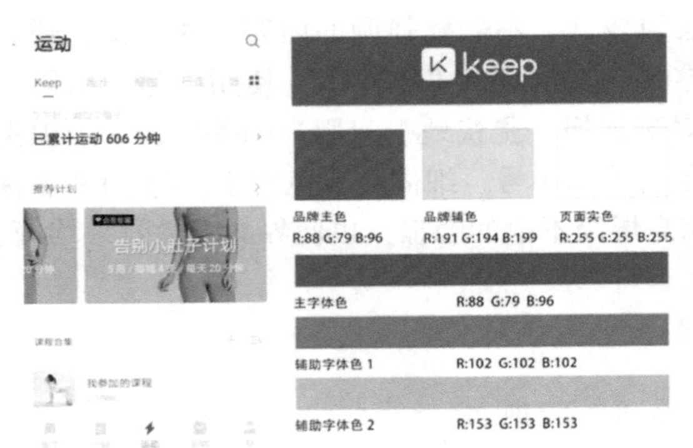


a）KEEP 主界面和配色方案

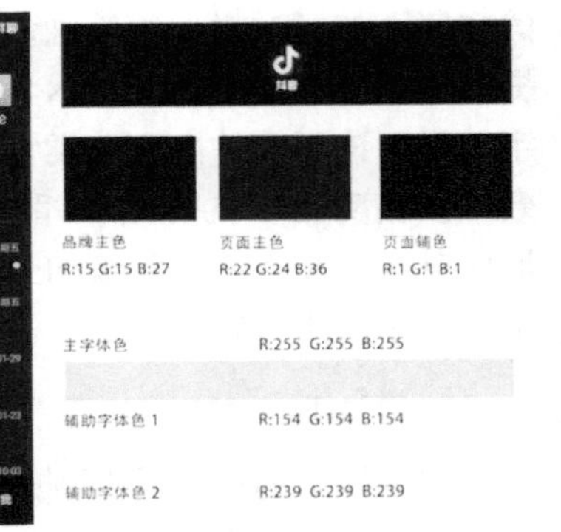


b）抖音主界面和配色方案

图 1－28　KEEP 和抖音界面

抖音的字体配色方法只使用了纯白色来做字体配色，然后通过不同透明度来规范不同文本性质的使用范围，这样在透明度的使用情况下既可以透出部分品牌色，又可以减少很多不必要的配色选择工作量，无论对于设计师还是开发者都是非常好的选择。

## 1.3.2　图标

在同一产品中，图标必须满足风格统一的要求。而产品图标可以分为类扁平类图形图标、面性结构图标（扁平类图标）、线性图标三种风格。下面对三种图标风格进行介绍。

### 1. 类扁平类图形图标

类扁平化设计既可以解决扁平化设计所带来的问题，又向扁平化靠拢，不武断地抛弃渐变和投影灯效果，相反可以使用细微的渐变、投影灯颜色效果，来营造空间感、距离感、视觉层次和边缘效果。

类扁平化设计更容易表达较为丰富和活跃的内容，在页面展现中能够更突出其特性，相对来说更适合使用在接近运营类项目或页面内引流入口图标使用。

在类扁平化设计中，通过一些微妙的美学效果给用户一种视觉上的暗示，告诉用户哪些对象很重要，并且可以操作，这样就大大提高了设计的可操作性和易用性，并且保持了扁平化的风格。如图 1－29 所示，是类扁平图标设计方案。

图 1－29　类扁平图标

### 2. 面性结构图标/扁平类图标

面性结构图标更容易吸引用户的注意力，而且面性结构图标本身类似按钮的形态，给用户带来可点击的心理预期。因此，某些重要的快捷入口，都会使用面性结构图标来表示。

加底色的图标更具点击欲望，更贴合按钮形状，而纯图形的图标更具装饰效果。如图 1－30 所示，APP 界面使用面性结构图标能更好地吸引用户注意力，提高使用效率。

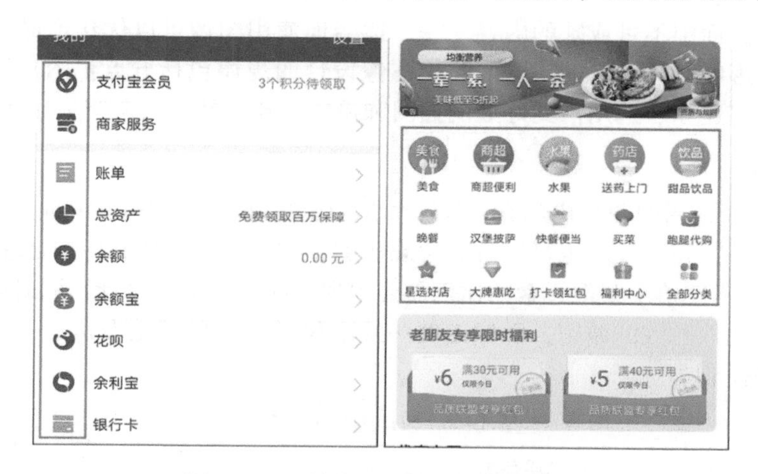


图 1－30　面性结构图标/扁平类图标范例

### 3. 线性图标

线性图标在视觉上重量较轻，视觉层级也较轻。由于越简单的纯色图标越不容易抓取用户的视觉，所以线性图标多用在非重要的位置，作为装饰作用。

纯色线性图标更显稳重、成熟，而多色线性图标更显活泼、年轻化。从视觉层级上来说，多色线性图标视觉层级较高。图 1－31 展示了一组线性图标设计。

图 1－31　线性图标

UI 界面图标设计需要遵循以下五条原则：

（1）可识别性　图标的设计要能够准确地表达相应的操作，让浏览者一眼就能明白图标要表达的意思。

（2）差异性　只有图标之间有差异性，才能被浏览者所关注和记忆，从而对设计内容留有印象。

（3）与环境的协调性　任何图标或者设计都不可能脱离环境而独立存在，图标最终要放在界面中才会起作用，图标的设计要考虑图标所处环境，这样的图标才能更好地为设计服务。

（4）视觉效果　图标设计追求视觉效果，一定要在保证差异性、可识别性和协调性原则的基础上，先满足基本的功能需求，然后考虑更高层次的视觉要求。

（5）创造性　在保证图标实用性的基础上，还要提高图标的创造性，只有这样才能和其他图标相区别，给浏览者留下深刻的印象。

### 1.3.3　图像

图像是产品界面中不可或缺的内容之一，适当地使用图像可以优化产品界面布局，增加用户阅读体验，影响产品风格的建立。关于图像设计的规律包括五点：图片比例、提高图片质量、图片的真实还原、选用恰到好处的插图和摄影、建立情景，总结为比例和内容两大类。

#### 1. 图像比例

UI 设计中比较常用的图片比例有：1:1、4:3、16:9、16:10。表 1－4 对上述四种图像比例进行了比较。此外，在设计时也可以打破常规比例，结合自身产品的特点合理地加以运用。

在 UI 设计中不仅单个图像元素的比例需要根据产品风格进行设计，同时多个图像元素的运用也需要满足比例一致的原则，图像比例一致不仅可以保持视觉表达的一致性，也能给后期运营维护带来便利。

表 1－4　常用图像比例介绍

| 图像比例 | 作用 | 常用范围 | 图片说明 |
|---|---|---|---|
| 1:1 | 强调主体的存在感；易将构图归整得简单 | 产品展示，头像、特写展示等 | 电商类 APP |
| 4:3 | 使图像更紧凑，更易构图 | 站酷、UI 中国的作品封面、Dribbble 作品展示等 | 站酷官网 |

（续）

| 图像比例 | 作用 | 常用范围 | 图片说明 |
|---|---|---|---|
| 16:9 | 可以呈现电影场景般的效果，能给用户一种视野开阔的体验 | 影视娱乐类 APP 视频展示页 | 腾讯视频 APP 界面 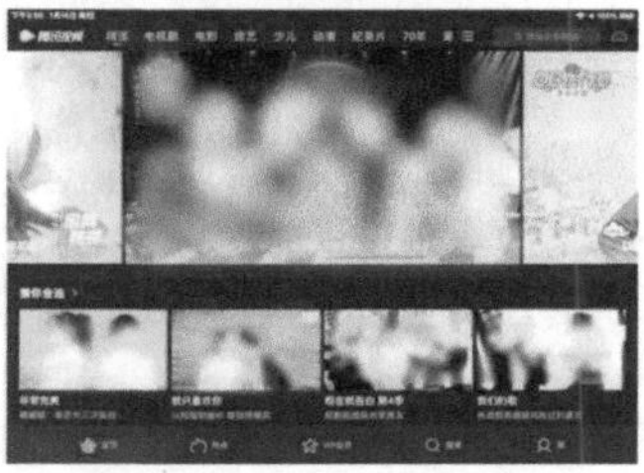 |
| 16:10 | 接近黄金比例 | 网易云音乐 APP 的音乐列表 | 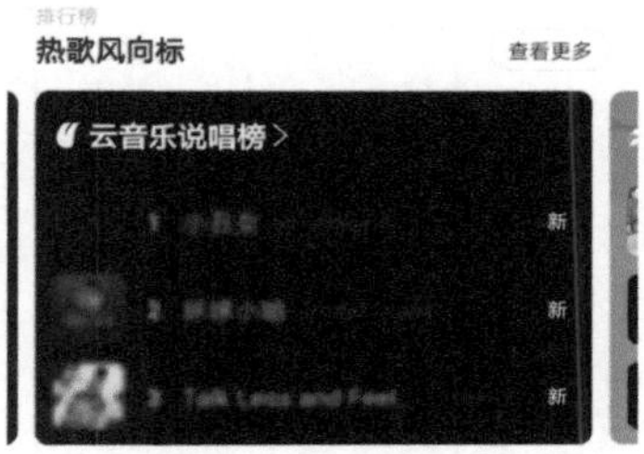 |

2. 图像内容

UI 设计中不仅对图像的比例有一定的规范，对图像的内容同样有一定的要求，包括提高图片质量，真实还原图片，使用相关性的、信息性的、令人愉悦的插图和摄影，建立情景。表 1－5 对图像内容设计规律做出详细介绍。

表 1－5　图像内容设计规律

| 设计规律 | 作用 | 实例 | 实例说明 |
|---|---|---|---|
| 提高图片质量 | 提升产品气质和在用户心中的印象 |  | 去哪旅行 APP，配图高清，风景优美，给用户留下洱海很美好，是个旅游放松的好地方的印象 |
| 图片的真实还原 | 让设计作品更加真实合理 |  | 美团 APP 美食类别，如图蛋糕图片与实物一致，真实还原，便于用户选购 |

（续）

| 设计规律 | 作用 | 实例 | 实例说明 |
|---|---|---|---|
| 选用恰到好处的插图和摄影 | 提高产品使用体验时，需要选择与功能相关的、能够提供关键信息的、令人愉悦的图像 |  | 去哪旅行 APP，文案和图片内容具有高度一致性，清晰地传达旅游美景，令人愉悦，使人向往 |
| 建立情景 | 创建一个和内容相关且能让你身临其境的故事，这样可以让你的产品更加人性化。通过视觉叙事来定义情绪 |  | 淘宝进入页面以图标仿快递箱，产品从快递箱中喷涌而出，使人身临其境感受购物和收快递时的愉悦感 |

## 1.3.4 页面组件

页面组件通常包括导航栏、工具栏、弹窗、列表、卡片、空状态等，按照原子设计的理念，还可以把组件拆分为分子、原子等更小的基础设计组件，比如角标、标签、按钮、图像、优惠券、选择器、进度指示器等，下文对常用页面组件进行介绍。

### 1. 按钮

按钮一般有悬浮按钮、填充按钮、线框按钮和文本按钮等类型，其中悬浮按钮具有最高的优先级，属于强引导型按钮。

悬浮操作按钮（Floating Action Button，FAB），或者说悬浮按钮，是 Android 应用中最常见的一个控件。悬浮按钮通常是圆形，底部的 Material Design 风格的阴影让它看起来悬浮在整个 UI 之上。如图 1－32 所示为知乎 APP 提问回答界面，圆角矩形的悬浮按钮触发后快速转至下一个回答（快速跳过不感兴趣的回答，提升用户体验），并且可以在屏幕中随意移动，不会影响阅读。

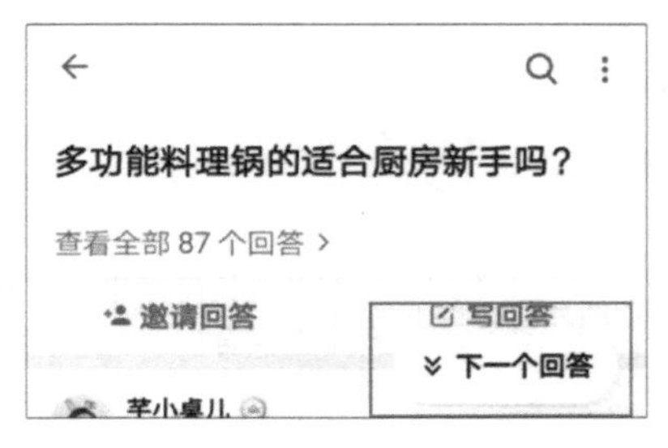


图 1－32　知乎 APP 提问回答界面

悬浮按钮是 Android UI 交互中最关键的元素之一，在用户操作流程中至关重要。其作用包括：

1）悬浮按钮可以发挥导航工具栏的作用，滚动消失的工具栏则大大地节省了屏幕空间，整体的使用体验会非常流畅。

2）悬浮按钮可以发挥引导用户操作的作用，通常其存在形式或色彩非常醒目。

3）悬浮按钮一直停留于页面范围内，可承载核心功能。

4）悬浮按钮可触发和扩展一系列操作，替代原来的单一交互。

悬浮按钮在当前 UI 设计中较为常见，主要实现以下三种交互行为：

1）打开一个单独的页面。

2）点击扩展展示更多悬浮图标（一般不能超过六个）。

3）实现页面简单的动画交互展开。

除去常见的悬浮按钮之外，其他按钮不做详述，表 1-6 将对填充按钮、线框按钮和文本按钮进行对比介绍。

表 1-6　不同类型按钮比较

| 按钮类型 | | 填充按钮 | 线框按钮 | 文本按钮 |
| --- | --- | --- | --- | --- |
| 示例 | | 按钮 | 按钮 | 按钮 |
| 视觉优先级 | | ← | | |
| 特点 | | （1）背景为纯色或者渐变<br>（2）具有强引导性，适用于重要操作<br>（3）可内嵌到使用页面或各组件中 | （1）次要功能和操作按钮<br>（2）优先使用的样式<br>（3）可内嵌到页面或各组件中使用 | （1）无背景和边框的纯文字<br>（2）非重要操作<br>（3）主要在对话框或内嵌到其他组件中使用 |
| 按钮交互说明 | 常态 | 按钮 | 按钮 | 按钮 |
| | 点击态 | 按钮 | 按钮 | 按钮 |
| | 不可用态 | 按钮 | 按钮 | 按钮 |
| 按钮说明 | | （1）按钮的宽度根据按钮内文本调整，高度根据页面需求设置<br>（2）按钮的倒角可以分为以下两种：<br>①直角按钮：无圆角，适用于通知栏类按钮<br>②小圆角按钮：圆角为 5px、2px，根据按钮大小选择合适圆角 | | |

按钮通常会有三种状态，即常规态、点击态和不可用态。因此，在规范中需要标明按钮在这三种状态下的样式，比如颜色、投影、圆角、文字大小等。除此以外，也可能会有加载状态，也就是在点击按钮后，如果有 1s 以上的数据延迟，通常会考虑触发按钮的加载状态。

### 2. 列表

列表是由多个等宽的行组成的、按照一定规律排列的连续条目。列表在一些资讯类产品里会有更多的组合形式。这里主要介绍单行和双行列表设计时所需要说明的事项。

单行列表，标题描述简明概要，当列表内同时有标题和辅助文本时，标题和辅助文本尽量简短；辅助文本作为功能说明和展示信息，方便用户操作前有预知，放在列表右侧或下方。

如图 1－33 所示是华为设置下的语言和输入法界面，标题简明扼要地指明设置功能名称；辅助性文本置于标题右侧或下方，作为补充说明，字体一致，字号相应减小，颜色取灰色，以更好地突出标题。

双行列表中的图片有助于内容识别定位，放在列表左边；标题描述简明概要；辅助文本作为信息预览，超过一行以“……”替代。如图 1－34 所示是华为设置界面，左面插入统一大小的图片，图片准确传达列表标题信息，精准定位；右面标题和辅助性文本上下排布，标题简明指出功能，辅助性文字做功能预览。

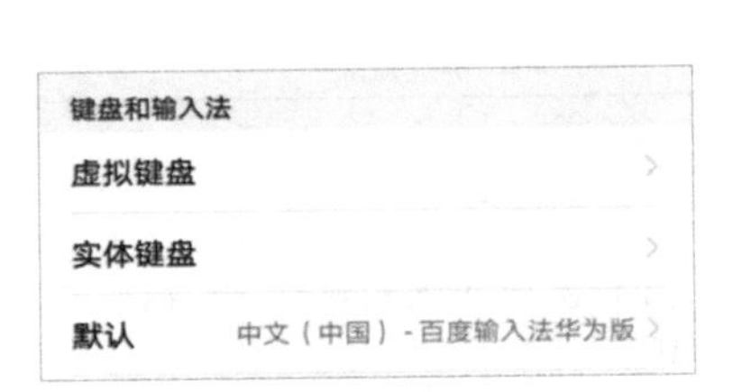


图 1－33　单行列表

图 1－34　双行列表

### 3. 箭头

箭头在设计中可以说是不可或缺的一个重要元素，然而不同的箭头也代表着不同的意义，如果使用不当很容易误导用户的操作。

箭头在界面中是非常吸引用户视觉的。所以一定要明白箭头表达的意义并且适度地使用箭头。

（1）右箭头——进入新页面　右箭头一般代表着跳转到一个新的页面，也有一定的作用是通过这个元素丰富页面的布局，当然前提是需要跳转新页面的时候；当信息过多或者布局受限时也可以不加箭头。如图 1－35 所示，通过向右的箭头提示界面跳转、下一步操作。

（2）左箭头——返回前一页　左箭头一般出现在页面的左上角，起到返回前一个页面的作用，部分 APP 也习惯把返回按钮放到左下角，这都是设计师主观设计的。如图 1－36 微信公众号消息页面，左上角向左的箭头提示可返回上一步的操作。

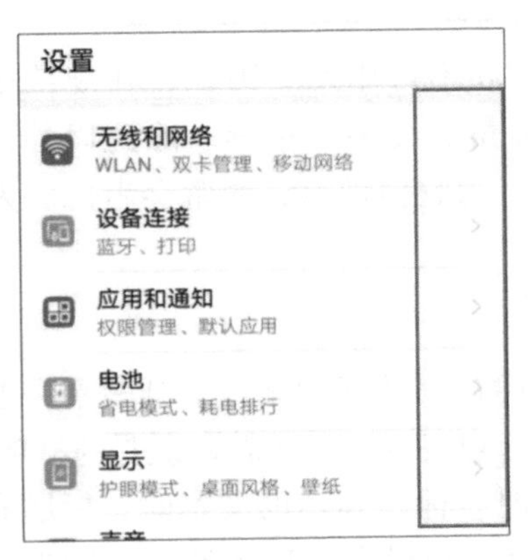


图 1－35　右箭头

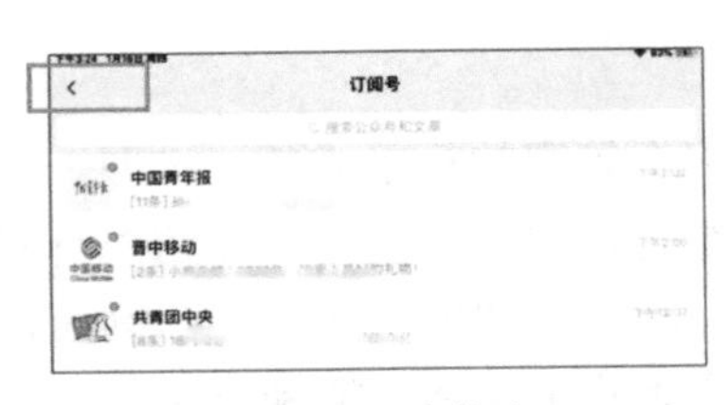


图 1－36　左箭头

（3）上下箭头——展开与收起　下箭头一般在用户界面中代表着“展开全部”的意义，当界面中信息过多需要隐藏而又不想让用户单独跳转页面查看全部内容时展开与收起功能便成了最佳交互选择。理所当然，上箭头一般代表着“收起部分内容”的意义。如图 1 - 37 所示，QQ 分组界面向下的箭头代表内容已展开且可以合并。

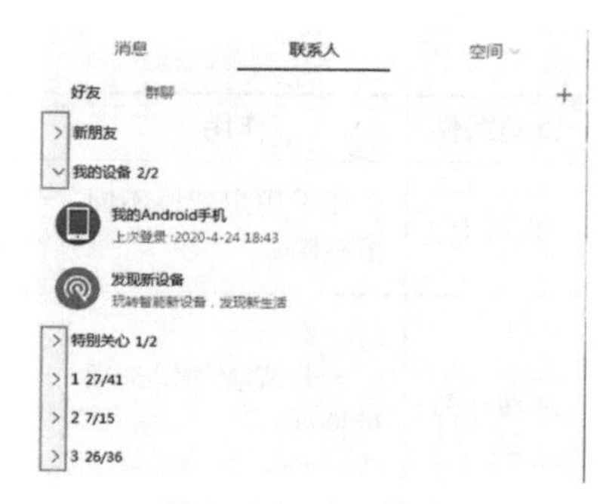


图 1 - 37　上下箭头

（4）圆形箭头——刷新、同步　一般圆形箭头常见于刷新页面或者换一批内容的操作，当然还有用作同步消息记录或者其他同步信息的按钮。如图 1 - 38 所示，右上角圆形箭头是刷新操作。

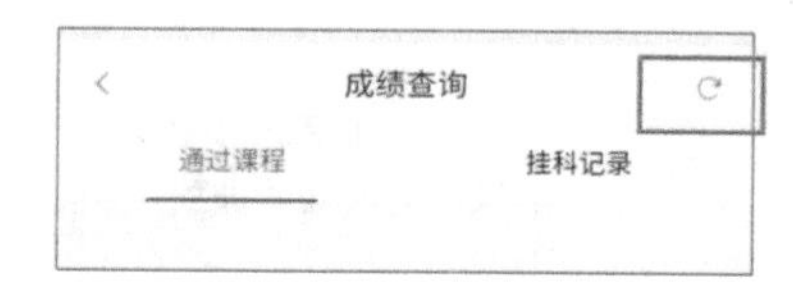


图 1 - 38　圆形箭头

### 4. 其他元素

页面组件不仅包括按钮、箭头和列表，还有导航、标签、弹窗等，下面对其他页面组件的作用和规律进行介绍，见表 1 - 7。

表 1 - 7　其他页面组件

| 页面组件 | 作用 | 补充 |
|---|---|---|
| 导航 | 对现有页面的导航进行收拢和分类 | 导航分类为常规标题样式、标签样式、搜索框样式、无标题样式、字母导航等 |
| 标签 | 通过标签进行分组 | 标签统一样式、文字内边距以及说明适用场景 |
| 弹窗 | 提示和通知用户而位于页面内容之上的一种界面元素 | 模态（对话框、操作菜单）会打断用户的操作行为，强制用户必须进行操作，否则不可以进行其他操作。在有逆向不可退的操作中，需要阻断式告诉用户“操作了别后悔” |
| | | 非模态（toast、snake bar 等）不会影响用户操作，用户可以不予回应，有时间限制，出现一段时间自动消失。一般用作信息提示 |
| 输入框 | 用于信息录入 | 文字上下居中显示<br>支持键盘录入和剪切板输入文本<br>对特定格式的文本进行处理（密码隐藏显示、身份证、卡号分段显示等） |
| 选择 | 用于状态、内容选择 | 选择可分为单选与多选<br>选择有五种不同状态：未选择、已选中、未选悬停、已选失效、未选失效项 |

（续）

| 页面组件 | 作用 | 补充 |
| --- | --- | --- |
| 选项卡 | 用于用户切换不同的视图 | 标签数量：一般是 2～5 个<br>标签中的文案：一般是 2～4 个字 |
| 滑动开关 | 打开或者关闭选项的控件 |  |
| 进度条 | 展示步骤的步数以及当前所处的进程 |   |
| 角标 | 聚合型的消息提示 | 一般出现在通知图标或头像的右上角，通过醒目的视觉形式吸引用户眼球  |
| 状态提示型短线 | 让用户了解当前所处的状态与位置 | 过长过粗的提示线反而会增加不必要的视觉阻碍  |

### 1.3.5 多媒体

在 APP 的启动页、官网首页使用动态视频作为背景，使品牌形象时尚而活泼，可以给人以强烈的视觉冲击力。内容设计可参照上述图片相关的设计理念。

## 1.4 UI 版式设计规律

如果将 UI 界面比作一个人，那么可以说色彩和图片是人的外在，而版式设计是人的骨骼，从根本上决定了一个人的内在。UI 版式设计的目的是向用户更好地表达信息，并且将信息以更好的视觉效果呈现出来，提升用户体验。主要涉及用户界面设计中的平面构成、亲密性与相似性原则、留白的艺术、常见布局形式及适用场景这五部分。下面将分别对上述内容进行具体讲解。

### 1.4.1　用户界面设计中的平面构成

平面构成在用户界面设计中起着重要的作用，可以从以下四个角度进行考虑：统一与变化、对称与平衡、对比与调和、节奏与韵律。

#### 1. 统一与变化

在界面的设计中，考虑用户的视觉会长时间地停留在某个页面阅读信息，所以统一的列表形式是非常有必要的，可以减少用户阅读时的阻碍，然而长时间单一样式的列表阅读会使用户视觉疲劳，产生厌烦的心理，所以这时就要在列表内穿插不同的模块给统一的列表页面以变化。

统一是主导，变化是从属。统一强化了版面的整体感，多样变化突破了版面的单调、死板。界面中相同元素的风格统一是界面设计统一的基础原则，增强设计效率的同时也会增强开发的效率，而不同表意的板块之间就可以通过不同的版式形成变化，让页面充满生命力。

以两个互联网招聘产品的主页比较为例，如图 1－39a 所示为拉勾招聘的主页，多样的板块变化让用户首次进入主页时能感觉到产品是“活”的，这里遵循字号、配色、板块间距等的基本统一之外，各不同板块之间的样式又保持绝对的统一。遵循统一规范的同时再进行版式上的变化会让页面视觉上呈现整体性而又不会产生“闷”的心理感受，使产品更具生命力。如图 1－39b 所示为 BOSS 直聘首页，单一的职位列表让首页没有了版式的变化，就会容易使用户视觉疲劳，当然从产品角度来讲，交互效率会有象征性的提升，至于如何取舍就要看产品的最终需求了，这里仅从版式进行分析。

当然这些是大方向的统一与变化，其实细小到图标的设计同样要遵循这个原理，在设计同级图标时，配色、线条粗细、尺寸统一的前提下，在外形上不受约束地进行变化同样会产生视觉上的美感。如图 1－39 所示界面在导航栏图标风格、信息文字字体和大小等细节方面又都有统一和变化的设计。

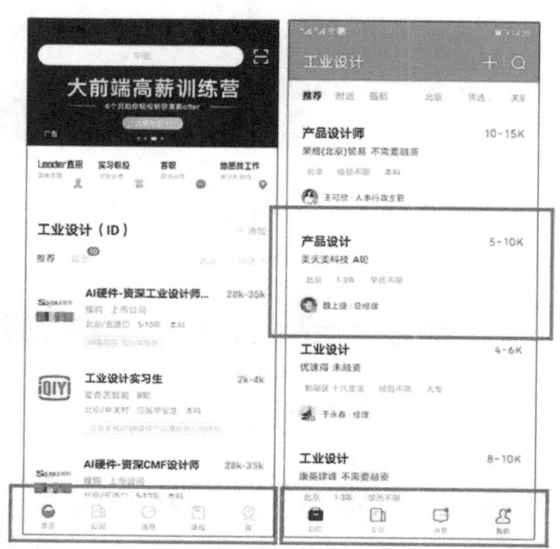


a）拉勾招聘首页　　b）BOSS 直聘首页

图 1－39　界面元素统一与变化的应用

#### 2. 对称与平衡

界面设计中的版式对称与平衡是一对统一体，常表现为既对称又均衡，实质上都是追求视觉心理上的静止和稳定感。界面的设计虽然无法主观地控制产品内字段的长度，但可以通过给不同元素合理的存在位置，从而最大程度地让页面对称与平衡。

如图 1－40 所示的简书 APP 动态界面，整个页面仅从版式来看还是比较均衡的，通过对页面版式进行分析不难看出，左面的大篇幅文字被右方的图片从版式上“压”住了，使得这个列表在用户心理上左右的重量是相同的。

### 3. 对比与调和

在界面设计中，对比是为了强调差异突出主题，让页面信息更有主次，而调和是为了寻找共同点，调整页面的舒适感。在设计中，我们常用整体调和，局部对比的方法。

首先来看大小对比变化。大小对比往大了说有板块之间面积大小的对比，往小了说有字体之间字号大小的对比。以慕课的主页来说明，如图 1－41a 所示，慕课卡片部分虽文字信息不多，却占据了整个页面的四分之一左右，与下面的板块从面积上形成大小对比，从而使界面有主次之分，并且可以主观上通过设计指引用户点击主要板块；而小的板块面积又差不多相等，起到了调和页面的作用。

如果说上面的例子是大板块的对比与调和，那么下面就以知乎的信息列表为例，讲一下界面细节上对比与调和的体现。如图 1－41b 所示，一个信息卡片的文字使用了三个对比层级，主题字最大，简介文字次之，然后就是话题名称以及评论点赞信息等。通过简单的字号对比就可以让信息层级清晰可见，然而第三层级的文字用在了两个地方，话题名称与底部的评论信息处都用了同样的字体，这就是调和的作用，避免过多的、无意义的对比使页面信息层级混乱。

图 1－40　界面对称与平衡的运用

a）慕课首页　b）知乎首页

图 1－41　对比与调和的运用

### 4. 节奏与韵律

说到节奏与韵律，最基础的就是要让设计的版面有始有终。就算是单个版面，也要给用户明确的视觉发起点和视觉结束点，长图或者多版面的设计更是如此。

一般，人们浏览页面是有一定规律的，如读者在看报纸时，视觉习惯通常是由左到右、由上到下、由题目到正文的阅读过程，当然在使用移动端产品的时候也不例外。如果编辑设计版面时在标题、图片、栏目、点线面上做文章，让它们有所变化，在视觉上串成串儿，形成跳跃式的块状、点状，这样读者读起来就有一种节奏感。比如我们看图 1 - 42 并思考一个问题，为什么淘宝的列表设计是左图右文，而今日头条的设计是左文右图呢？

界面排版看似是设计师排版的个人习惯，实则也是思考用户浏览习惯后的产物。上面讲到了用户的浏览习惯是由左到右、由上到下，如果是左图右文的排版方式，那么用户一定是先看图再去看文字，淘宝的用户第一眼看到图基本就可以知道这是什么东西，甚至有些看名字看不出的东西看图片也就可以大致了解了，所有左图右文的排版符合用户的视觉习惯。

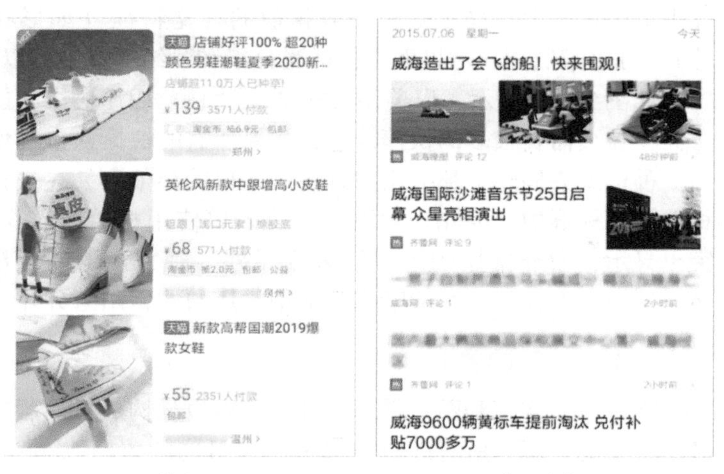


a）淘宝　　　　b）今日头条

图 1 - 42　界面节奏与韵律的运用

而对于今日头条这类产品来说，图片只起到辅助作用，用户看到图片基本不会联想到具体内容，所以文字标题才是用户最想要看到的内容，那么左文右图或者上文下图的排版方式也就符合了此类产品目标用户的浏览习惯。

## 1.4.2　亲密性与相似性原则

UI 版式设计中，在排布复杂信息的时候，如果没有规则地排布，那么文本的可读性就会降低。组织信息可以根据亲密性的原则，把彼此相关的信息靠近，归拢在一起。如果多个项相互之间存在亲密性，它们就会成为一个视觉单元，而不是多个孤立的元素。这有助于减少混乱，为读者提供清晰的结构。以下将详细介绍亲密性与相似性原则。

图 1 - 43　界面亲密性原则的运用

### 1. 亲密性原则

亲密性原则与格式塔完形心理学中的接近原则相仿，可用于设计中对内容进行信息分层，有关联的内容会离得更近，没有关联的信息离得远，这样的间距规律还会让我们清晰地区分开每一条信息，不会导致信息干扰。

如图 1 - 43 所示为学习强国 APP 首页，同一个话题标题、图片内容，以及评论小字距离相同，而且较近，不同话题卡片之间距离则较远。

### 2. 相似性原则

相似性原则是格式塔完形心理学内容之一，是基于共同的视觉特征出发的，具体内容参考本书 1.1.3 节。根据相似性原则，在设计中给予不同的布局元素相同或相似的视觉特征（如形状、大小、颜色、纹理、价值取向等），可以激发用户对界面进行适当分组和联结的本能，以便用户更快地了解整个系统。

如图1－44所示，以美团APP首页为例。由于美团功能庞大，首页需要很多的快捷入口，如果所有的快捷入口都使用一种样式去展现，那么用户常用的入口就会很容易迷失在相似的图标群中。因此，常用的快捷入口使用相似的样式，突出显示，而非常用的入口则采用另外一种完全不同的样式，从视觉上就可以很清晰直观地把常用与非常用区分开。

图1－44　界面相似性原则的运用

### 1.4.3　留白的艺术

不单单是文字和图片需要设计，留白也是构成页面版式必不可少的因素。所有的留白都是“有目的的留白”，带有明确的目的来控制页面的空间构成。值得注意的是，留白不是一定要用白色去填充界面，而是营造出一种空间与距离的感觉、自然与舒适的境界。常用手法有以下四种。

#### 1. 通过留白来减轻页面带给用户的负担

首页对一个应用来说十分重要，因此一些比较复杂的应用首页都堆积了大量的入口，如果无节制地添加，页面中包含的内容太多时，会给人一种页面狭窄的感觉，给用户带来强烈的压迫感，所以元素太多有时候反而不是好事。

留白能使页面的空间感更强，视线更开阔，通过留白来减轻页面的压迫感，使用户进入一种轻松的氛围。

#### 2. 通过留白区分元素的存在

表单项与表单项之间、按钮与按钮之间、段落与段落之间这种有联系但又需要区分的元素用留白的方式可以轻易造成一种视觉上的识别，同时也能给用户一种干净整洁的感觉。

#### 3. 通过留白有目的地突出表达的重点

“设计包含着对差异的控制。不断重复相同的工作使我懂得，重要的是要限制那些差异，只保留那些最关键的。”这句话出自原拓哉的《白》一书，通过留白去限制页面中的差异，使内容突出是最简单自然的表达方式。

减少页面的元素以及杂乱的色彩，让用户可以快速聚焦到产品本身，该方法被大量地用于电商类的应用中。

#### 4. 留白赋予页面构成产生不同的变化

版式设计要有节奏感。在APP内，很多板块之间也是可以局部突出个性或特点的。留白可以赋予页面轻重缓急的变化，也可以营造出不同的视觉氛围，通过留白去改变版式再配合其他设计原则可以产生出不同的效果。

### 1.4.4　界面设计中的栅格系统

栅格系统就是利用垂直或水平参考线，将画面简化成有规律的格子，再依托这些格子作为参考构建秩序性版面的一种设计手法。通过栅格系统，我们可以有效地控制版面中的留白与对比比例关系，为元素提供依据。如图1－45所示为栅格系统在某APP的应用效果，通过参考线将 UI 界面进行有规律地划分，控制选项卡之间留白的宽度，使界面拥有秩序、整齐的视觉感受。

由于移动端的页面需要程序员依据页面的开发规则通过编写代码实现，统一而有规律的版面设计方式可以提高代码编写的效率，栅格系统成为实现该目标不可或缺的方式。

以栅格系统为指导，根据产品功能，对界面元素进行多种方式的排版，从而提高用户的识别、使用效率。常见的元素布局方式有：列表式布局、卡片式布局、瀑布流式布局、标签式布局、旋转木马式布局、多面板布局、手风琴布局、抽屉式布局，详细内容参考本书 5.3.1 节。

图 1－45　栅格系统应用范例

## 1.5　UI 色彩设计规律

UI 设计最终要呈现一个界面效果，美感是第一位的，视觉上第一感觉都没有俘获用户的心，让用户没有了继续浏览的欲望，更何谈用户的感受、体验、便捷、持久呢？因此，色彩在 UI 中的地位毋庸置疑，以下将从色彩基础和界面配色原则两个方面进行详细介绍。

### 1.5.1　色彩基础

首先我们需要弄清楚色彩本身是什么。Merriam-Webster 字典将其定义为光（如红色、棕色、粉红色或灰色）或视觉感知的现象，使人们能够区分其他对象。简单说，色彩就是物体反射或发光而引起的变化。我们肉眼可以看到的颜色，可分为有色和无色两种（注：红外线、紫外线、其他有色光不在讨论范畴内）：无色通常指我们所说的黑白灰三色，有色即除黑白灰外，赤、橙、黄、绿、青、蓝、紫等各种深浅不一的颜色，或者相混合的颜色。

下面将对色彩相关概念进行简单介绍。

#### 1. 三原色、间色、复色概念

（1）三原色　绘画色彩中最基本的颜色有三种，即红、黄、蓝，称之为原色，如图 1－46b 所示。这三种原色颜色纯正、鲜明、强烈，而且这三种原色本身是调不出的，但是可以调配出多种色相的色彩。

（2）间色　间色也称二次色，是由两个原色相混合得出的色彩，如红与黄调和得到橙，黄与蓝调和得到绿，蓝与红调和得到紫。橙、绿、紫为三种间色。橙、绿、紫为标准色。

（3）复色　将两个间色（如橙与绿、绿与紫）或一个原色与相邻间色（如红与绿、黄与紫）相混合得出的色彩。复合色包含了三原色的成分，成为色彩纯度较低的含灰色彩。

#### 2. 互补色、同类色、对比色概念（图 1－46）

（1）互补色　色相环中相隔 180 度的颜色，如红与绿、蓝与橙、黄与紫互为补色。

（2）同类色　同一色相环中不同倾向的系列颜色，如黄色中可以分为柠檬黄、土黄、中黄、橘黄等，称为同类色。

（3）对比色　色相环中相隔 120 度～150 度的任何两种颜色。

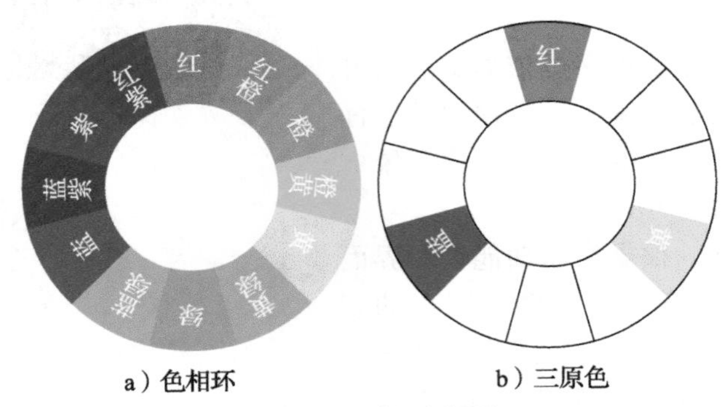


a）色相环　　b）三原色

图 1－46　十二色相环

## 3. 冷色、暖色、无色系概念（图 1－47）

（1）冷色　色相环中绿、蓝一边的色相称冷色，它使人联想到海洋、蓝天、冰雹、雪夜等。

（2）暖色　色相环中红、橙一边的色相称暖色，能带给人们温馨、和谐、温暖的感觉。这是出于人们的心理和感情联想，它会使人们联想到太阳、火焰、热血。

（3）黑白灰　属于无色系。色相环是根据原色来制定的，没有原色则是白，原色完全混合则是黑，灰是黑白之间的过渡。

## 4. 色相、纯度、明度概念

色相、纯度和明度构成色彩的三要素。

（1）色相（hue）　色相是指能够比较确切地表示某种颜色的名称，如玫瑰红、橘黄、柠檬黄、靛蓝、翠绿等。从光学上讲，各种色相是由射入人眼的光线的光谱成分决定的。具体参考色相环及色值图（图 1－48）。

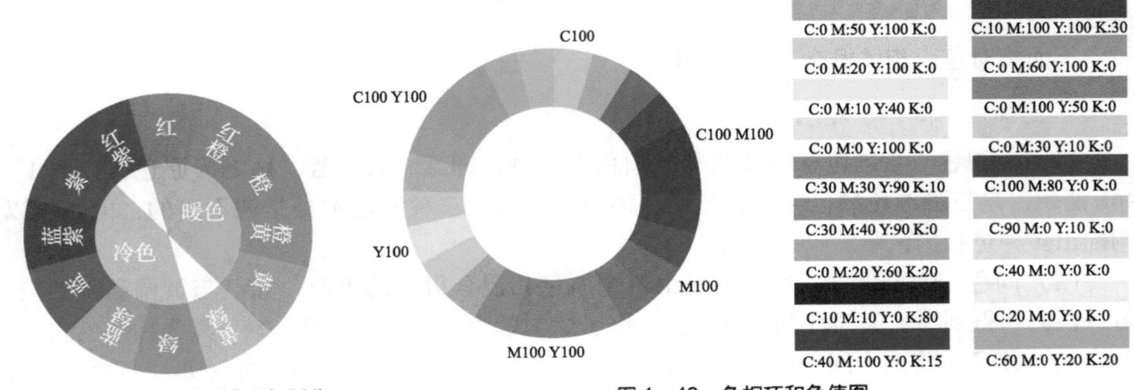


图 1－47　十二色相环冷暖色划分

图 1－48　色相环和色值图

（2）纯度（saturation）　纯度是指色彩的鲜艳程度。含有色彩成分的比例越大，则色彩的纯度越高，反之亦然。当一种颜色掺入黑、白或其他色彩时，纯度就产生变化。可见光光谱的各种单色光是最纯的颜色，为极限纯度。

（3）明度（value）　明度是指色彩的明暗程度。黑色的绝对明度被定义为 0（理想黑），而白色的绝对明度被定义为 100（绝对白），其他系列灰色介于两者之间。同一颜色加黑或加白掺和以后也能产生各种不同的明暗层次。如图 1－49 所示是同一图片不同色彩明度下的对比效果。

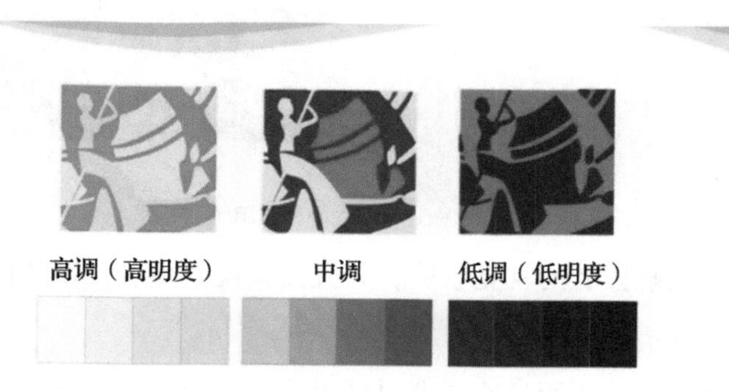


图 1－49　色彩明度

## 1.5.2　界面配色原则

设计 UI 界面时，色彩是影响用户最简单和最重要的一个因素。可以用颜色来营造一种情绪、吸引注意力或做出强调，用色彩调动人的情绪。通过选择正确的配色方案，可以营造不同的氛围。以下将从色彩调和、情感表达、行业匹配/用户匹配、注意事项四个方面作详细介绍。

### 1. 色彩调和

同类色对比可以让画面和谐统一，互补色对比可以让画面更具张力。如图 1－50a 所示海报使用同类色，使画面看起来和谐统一。

使用纯度对比可以让主体更突出，人的眼睛更优先注意到纯度高的元素。如图 1－50b 所示人物服装拥有高纯度特点，与低纯度背景产生强烈对比，突出图中人物这一重点。

a）同类色调和应用

b）纯度调和应用

图 1－50　同类色、纯度调和应用

深浅对比可以让画面更具层次，当然前面也说到，色相不同也可以带来明度的变化。图 1－51a所示为通过灰色的深浅区分背景和选项的层次，以及各选项之间的层次。图 1－51b 通过不同明度的色相快速区分图片内容主次，增加层次感。

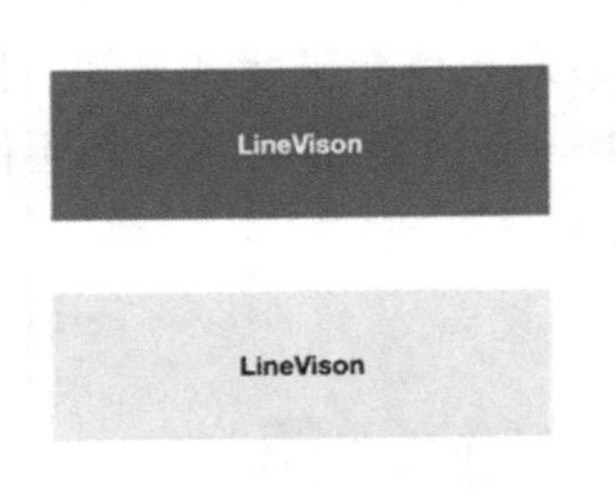


a)

b)

图 1－51 深浅调和应用

通过动静对比可以缓解读者的视觉疲劳，并且强调视觉重点，以及让页面显得更丰富。

2. 情感表达

冷与暖的情感完全不同，画面过冷或者过暖都会让画面视觉以及情感失衡，二者在确定色调的情况下进行调和会让画面产生平衡感。将图 1－52a 中的橙色（暖色）更换为图 1－52b 中的玫红色（冷色），提高图片冷暖对比，使画面整体感觉平衡，主次分明。

a)

b)

图 1－52 冷暖调和应用

将两个强弱不同的色彩放在一起，若要得到对比均衡的效果，必须以不同的面积大小来调整，弱色占大面积，强色占小面积，而色彩的强弱是以其明度和纯度来判断的，这种现象称为面积对比。面积越小，给人的视觉感受越靠前。如图 1－53 从 a 到 b 的改变：黄色占比由 50% 降低到 25%，增加图片层次感，区分图片内容主次。

a) b)

图 1－53 面积调和应用

### 3. 行业匹配/用户匹配

不同的行业有不同的市场定位、行业属性，不同的企业有不同的企业文化以及相对应的用户人群，必然需要不同的风格特征，而色彩是烘托主题，渲染气氛的重要手段。选择合理的色彩搭配，可以准确传达信息，从而彰显行业特征。比如科技公司大多使用蓝色，金融类公司大多使用红色，奢侈品公司大都使用金色、黑色。比如男生比较喜欢金属质感的黑色、灰色、蓝色系，女生喜欢梦幻甜美色系、糖果色系，小朋友比较喜欢明度纯度比较高的鲜艳的颜色。

图1－54为12306官网，以蓝色为主色，给人一种清新的视觉感受。上网买票本来就是一件需要耐心的事情，那么网站的颜色配比就起到了很好的冷静作用，配以少量的黄色，温馨又不会太沉闷。

红黄色给人温暖、喜庆的气氛，充满活力。应用于购物、食品、婚庆等网站。图1－55为淘宝网的首页，作为购物类网站，采用的是红黄色的颜色搭配，充分调动消费者对色彩寓意的联想。

图1－54　铁路12306官方网站首页

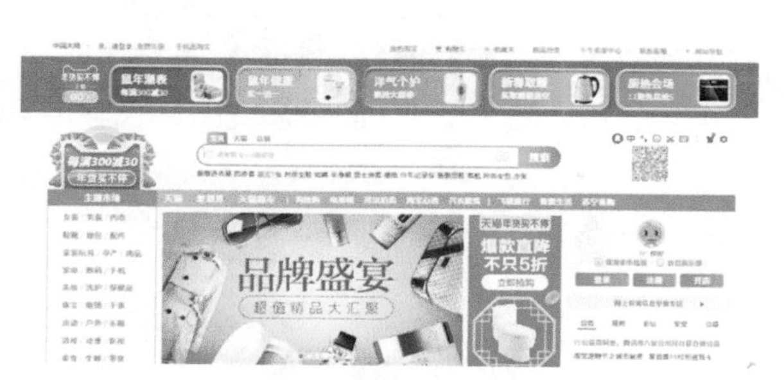


图1－55　淘宝官方网站首页

图1－56为芭比娃娃官网，使用糖果色系，该首页的可爱画风满足所有小女生的喜爱，充满梦幻甜美的味道。

图1－56　芭比娃娃官网首页

### 4. 注意事项

在我们做产品的页面设计时，尽量不要使用过多的颜色。虽然过少的颜色搭配很难第一眼就能吸引住用户，但是产品的设计与平面海报的差距就在于此，做产品更多的是偏向于做一个工具，一个让用户连续浏览20分钟甚至更长时间的工具，而平面海报仅仅在做一个传递信息的视觉，需要在瞬间抓住浏览者的注意力，并且在3～10秒内把信息传递出去。多伦多大学曾经做过一项调查，发现大部分用户都倾向于一个APP页面中只有2～3款颜色。

UI 设计色彩使用原则是 60% 主色，30% 的辅助色，再有 10% 的点缀色。一般把主色、辅助色、点缀色分为有色相颜色与无色相颜色，有色相的颜色一般应用在按钮、图标、提示性元素中，而无色相的颜色一般应用在字体、分割线、背景色等元素中。这里提到的 60 + 30 + 10 原则是单指有色相的颜色比例。例如，图 1 - 57a 所示，淘宝首页主题色为橙色，但其实页面中 80% 的颜色都是白色，主题色仅仅占据了页面 10% 甚至更少，但并不可否认橙色为该界面设计的主题色。

主题色：主题色是一个产品给予用户的第一个印象，主题色应该是产品内需要特殊处理时的首要用色选择。例如，产品的主图标、标题栏、底部导航按钮，以及产品内标签与标签型文字等。所有需要色相出现的地方，都会有主题色的出现，主题色至少要占有产品内有色相用色 60% 或者以上的比例。

a）淘宝首页

b）QQ 音乐列表

图 1 - 57　色彩应用分析

辅助色：辅助色出现的场景一般都会伴随着主题色一起，当页面中需要提示的内容不止一种，并且需要做出区分时，辅助色就派上用场了。还有一种情况就是当页面中主题色占比过大，需要小部分的辅助色来让视觉平衡。辅助色与主题色的色相不会差距过大，并且占据产品内有色相用色不超过 30%。如图 1 - 57b 所示，界面以黄色为辅助色，伴随主题色绿色出现，发挥提示和区分的作用。黄色在界面有色相系色彩中占比较少，不会改变 APP 主题色。

点缀色：点缀色出现的场景分为三种。第一种是需要区分的信息超过两种时，点缀色会出现，来填补主题色与辅助色满足不了的需求；第二种情况是需要特殊的色彩提示时，利用点缀色来进行更明确更抓眼球的提醒；第三种情况是产品内主题色与辅助色均为同暖色系或者同冷色系，并且当同一页面内主题色与辅助色出现面积较大，导致页面过暖或者过冷时，点缀色起到平衡画面冷暖的作用，所以点缀色与主题色一般色相差比较大，也正因为如此，点缀色出现的频率较低，占据产品内有色相比例一般不会超过 10%。图 1 - 58a 中框选区域为点缀色，平衡界面配色偏暖的问题，同时提示该区域内容。

单色配色与多色配色的情况：上面所说的三种颜色是常规情况下，而一些体量较小或者特殊属性类的产品也经常使用单色相配色，在这种情况下辅助色与点缀色所起到的功能就统一使用主题色来代替了，并且要尽量避免页面内主题色面积过大而导致视觉不适，单色配色不适用于体量较大的产品。而对于类似淘宝、京东这种大体量的产品，三种颜色远远满足不了需求，此时可以增加辅助色的数量，而主题色仍然要占据有色相颜色 60% 左右的比例，并且同一页面需要多种不同颜色标签时，尽量挖掘在 3 ~ 4 种颜色之内。淘宝 APP 界面标签用色大致控制为 4 种颜色，较好地解决了界面信息混乱的问题（图 1 – 58b）。

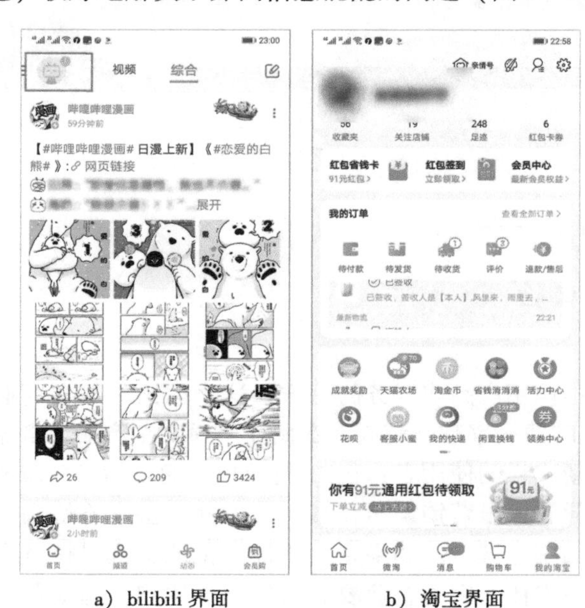


a）bilibili 界面　　　　b）淘宝界面

图 1 – 58　色彩应用分析

# 第 2 章 用户体验设计

## 2.1 什么是用户体验

### 2.1.1 认识用户体验

#### 1. 认识用户

用户即使用者，是指使用用产品或服务的一方。这个词语一般在商业里被提及，但现阶段在创新领域以及 IT 领域的使用率越来越高。在商业里通常指产品或者服务的购买者；在科技创新里，通常指科技创新成果的使用者；在 IT 行业里，通常指网络服务的应用者。

用户天生就存在差异，大量营销策略在真实的世界里基本不适用，因为并不是每一个用户都适于成为某品牌的品牌忠诚者。如果企业要最大化地实现可持续发展和长期利润，就要明智地只关注正确的用户群体，因为企业要获得每一位用户，前期都要付出一定的投入，这种投入只有在你赢得用户的忠诚后才能得到补偿。因此，对用户进行细分是通过价值营销获得用户忠诚度的重要步骤，找寻到哪些用户是能为企业带来赢利的，哪些用户不能，并锁定那些高价值用户。只有这样企业才能保证在培育用户忠诚的过程中所投入的资源得到回报，企业的长期利润和持续发展才能得到保证。

#### 2. 用户体验的概念

用户体验（User Experience，UE/UX）是用户在使用产品过程中建立起来的一种纯主观感受。用户体验是交互技术的延伸，是从研究产品构造、产品功能质量转变为研究用户的情感需求和体验，是交互技术必不可少的内容。用户体验的定义中最具影响力的是 ISO 9241 – 210 给出的定义，该定义讲到用户体验是人们对于针对使用或期望使用的产品、系统或者服务的所有反应和结果。该定义指出用户体验是在用户与产品交互过程中产生的，包括用户的心理感觉、肢体感觉以及用户体验为用户所带来的结果，体验结果主要是用户的感知和反应，包括情绪和生理反应等。其次是可用性专业协会（UPA）给出的定义，将用户体验概括为与产品、服务或者企业交互的所有方面组成的所有用户感知。

概括来说，用户体验就是用户的主观感受，当设计师设计的产品或服务能够满足用户的心理预期，用户的满意度就高，对产品或服务的忠诚度就高，此时认为设计师的用户体验设计比较成功。

### 2.1.2　用户体验的历史与发展

一般认为，用户体验的概念由唐纳德·诺曼在 20 世纪 90 年代初提出和推广，随着信息技术和互联网产品的飞速发展，其内涵和框架不断扩充，涉及越来越多的领域，如心理学、人机交互、可用性测试等都被纳入用户体验的研究领域，不同学者开始从不同的角度尝试对用户体验进行不同的解读，其中 Lucas Daniel 对用户体验的定义有一定的代表性，他指出用户体验为使用者在操作或使用一件产品或一项服务时的所做、所想和所感，涉及通过产品和服务提供给使用者的理性价值与感性体验。尽管用户体验在互联网时代才被广泛关注，然而究其根本，用户体验关注的是人与被作用对象之间的关系，正因如此，有科学管理之父之称的 Frederick Winslow Taylor，因其对提高人与机器相互作用效率的研究及探索，被认为是今天用户体验的先驱。

20 世纪 50 年代开始发展的以安全性和生理舒适性为主要关注点的人机工程学，是产品设计领域早期的用户体验研究，其中亨利·德雷福斯于 1955 年出版的《为人而设计》（*Designing for People*）是这一领域广为人知的代表著作。

在书中，他写到当产品和用户之间的连接点变成了摩擦点，那么工业设计师的设计就是失败的。相反，如果产品能让人们感觉更安全，更舒适，更乐于购买，更加高效，甚至只是让人们单纯地更加快乐，那么此处的设计是成功的。随着人与产品的接触越来越多，他在书中所讲述的许多设计规则，被大家越来越多地引用。

随着人机工程学的不断发展，有着更为广泛内涵的人机工程逐渐强调了安全性、舒适性、心理感受、使用场景、文化背景、社会语境、从个体到群体、从生理到情感等多方面的综合因素。80 年代以用户为中心的设计理念兴起，以费奇为代表的一批新型设计咨询公司和卡耐基梅隆大学为代表的综合型大学也纷纷提出和提倡“有用、好用、吸引人”等设计原则，大大推动了用户体验研究的发展。营销领域在 20 世纪末开始关注客户体验，营销战略也从销售产品与服务转变为销售体验。著名营销学者 Bernd H. Schmitt（1999 年）在《体验式营销》（*Experience Marketing*）中指出，体验是遭遇或经历事件后产生的结果，体验式营销是站在消费者的角度，从感官（Sense）、情感（Feel）、思维（Think）、行动（Act）、关联（Relate）5 个维度，综合考虑顾客在消费前、消费中和消费后的感性和理性两方面的感受。此种思考方式突破传统上“理性消费者”的假设，认为消费者消费时是理性与感性兼具的，消费者在消费前、消费时、消费后的体验，才是研究消费者行为与企业品牌经营的关键。

近些年来，计算机技术在移动和图形技术等方面取得的进展已经使人机交互（HCI）技术渗透到人类活动的几乎所有领域。这导致了一个巨大转变——系统的评价指标从单纯的可用性工程，扩展到范围更丰富的用户体验。这使得用户体验（用户的主观感受、动机、价值观等方面）在人机交互技术发展过程中受到了相当的重视，其关注度与传统的三大可用性指标（即效率，效益和基本主观满意度）不相上下，甚至比传统的三大可用性指标的地位更重要。

用户体验设计发展史上的每一个重要里程碑，都源自技术和人性的碰撞。互联网和新兴技术正在越来越多地介入我们的生活，我们可以预见到用户体验设计会在接下来的日子里，一日千里地发展前进。只是这种发展也越来越多地需要专业技能、跨领域协作、多学科实践，比如用户研究、图形设计、客户支持、软件开发等。

# 2.2 用户体验的内容

## 2.2.1 用户体验的设计范畴

用户体验贯穿在一切设计、创新过程中，如用户参与建筑设计和工作环境、生活环境的设计和改善，用户参与 IT 产品设计和改善等。图 2－1 为我们展示了用户体验设计范畴。

图 2－1 用户体验设计范畴

现在流行的设计过程注重以用户为中心。用户体验的概念从开发的最早期就开始进入整个流程，并贯穿始终。其目的就是保证：

1）对用户体验有正确的预估。

2）认识用户的真实期望和目的。

3）在功能核心还能够以低廉成本加以修改的时候对设计进行修正。

4）保证功能核心同人机界面之间的协调工作，减少 BUG。

## 2.2.2 用户体验的分类

用户体验是人类个体在受到外界刺激后内心所产生的反应，是一种人类的心理活动。伯德·施密特（Bernd H. Schmitt）通过“人脑模块分析”以及心理社会学说将用户体验分为感官、情感、思考、行为、关联五大体验体系，五者相互关联，如图 2－2 所示。

1）感官体验是指通过视觉、触觉、听觉、味觉、嗅觉所形成的知觉刺激。

2）情感体验是由心情以及感情所构成的。

3）思考体验是通过创造新奇感诱发及刺激而产生的体验。

4）行为体验通过创造身体感受的行为模式以及互动关系而形成。

5）关联体验包含了感官、情感、思考与行为体验的很多方面。

图 2－2 五种用户体验

### 1. 感官体验

感官体验是呈现给用户视听上的体验，强调用户在使用产品、系统或服务过程中的舒适性。感官体验涉及网站浏览的便捷度、网站页面布局的规律、网页色彩的设计等多个方面，这些方面都给用户带来最基本的视听体验，是用户最直观的感受。

### 2. 情感体验

情感体验是呈现给用户心理上的体验，强调产品、系统或服务的友好度。首先产品、系统或服务应该给予用户一种可亲近的感觉，在不断交流过程中逐步形成一种多次互动的良好的友善意识，最终希望用户与产品、系统或服务之间固化为一种能延续一段时间的友好体验。

### 3. 思考体验

思考体验是指通过多种方式的组合，给用户创造新奇的体验，从而引发与刺激用户对当前体验的思考。重点是利用新奇感对用户进行引导，从而让用户结合自己经历引发思考。

### 4. 行为体验

行为体验在用户体验之前，是基于用户行为产生的，通过了解他们的行为，带给他们更好的体验感。用户行为是由简单的五个元素构成：时间、地点、人物、交互、交互的内容。针对用户行为，提升服务体验感。

在用户产生行为的过程中，不断摸索和分析是作为服务者的必要过程，每个用户的心理需求和行为是不断变更的，只有深挖和不断研究，才能够给他们带来好的服务与体验。

能够精准抓取有效用户是每一位广告主的需求，根据用户日常搜索的关键词，分析得出用户画像，将信息传递给有效用户，如图 2－3 所示。

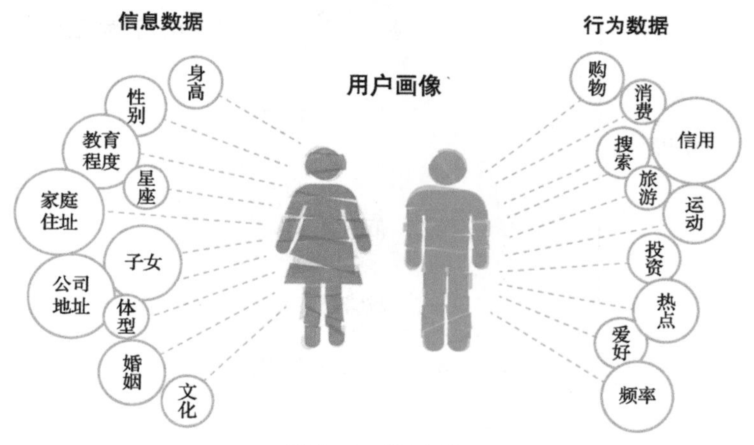


图 2－3　用户画像

### 5. 关联体验

关联体验是用户体验在网络体验下的一种细化，它是网络体验的下位概念，是指在设计者创设的情境下，激发用户利用原有的知识与新知识结合进行关联。

关联体验注重用户的情感态度，引起共鸣，从而持久激发用户浏览的动力，形成长效的知识记忆；同时也能感染用户的情感态度、观念，对用户进行情感观念上的引领。总之，努力创设情境，有效地让用户产生关联体验，有助于用户在活动中不断进行体验，从而获得知识，也更能激发学生的学习兴趣。如图 2－4 所示的动物保护网站，对用户原有的海豚“微笑”知识进行深度剖析，引起用户保护海豚的共鸣，从而激发用户浏览的动力，进一步呼吁人们保护动物，保护海豚，拒绝海豚表演等野生动物娱乐活动。

图2-4　动物保护网站

## 2.2.3　用户体验要素模型

用户体验五要素是将产品设计的过程抽象为5个层次，从下往上分别为战略层、范围层、结构层、框架层和表现层，从下到上，就是从抽象到具体，从内核到外壳，如图2-5所示。为了方便记忆，可以简称为“战、范、结、框、表”。

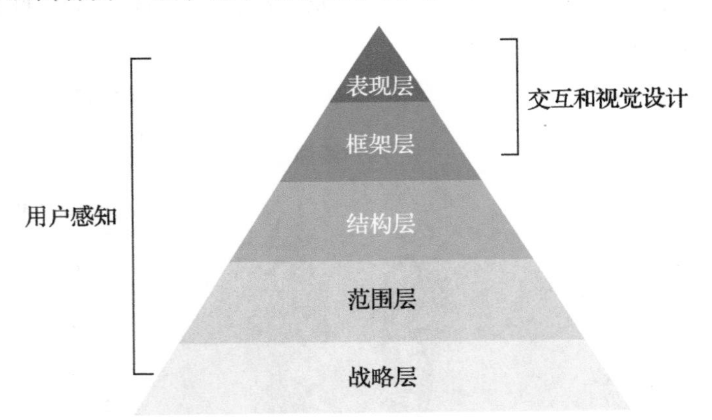


图2-5　用户体验要素模型

### 1. 战略层

战略层，就是要明确用户和经营者分别想从这个产品中获得什么。

它是产品设计的根基，也是产品设计的方向，在这一层主要规划的内容是用户需求、产品目标。用户想要获得的，就是“用户需求”，为了确定用户需求，首先要确定产品的目标用户（target user），具体有以下几个步骤：

（1）用户细分　将用户分成较小的、有共同需求的组（人口统计学、消费心态档案等）；

（2）用户研究　知道用户是谁（通过问卷调查、访谈、实地考察、焦点小组、卡片分类等得出）；

（3）人物角色　从用户研究中提取出可以成为样例的虚拟人物。

通过使用以上几个手法，能确定出用户的需求，确定出产品在战略层的内容。经营者想要获得的，就是“商业目标”，这是来自公司内部的需求，也属于战略层的内容。

例如“小米，为发烧而生”这是雷军提出的品牌定位，也是品牌的目标，如图2-6所示。这样的品牌定位来源于上面所讲的对消费群体的精准细分。“为发烧而生”，不仅是一句宣传口号，更深刻体现在小米的产品集“低价格”与“高性价比”这两个特点于一身上。

发烧友是形容“痴迷”于某件事物的词语。按喜好的不同，发烧友可分为电影发烧友、微博发烧友、电子发烧友、音响发烧友、手机发烧友等。而小米为发烧而生是指小米的配置很高，符合发烧友的喜爱。对小米使用者而言，达到超级喜欢，以至于到了狂热的地步。

所有小米系列的产品都以这个目标为方向去研发、设计，所以其产品方向、目标人群都很精准，黏性很强，而且产品力也稳步提升，这就是产品目标所带来的力量。

图2-6 小米品牌口号

### 2. 范围层

范围层，就是这个产品有哪些功能，这个产品都可以干些什么。

范围层的本质就是把虚无缥缈的需求变成踏实可见的功能。要想在产品上把需求实现出来，就要把需求转化为功能，需求来源于企业和用户的诉求，他们想要什么决定了设计师要做什么东西出来，但是同一种需求的实现形式五花八门。确定了产品方向和需要解决的用户需求后，就要定下来做什么，怎么做了。在实体产品中，需要考虑功能规格、做什么功能，而讯息内容类产品，还需要考虑到内容需求、做怎样的内容等。

短视频APP是现在正火的内容类产品，“快手”和“抖音”就是其中较火的两款产品。快手的用户群体更多的是在三、四线城市，而抖音的初始用户群体却主要集中在一线和二线城市，这种用户群体差异就是由范围层的定位不同导致的。快手的Slogan是“国民短视频社区，记录和分享生活的平台”，抖音是“让崇拜从这里开始”（现已更新为“记录美好生活”），并且平台的初始内容就是不同的，所以对整体的用户群体方向也有了不同的导向。

### 3. 结构层

在确定了战略层和范围层后，就需要在结构层里梳理出产品功能的信息框架，按照战略层相关的功能优先展示，哪个页面该展示哪些功能，以及前后关系操作起来是否高效。结构层就是将这些概念形成一个结构。在收集完用户需求并将其排列好优先级后，需要将这些分散的片段组成一个整体，这就是结构层——创建产品功能和内容之间的关系。

结构层分为交互设计和信息架构两个大的部分。交互设计是描述可能的用户行为，定义系统如何配合与响应这些用户行为。信息架构是关注如何将信息表达给用户，着重于设计组织分类和导航结构，让用户容易找到。其中，交互设计应该至少包括概念模型和错误处理两部分。而信息架构有两种分类体系：从上到下和从下到上。其结构可以有层级结构、矩阵结构、自然结构和线性结构。一般来说，网站都是以上多种结构的综合，一种结构为主，其他结构为辅。

### 4. 框架层

框架层决定某个板块或按钮等交互元素应该放在页面的什么地方。在结构层中形成了大

量的需求，而在框架层中，我们要更进一步地提炼这些需求，确定详细的界面外观、导航和信息设计，使晦涩的结构变得实在。在设计框架层的内容时，要遵循两条原则：遵循用户日常使用习惯和恰当使用生活中的比喻。产品中组件的摆放、元素的位置，都是在框架层中需要确定的，框架层包含界面设计、导航设计和信息设计三个方面。

5. 表现层

表现层是用户首先接触到的地方，不仅要满足产品功能、内容、UI 的综合目标，也要给用户以较好的感知。表现层决定了产品的设计及给用户的感觉。当你将一个界面简陋的产品与界面精美的产品放在一起，将一个界面简洁与元素冗杂的产品放在一起时，这两组对比就会让你知道产品表现层的重要性。

表现层是用户所能看见的一切，包括字体的大小、导航的颜色、整体给人的感觉等。在这一层，内容、功能和美学汇集到一起产生一个最终设计，从而达到其他层面的所有目标。

## 2.3 用户体验设计流程

如图 2－7 所示，一般将用户体验的设计划分为三要素：任务、角色、场景，这是检验用户体验设计是否完整的三要素。因此，在用户体验设计前首先要完成明确任务、划分角色、穷举场景这三个任务，这是用户体验设计的关键。

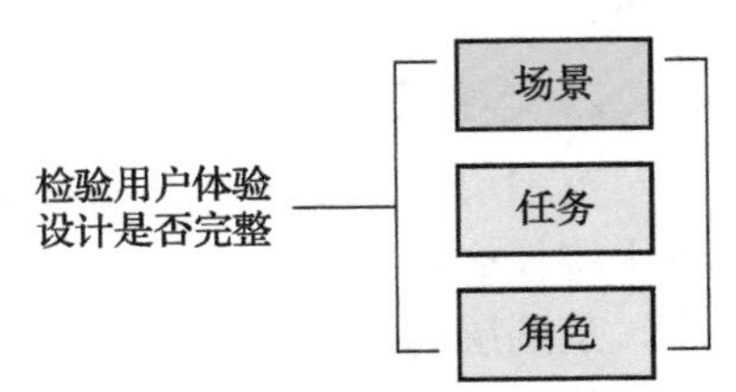


图 2－7　用户体验设计三要素

用户体验设计一般分为三个阶段：用户研究阶段、设计阶段和验证阶段。在进行用户体验设计时，第一是要做好用户研究，这一阶段主要是调研用户需求，帮助设计师了解产品用户。一个产品体验设计的好坏是通过用户的使用感受来体现的。第二步是设计师在用户调研的基础上，依据用户的需求来完成产品的设计，这一部分主要是满足用户的痛点和需求，设计出符合用户的产品。最后阶段是要对设计出的产品进行测试，这一部分可以采取实验的方法，对产品的用户体验进行调研，也可以采用软件的模拟仿真测试，来测试产品用户体验的改进程度。每一个阶段有着不同的设计方法，具体的设计方法如图 2－8 所示。一般用户体验详细的设计流程如图 2－9 所示。

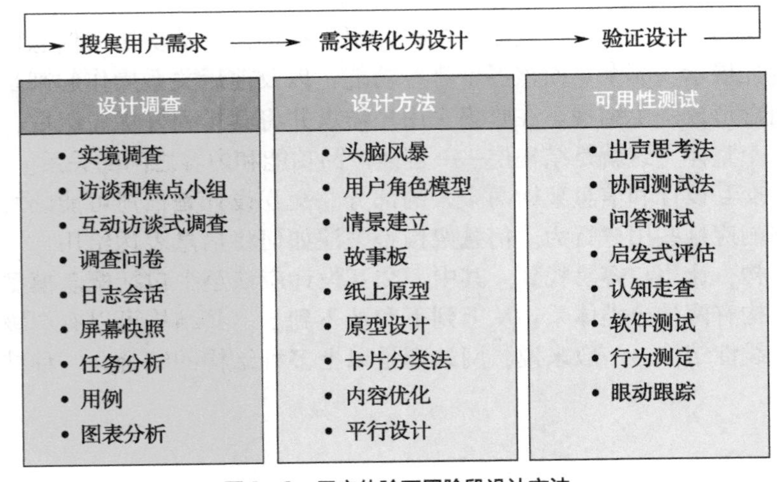


图 2－8　用户体验不同阶段设计方法

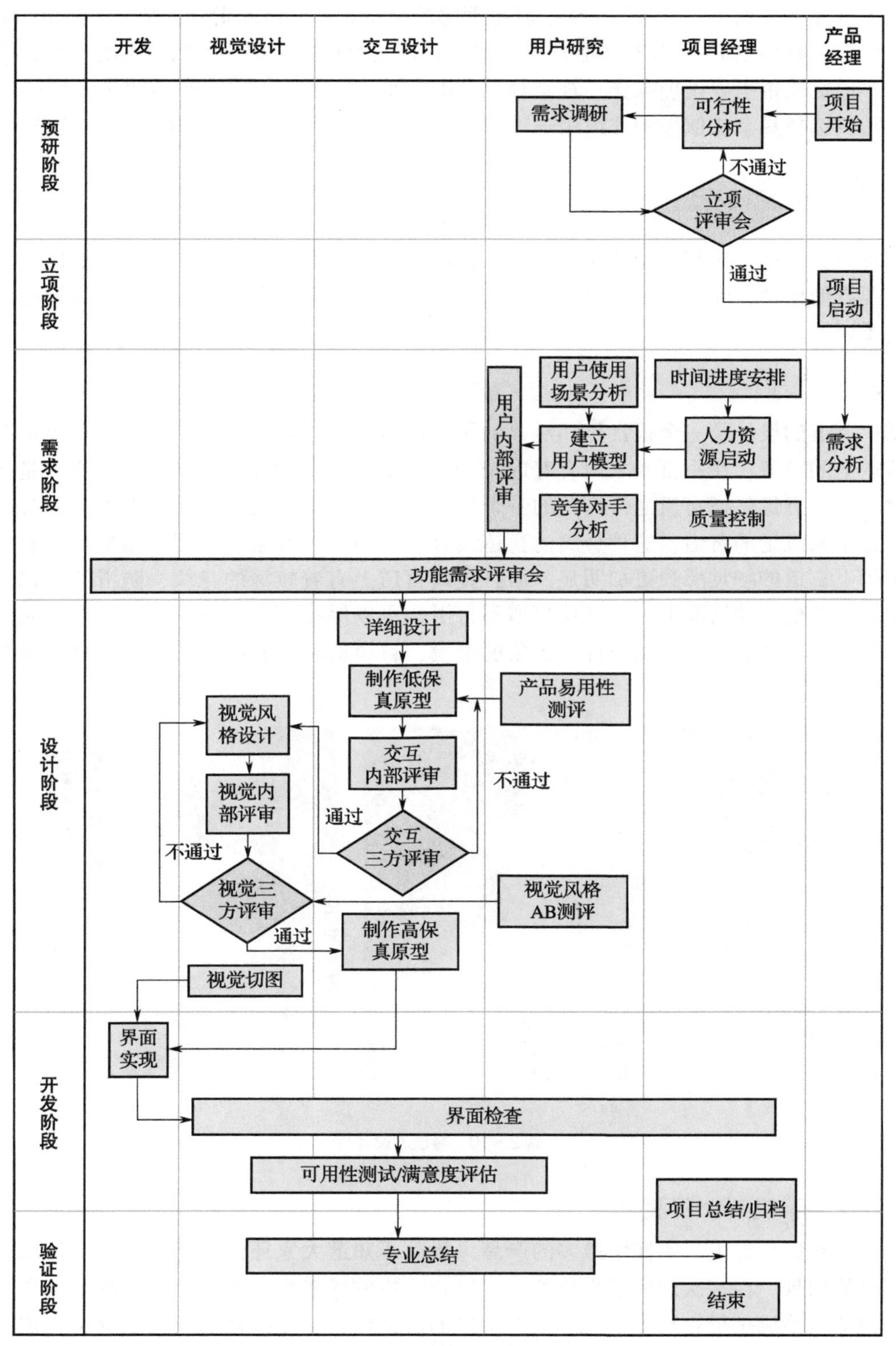


图 2-9　用户体验设计与管理流程

在此补充解释图2-8和图2-9中较难理解的设计方法，认知走查和视觉风格AB测评的方法。认知走查是2014年公布的心理学名词，具体是通过模拟用户人机交互的过程，查看用户的动作记忆能否引导正确操作；视觉风格AB测评即将多个版本的产品效果在同一时间维度下，随机选择具有相似性的几组用户进行测试，收集数据并分析选择效果更佳的设计方案。

## 2.4 案例分析

用户体验是一个比较抽象的概念，但是它却贯穿在我们的生活之中。不管是什么样的设计，只要有使用者，就一定有用户体验。下面我们用几个案例来分析一下用户体验在产品设计中的重要性。

### 2.4.1 盲道设计

城市盲道的设计是一个很常见和经典的用户体验案例，如图2-10所示，左边是某市一条人行道上的盲道，在一百米之内有着近35个拐弯的设计，整个盲道的布置完全不是从盲人的角度设计，更像是把盲道当作道路的一个装饰，连最基本的用户体验都做不到，又谈何美感。右边是某机场的盲道，这种金属的盲道设计，从使用体验来说，凹凸感更加强烈，使盲人对于脚下盲道的触觉感受更加明显；而且金属盲道上有着较深的花纹，防滑性更强，即使在有水或者其他特殊情况下，也能使盲道不打滑，可以保障盲人的安全，这两点首先保证了盲人基础的用户体验。另外从设计美感角度来说，盲道的颜色和地砖的颜色相符，没有很强的分裂感和视觉冲突。

a)

b)

图2-10 盲道的设计

### 2.4.2 手机解锁界面

手机是我们日常生活中使用最多的产品，然而不知道大家还记不记得第一次使用这些手机解锁时的场景。在多次观察了小孩第一次解锁手机的场景后，发现一个有趣的现象，对于小孩来说苹果手机是很容易上手的。苹果手机的解锁操作，小孩甚至不用学就会完成，因为触摸是人类的天性。同时iOS操作系统通过箭头的图标，来暗示手指触摸向右滑动的解锁方式，这样的解锁操作是符合人的天性的。反观安卓操作系统早期的解锁方式，虽然有中间的圆点路径导航，下面锁头的图标做引导，但是形式远远没有苹果 iOS 的界面来得直接，对于初次使用的人来说是不友好的，如图 2-11 所示。因此在使用体验上，早期的交互设计苹果是要优于安卓的。

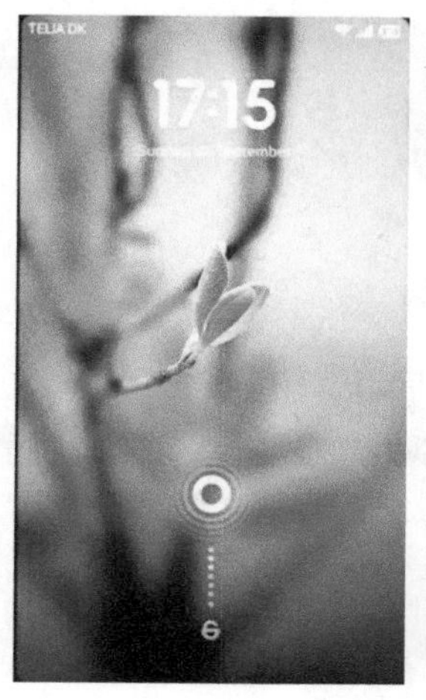


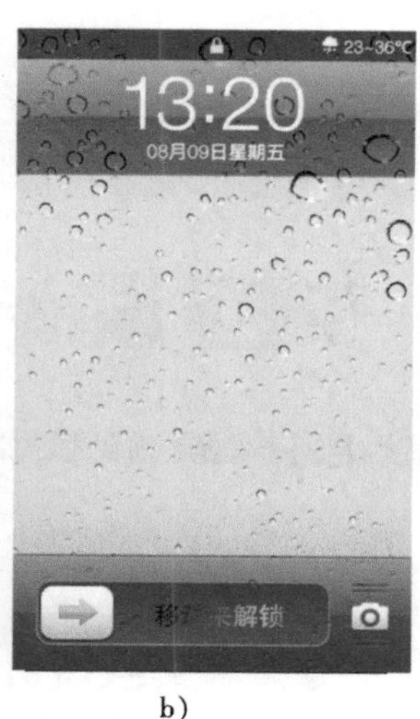


a)　　b)

图 2-11　安卓和苹果手机解锁界面

### 2.4.3　美团外卖界面

在这个快节奏的时代，大部分的年轻人因为省时间或者生活条件等原因对于点外卖的需求很高，可以说这是社会节奏和外卖软件共同促成的结果。外卖开发者在不断的探索和改进中，给了用户一个完美的用户体验。下面我们可以从美团外卖的 APP 中看一下其设计细节的精巧之处。

如图 2-12 所示界面，使用者在点餐完成提交订单时，地址栏会时刻显示在界面导航栏，用户可以时刻看到配送位置，由于配送地址对于外卖配送的重要性，这样的设置很有必要。在外卖配送的过程中，界面右下角的悬浮窗内会时刻显示订单状态和配送员的距离，点击后可以直接到达订单详情界面，简化了用户的操作步骤。

图 2-12　美团外卖界面

# 第 3 章 交互设计

## 3.1 交互设计概述

当设计实现了从“人适应产品”到“产品适应人”的逐步发展，人与产品的交互成为新的设计发展趋势。随着网络等技术的普及，人与产品的交互形式不断增多，交互复杂程度日渐提升，交互设计成为设计师设计的重点之一。

### 3.1.1 交互设计的概念和发展

“产品适应人”的设计理念是当前设计的主要理念，其促进了交互设计的不断发展。近年来有众多设计者、设计组织对交互设计做出定义：

现在普遍认为的交互设计是来自 George Richard Buchanan（乔治·理查德·布坎南）的定义：通过产品（实体的、虚拟的服务，甚至是系统）的媒介来设计人与人、人与物、人与环境的相互关系，以支持、满足、创造人们之间的各种互动行为。

Donald Arthur Norman（唐纳德·A. 诺曼）给出的定义：交互设计重点关注人与技术的互动。目标是增强人们理解可以做什么、正在发生什么，以及已经发生了什么。交互设计借鉴了心理学、设计、艺术和情感等基本原则来保证用户得到积极的、愉悦的体验。

Jenny Preece（詹妮·普瑞斯）等人编写的《交互设计——超越人机交互》一书中对交互设计的定义为交互设计是指设计支持人们日常工作与生活的交互式产品。交互设计就是关于创建新的用户体验的问题，其目的是增强和扩充人们工作、通信及交互的方式。

根据前人经验和个人经历，本书作者提出：

交互设计是对产品、虚拟界面与人的沟通方式进行设计的一门新兴学科，其设计对象通常是指用户可见的部分，目的是在保证功能的前提下，让人可以更加高效地理解学习并驾驭人造物，以此改善用户体验。此外，交互设计是一门源于人机工程学，又融合了认知心理学、计算机科学、设计规范的交叉性学科。

如图 3－1 所示是人机交互设计的发展历程。首先是以穿孔纸带为代表的手工交互阶段，该阶段交互效率低下，容错性低，极大地降低了计算机操作的便捷性。伴随着技术的发展，出现了基于键盘的字符型交互方式，只有输入相应的命令，设备才会显示期望中的反馈结果，完成交互过程。以上两种交互方式处于人适应机器的发展阶段。在该发展阶段中，对人的专业技能提出了较高的要求，操作者必须经过专业培训才能达到预期目的，因此许多先进便捷的设备无法惠及民众，人与机器存在代沟。此外，这一阶段的机器使用效率低下，可能因不符合人的认知习惯而存在安全隐患。

20世纪80年代，乔布斯推出带有鼠标的LISA和升级产品Macintosh，标志着图形用户界面（Graphical User Interface，GUI）交互的开始。这种交互方式是机器适应人的发展过程之一，它遵循所见即所得的交互方法，结合认知心理学、人机工程学等学科知识，提高了人机交互的便捷性，是目前普及度最高的人机交互方式。

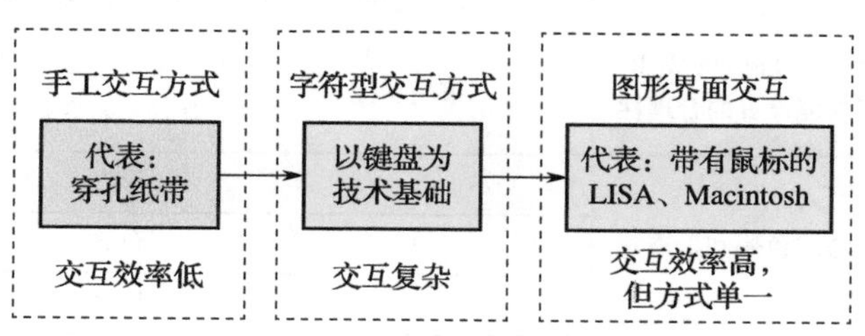


图3-1 人机交互设计的发展历程

### 3.1.2 交互系统的基本构架

交互系统是具有双向信息交流功能的系统总称，是交互设计的最终体现。交互设计的目的是设计一个满足用户需求的交互系统。交互系统设计是在设计中对交互设计更深入、更准确的理解和应用，这相当于要求设计团队建立一种整体的思维方式，即交互系统是由各个部分按照特定顺序有机地组织起来的，需要从更加全面的角度把握设计对象。

英国龙比亚大学大卫·比扬（David Benyon）教授在《Designing Interactive Systems》一书中，将由人（People）、人的行为（Activity）、产品使用时的场景（Context）和支持行为的技术（Technology）四个要素（简称PACT）构成的系统称为交互系统（Interactive Systems）。该理念多用于与软件设计、游戏设计和网站设计密切相关的领域。但在产品设计中，我们完全可以用用户（User）、行为（Activity）、场景（Context）和产品（Product）（简称UACP）来取代。“P（People）”是指全体人类，而“U（User）”则更偏向于用户，在这里特指交互系统中具体的用户；由于产品以及产品的功能最终体现了交互系统中支持交互行为的技术，是技术的实体反映，所以用“Product”来替换“Technology”完全可以包含交互系统中所需要的技术要素。此类产品在交互系统中被称为交互式产品。

交互行为的和谐是由交互系统中UACP四个元素所决定的，要想交互行为顺畅舒适，必须首先保证四个元素之间的相互协调。由UACP构成的交互系统设计基本框架（见图3-2）只是一种宏观的表述。从总体上看，用户（U）在系统中处于中心位置，起主导作用，并对其他三个元素产生影响、形成制约。虽然存在形形色色的交互系统，但都可以归属于这种框架体系之下。

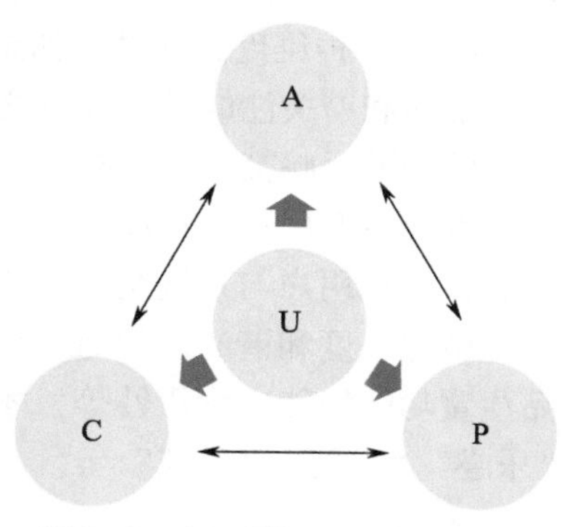


图3-2 交互系统设计的基本框架

### 3.1.3 交互系统原则

#### 1. 和谐关系原则

（1）物质维度的和谐　产品是交互系统和谐的物质基础。产品包括“有形的”物理产品，如机械部件、建筑物、工业产品等；还有“无形的”软产品，如各种网络产品、

计算机软件和服务系统。产品功能、造型、物质技术是影响交互系统和谐关系最基本的三个要素，表 3－1 对这些要素进行分析。

表 3－1 物质维度和谐要素分析

| 要素 | 内容 | 分类 | |
|---|---|---|---|
| 产品功能（前提） | 功能支持的活动是否完全满足用户目标的要求，反映了功能设置的合理性 | 使用功能 | 产品的实际使用价值 |
| | | 审美功能 | 形态表达产品的美学特征及价值取向，让使用者取得情感共鸣的功能 |
| 造型 | 主要考虑色彩和形态 | 形态 | |
| | | 色彩 | |
| | | 肌理 | |
| 物质技术 | 产品所使用的技术是否恰当 | 技术与人的和谐关系 | 判别标准为技术适应人而不是人适应技术 |
| | | 技术与生态环境的和谐关系 | 制造所采用的技术不应对生态环境产生影响 |

物质维度的和谐是一个整体的和谐，而不仅仅是追求单项要素的和谐。如产品性能与可用性方面和谐性较高的产品，在产品与环境的和谐性方面可能会较差，这就涉及要素之间的权衡问题。

（2）行为维度的和谐　行为是设计好坏最直接显现的一环。一款产品在用户使用时产生的行为是否能满足用户目的、是否符合设计者对用户的期望是判断设计好坏最直接的方法。

基于用户固有习惯的设计能让用户自然愉悦，从而给予用户习惯达到舒适的体验感。比如，根据“随机浏览内容”这个目的，一些新闻、视频、资讯类的 APP，就把内容列表做成瀑布流，让用户只需要一个滑动的动作，就能一直顺畅地浏览下去，该设计自然符合用户预期。当然，设计师还可以预测用户潜在需求，引导用户操作行为，从而提供超出用户预期的设计。比如，电商网站，当你已经下单完成目的，它还会根据你的历史数据和喜好，展现出你下单的相关其他产品，让你忍不住再点击看看，诱导进一步消费。

视觉、思维和动作相互配合，实现了连续的动态过程，这种行为是一个有机整体，我们称之为实现了行为维度的和谐。行为维度的和谐主要表现在交互的流畅性、操作的简便快捷性，以及信息反馈的快速准确性等。

（3）精神维度的和谐　如果说交互系统在物质维度的和谐看重的是“实用之理”，在行为维度的和谐关注的是“交互之顺”，那么在精神维度的和谐期望的则是“体验之感”。精神维度的和谐反映交互系统是否全面地考虑到用户的心理需求。交互设计是以人为中心的设计，设计者要站在用户的角度，深入、全面地了解用户的需求才能够设计出具有良好用户体验的产品，注重用户与系统交互时的感觉才能最终实现精神维度的和谐。

精神维度和谐的评价与产品种类、目标用户密切相关，具有多样性。例如，实用类的产品注重功能性能、耐用性等，才能满足用户心理需求，提升好感；儿童产品则更多关注的是“乐趣”“益智”“酷炫”等。

2. 可用性原则

可用性在 ISO 9241/11 中的定义是：一个产品可以被特定的用户在特定的境况中，有效、高效并且满意地达成特定目标。按照此定义，可用性主要由“有效性”、“效率”和“满意度”三个要素来确定。有效性是指用户完成特定任务和达成特定目标时所具有的正确和完整程度。效率是指用户完成任务的正确和完成程度与所用资源（如时间）之间的比率。满意度是指用户在使用产品过程中所感受到的主观满意和接受程度。

可用性是交互式 IT 产品/系统的重要质量指标，涉及的主要是产品的功能部分，指的是产品对用户来说有效、易学、高效、好记、少错和令人满意的程度。在交互系统中有效性和效率实际上是较为客观的指标，但同时也与交互系统中 UACP 要素有关。在设计过程中，设计对象的可用性目标可以从有效性、效率、可学习性和可理解性四个方面进行考虑，其中有效性和效率两方面最为重要，如图 3－3 所示。

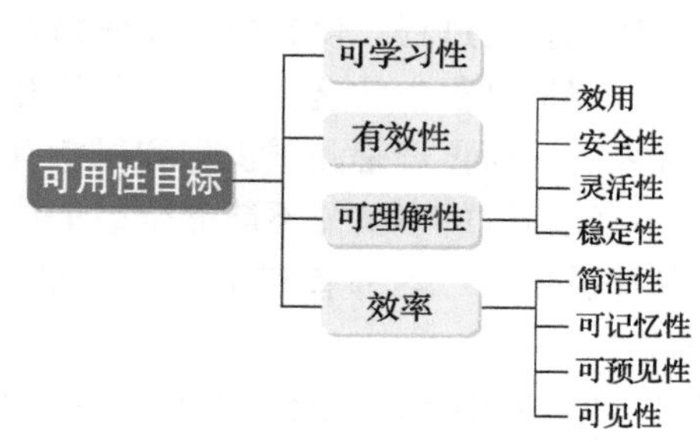


图 3－3 可用性分析框架结构

3. 良好的用户体验原则

用户体验（User Experience，UE 或 UX）专指与产品相关的体验，可以简单地理解为用户在使用一个产品（服务）的过程中建立起来的心理感受，具有很强的主观性，但也受客观条件的影响。个体差异也决定了每个用户的真实体验是无法通过其他途径来完全模拟或再现的，但对于一个界定明确的用户群体来讲，其用户体验的共性是能够经由良好设计的实验来认识到。用户体验也可以从不同视角来理解。关于用户体验的内容已在本书第二章重点介绍。

## 3.2 用户行为和交互行为

### 3.2.1 用户认知

认知心理学（Cognitive Psychology）主要研究作为人类行为基础的心理机制，其核心是输入和输出之间发生的内部心理过程。广义指研究人类的高级心理过程，主要是认识过程，如注意、知觉、表象、记忆、创造性、问题解决、言语和思维等，狭义相当于当代的信息加工心理学，即采用信息加工观点研究认知过程。用户认知可以分为三个阶段：一是注意、感知和识别；二是记忆；三是思维和决策。下面将对这三个阶段进行说明。

1. 注意、感知和识别

注意、感知和识别是认知过程的感性阶段，是在一定场景下，某一时刻人受外部世界某种刺激而产生的反应。用一个实例来说明：行走中的你因为锣鼓声止步，发现体育馆正在举行家电博览会。该过程中锣鼓声引发“注意”，视觉“感知”判断体育馆的活动的海报等，大脑处理信息“识别”此时活动内容。

理解用户的注意、感知和识别特性，有利于使用交互系统快速有效地完成系统目标。如何才能使交互系统达到这样的要求，主要需要考虑以下两个方面：

1）注意和感知主要通过人的感官，如视觉、听觉和触觉，其中 80% 的信息来自视觉，

因而视觉是设计时首先要关注的。

2）交互系统的界面设计必须适应人的认知过程，要考虑不同人群的认知特点，根据特定人群来选择视觉、听觉和触觉之中的一种或几种来传递信息。

### 2. 记忆

记忆是人脑对已经经历过事物的识记、保持、再现，它是进行思维、想象等高级心理活动的基础。识记是记忆过程的开始，是识别和记住事物并形成一定印象的过程；保持是强化记忆内容的过程，使它更好地成为人的经验；回忆和再认是过去经验的两种不同的再现形式。

记忆过程中的这三个环节是相互关联和制约的。识记是保持的前提，没有保持，就不会有再现，而再现是测试识记和保持有效性的指标。从这个角度来看，这三个环节必不可少。

经历过的事情能不能完全被记住，取决于多种因素，如多次重复、故地重游、积极思考以及强化学习等都有利于加强记忆。同时，通过一定的设计策略也可以激发和提升人的记忆力：

1）采用形象记忆、逻辑记忆、情绪记忆、运动记忆等方式。如 iPhone 通讯录中的手机号码被分割成“×××－××××－××××”的形式，运用一般人的短时记忆容量约为 7 ±2 个的法则的小细节设计，减轻了用户记忆负担。

2）采用符合人们认知习惯的表达形式，通过识别来引发记忆。如放大镜样式的图标表示搜索，用“!”表示注意，用“?”表示询问等。这些符号的意义已经在用户的头脑中根深蒂固，很容易使人想起和理解。

### 3. 思维和决策

思维和决策包括目标（做什么），有哪些方法，选择何种方法（决策）以及结果的预测等。这一过程的实施与用户的记忆（经验和技能）有关，涉及能否顺利而有效地完成预定目标。

对于不太了解交互式系统的初学者，通过“认知”转换的经验和技能（记忆）是有限的，并且在设计过程中会考虑一些其他信息，以帮助用户有效地完成任务。如简洁的说明，动态的操作提示，清晰的交互界面，直接快速的一键式操作等。如图 3－4 所示，iPhone 的“Home”键的设置为用户提供了一种非常快捷的返回方式，无论用户位于任何一个操作界面，只要轻轻一按，总是能返回主界面。这里既不存在层层回退的界面构架关系，也没有多余的操作。即使是初级用户，只要有了一次“认知”，就不会有无法退回主界面的困扰。当用户从初级用户转变为中级用户或专家级用户时，随着对“Home”键的“认知”升级，可能会发现更多有用的功能，如长按“Home”键进入“Siri 语音”界面等。

交互系统中，某些功能并不经常使用，如添加手机解锁指纹、打开个人热点这类功能，隐藏在设置的深处，很难通过识记和保持转化为个人的经验，以至于每次使用都要琢磨好久。对于这种情况在设计时应该及时提出方便用户的交互方式，避免用户多次尝试或者上网搜索操作步骤。

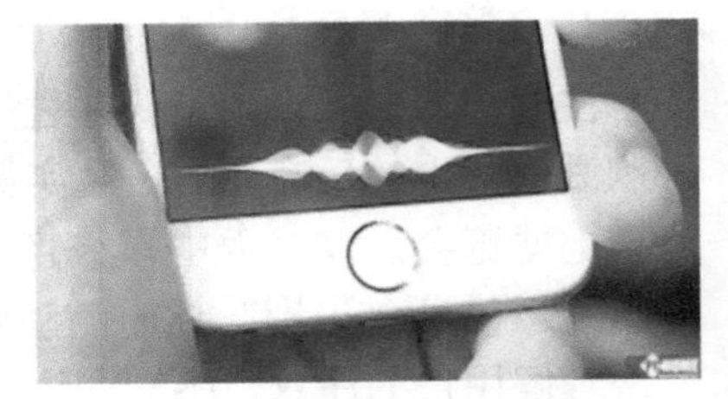

图 3－4　iPhone 手机 Home 键功能

### 3.2.2 用户行为

交互设计的对象是人，是为人的使用而进行的设计。具体考虑一个交互设计作品时要考虑到用户对周围环境的反应。如在设计玩具时，必须考虑到儿童的年龄段及他们对色彩的喜好等。用户行为就是用户在使用交互产品时的动作行为和对产品的反馈行为。用户行为规律可以概括为七个相互联系的行为阶段，如图3-5所示。

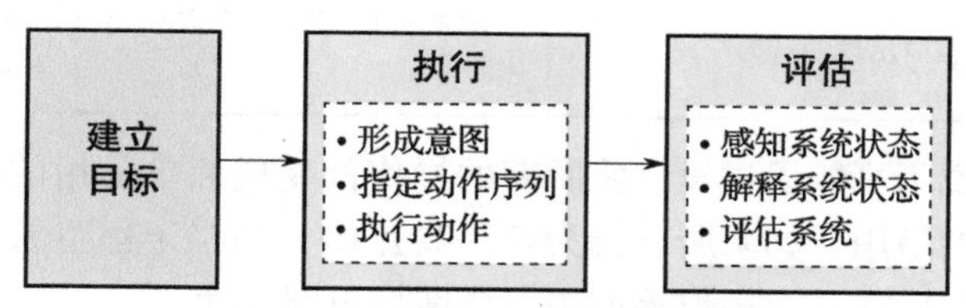


图3-5 用户行为规律七个阶段图

首先，用户必须有一个意向目标。该意向本身不一定是确定的，所以在动作执行前，意向需要转化成特殊意图，并进一步转化为实际的工作方案；在用户实际执行指定的动作序列后，用户需要感知新的系统状态，并由用户的心理去解释这个系统的状态；如果此时系统的状态已经反映了用户的目标，可以说交互完成。不然，用户就要重新形成意向目标，重新循环过程。

交互设计致力于了解目标用户及其期望，以及用户在同产品交互时产生的行为，因此研究用户的行为是使交互设计成功的关键。将现实生活中人的生活习惯、心理特性融入设计中，才能使产品更容易为人服务。

### 3.2.3 交互行为

#### 1. 交互行为

交互行为特指在交互系统中用户与产品之间的行为，主要包括两个方面：一是用户在使用产品过程中的一系列行为，如信息输入、检索、选择和操控等；二是产品行为，如语音、阻尼、图像和位置跟踪等对用户操作的反馈行为以及产品对环境的感知行为等。

交互行为与一般意义上的行为相比，它的主体和客体可以进行转换。例如，对于个人使用的交互系统，用户与产品之间的交互过程是双向的，操作产品时行为的主体是用户，客体是产品；用户操作的反馈行为主体是产品本身，用户成为客体。因此，交互设计中考虑的行为是双向的。

#### 2. 用户在交互过程中的认知鸿沟

在交互过程的执行和评估阶段，用户有可能存在认知“鸿沟”，Norman 称之为“执行阶段的鸿沟”和“评估阶段的鸿沟”。所谓执行阶段的“鸿沟”可以理解为，用户为了达到目标，认为可以这样操作，但产品不一定能允许这样的操作，或者用户不知道如何操作，又或者用户不理解设计者的意图。而评估阶段的“鸿沟”表示用户对操作结果的判断与实际结果不符或存在差异，换句话说，用户认为目标已完全达到，而实际情况并非如此。

#### 3. 交互行为的特征

（1）行为的频度　行为的频度是指在一定时段内行为发生的次数，根据行为频度可将行为区分为经常性行为和偶然性行为，表3-2对两者进行介绍。

表 3-2　根据行为频度对行为进行分类

| 行为分类 | 概念 | 举例 | 优势 |
| --- | --- | --- | --- |
| 经常性行为 | 每天都要发生的大频度行为 | 打电话和看电视 | 操作简单易用，不存在行为执行和评估阶段的认知“鸿沟” |
| | 相对于同一产品的其他行为出现次数较多的行为 | 手机聊天，手机看视频 | |
| 偶然性行为 | 较少出现的行为 | 设置手机壁纸、修改锁屏密码 | 易学或易回忆操作方式，可通过简单方式消除“鸿沟” |

对于同一产品来说不可能通过设计使所有的操作都变成简单易用的行为，必须有所侧重才能保证经常性行为的易用，如果所有行为都是易用的，相当于都不易用。如将经常使用的功能与不常用的功能充斥在一个操作界面中，会增加识别难度。

图 3-6 所示为美团 App 界面的首页，设计师将产品功能的入口，根据用户使用频次设计为大小不同的图标；功能越重要，其图标的面积越大、风格越为醒目，界面整体简单易用，识别度高，值得借鉴学习。

（2）行为的可中断　通常情况下，用户行为是一个持续的过程，但是并不能排除有时正在进行中的行为活动被意外情况打断。这里分两种情况：①用户临时去处理或应付某件事情，在结束之后接着进行；②急于处理其他更要紧的事情，干脆取消正在进行中的行为，这种行为被中断的现象，在现实生活中并不少见。有些行为的意外中断既然是不可避免的事情，在设计中就要考虑到这种情况，以保证交互行为既可以被中断，也可以接着继续做。

（3）行为的响应　行为的响应特性，用产品系统对用户行为反应的时间来衡量。研究显示，系统响应时间大于 5 秒时，会使人们感到沮丧和迷茫；当进行手眼协同的操作行为时，系统的响应时间不应当超过 0.1 秒；当进行引发事件的行为时（如按键切换界面），系统的响应时间不应当超过 1 秒。

理想状况是系统能对用户行为即时响应，但由于受技术条件的限制，对行为的响应总是有一定的延时。对于包含较多图片的界面，在不影响视觉效果的情况下，可通过降低像素来减少界面切换时的图片载入时间，从而减少响应的滞后时间。

图 3-6　行为频度对手机界面图标设计的影响

（4）多人行为的相互协调　用户交互行为的执行有时会涉及多人行为的问题，行为的相互协调表现在信息的交流、动作的协调等方面。如多人合作类产品，动作的协调强调目标一致、步调一致；游戏类产品强调参与者之间信息的交流、行动的配合，以游戏性为目标。如图 3-7 所示为 Switch 中的网球游戏，既可以实现个人单打独斗，也可以进行双打竞赛，手柄外设还原真实网球动作，游戏操作协调流畅。该游戏对多人行为相互协调提出了很高的要求。

 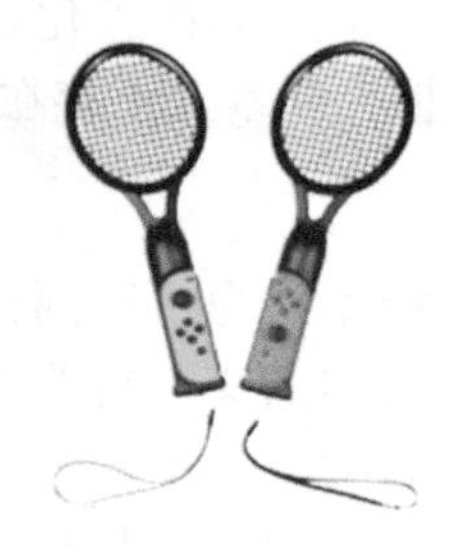

图3-7 双人网球游戏界面及用具

（5）行为的可理解 易于用户理解的行为设计，有利于用户执行和完成任务。如果用户对产品的行为不甚明了，将会寻求额外的信息，从而影响行为的执行。因此在设计行为时必须使用户能够明确行为的目标和意图。如在使用 Windows 系统时，有时由于硬件或软件原因会出现系统崩溃，即出现“蓝屏”，面对一大堆用专业术语描述的文字，大多数用户都会束手无策。显然，对这种系统出错的显示行为，其可理解性之差就不言而喻了。

（6）行为的出错 有时用户行为的出错是不可避免的，也就是说行为具有正确和错误两重性。正确行为的结果是用户所希望的，错误行为的结果是用户不想看到的。对于文件删除的操作行为来说，有两种情况：一是用户真正想删除文件，其删除行为是正确的；二是用户是想保存文件，而选择了删除文件的行为，其删除行为是错误的。为了避免后一种情况带来的损失，需要增加一项要求用户确认的行为。更好的方案是将删除的文件自动放在垃圾桶内，而不是真正从存储设备中删除，给用户一次纠正行为错误的机会。

（7）行为的效率 完成相同的任务或达到同一目标可以选择不同的行为方式，但用户通过不同的方式解决问题所花费的精力不同，这就是行为的效率问题。浏览网页的操作行为用鼠标比用键盘快捷，但大量字母和数字的输入显然键盘优于鼠标；对于电话号码的数字输入来说，采用九宫格键盘的输入方式比用 26 键全键盘好，而对于大量的文字输入，后者的效率又高过前者。

行为的效率不仅与行为的选择有关，而且与用户的背景和场景有关。图 3-8 所示为汽车导航的三种输入方式，对于中文输入来说，显然拼音输入最有效率；但对于不懂拼音的用户来说，手写则更适合；由于是汽车导航，还有另外一种特殊情况，那就是在行驶过程中，语音输入相比其他方式拥有更高的效率和安全性。因此，考虑行为的效率特征就是要为同一目标设计多种行为，以满足不同用户的需求。

## 3.2.4 交互形式

用户与交互系统之间的交互方式主要是指用户、产品和环境之间的信息交流形式，从交互的发展上来看，经历了从原始式交互、适应式交互到符合人们认知习惯的自然式交互再到着眼于未来的创新式交互的过程。

### 1. 原始式交互

在工业化社会之前，人们只能使用手工制作的简单产品（工具或武器）进行狩猎、农作、生活和防范，如用犁耕地、用斧劈柴、用箭射猎和用嘴吹灯等。此类耕地、劈柴、

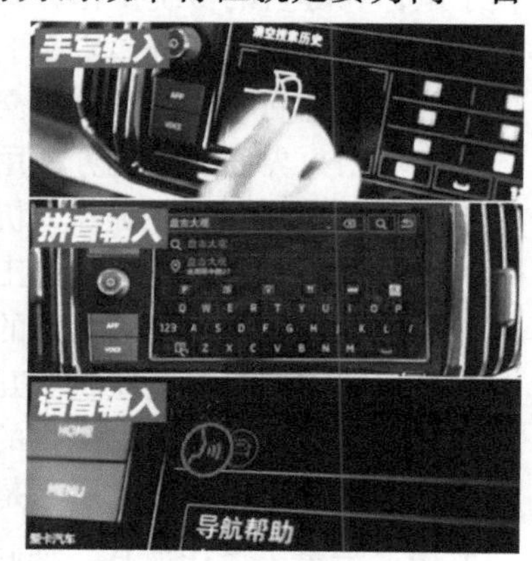


图3-8 汽车导航输入方式

射箭和熄灯等行为，是人类在进化过程中“自然而然”形成的一种自然而又原始的操作行为，极易理解和掌握，基本上不存在任何认知“鸿沟”。

2. 适应式交互

适应式交互是指用户为了达到自己的目标，受产品功能的限制被迫采取的一种交互形式。这种方式是非自然的交互行为，是由于产品受技术、工艺或经济等条件制约的一种不得已而为之的操作行为。如图 3－9 所示，以熄灯为例，对传统的油灯而言，用嘴吹是再自然不过的灭灯行为了，但对于现代的电灯来说，显然只能通过手的动作来关灯。为什么用手而不是用嘴吹，这是因为这种电灯产品不支持“嘴吹”关灯，用户只能选择开关完成关灯动作。

对于早期的计算机或以信息技术为主的产品来说，交互行为大多数属于适应式交互一类，且主要发生在用户和产品之间。用户是信息交流的主导者，产品则是信息交流的被动者，这种交互行为主要指用户在使用产品过程中的输入或获取信息的行为。图 3－10 展示了手机操作的方式，属于适应性人机交互，手机操作方式为非自然交互方式，需要用户学习适应。

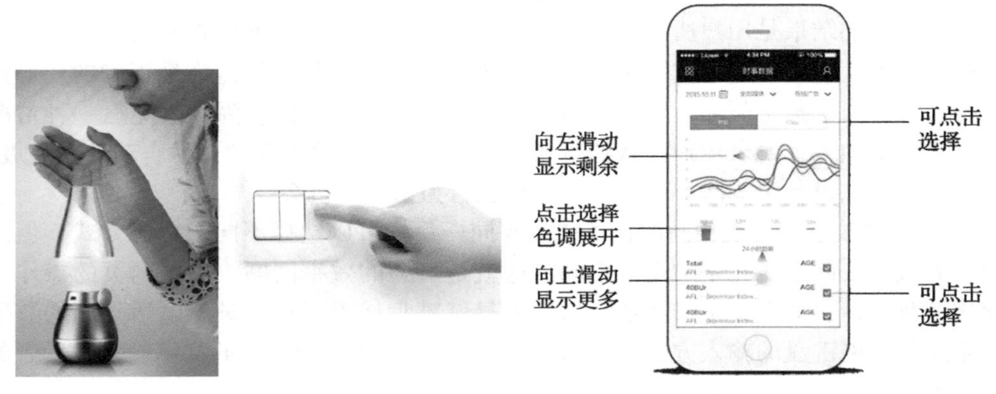


图 3－9　关灯方式的转变　　图 3－10　手机界面的适应性人机交互

3. 自然式交互

自然式交互是指基于自然用户界面（Natural User Interface）的人机交互，其界面不再依赖于鼠标和键盘的传统操作方式，而是采用语音、动作、手势，甚至人的面部表情等方式来操作和控制计算机系统，广义上泛指用户与产品之间的交互行为均符合人类的行为习惯，是用户与产品之间一种自然化的交互趋势。

自然用户界面必须充分利用人的多种感觉通道和运动通道，以并行、非精确方式与计算机系统进行交互，旨在提高人机交互的自然性和高效性，如苹果多点触控交互设计，VR/AR 里的动作捕捉、空间定位，人工智能产品时常用到的语音交互，都强调直观界面（Intuitive interface），也就是直观、自然的交互体验，不需要太多学习就能上手。

自然式交互是对适应式交互的重大变革与交互方式的人性化回归，自然式交互与适应式交互的最大区别在于产品提供的交互方式以更直接、更快捷的形式适应用户的需要，而不是人去适应产品。图 3－11 所示是自然式交互的一种——动作交互。动作交互在 Xbox 游戏机中的应用，丰富了操作形式，提高了游戏的娱乐性、参与性与互动性。

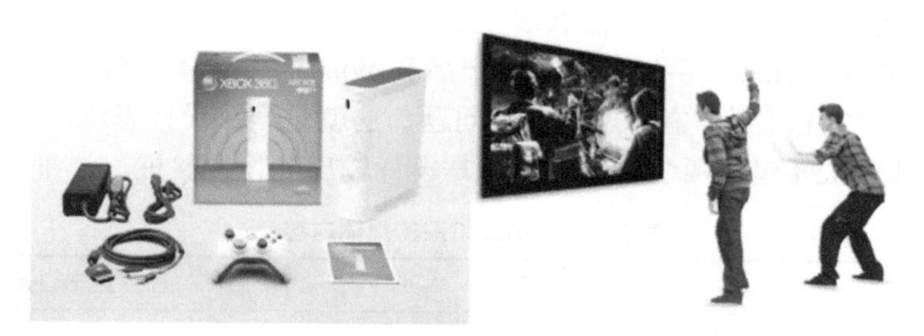


图3－11　体感游戏中的自然交互方式

4. 创新式交互

创新式交互源自设计师或设计团队的“异想天开”的创意。在某种意义上，这种交互行为并不一定为用户所了解，需要借助一定手段或品牌的影响力进行引导。自从十多年前，苹果把人机交互从键盘拉到了手机屏幕上，这些年来，人机交互一直停留在“量变”的不断优化阶段。近年来，交互创新方向逐渐从二维屏幕转向三维空间，通过陀螺仪、NFC，以及各类传感器来实现。Apple Watch 的创新式交互如图 3－12 所示，双指按在屏幕上即可记录和传送心跳；抬起手腕即可接听来电等。

交互方式的创新意味着对原有的传统交互方式的更新、变革或创造，创新式交互需要技术的支持，需要设计阶段的评估、目标用户的培育和概念的推广。

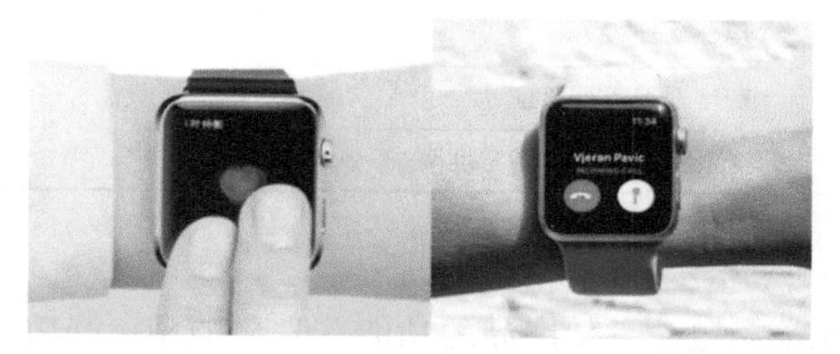


图3－12　Apple Watch 设计中的创新交互方式

## 3.3　交互设计流程

近些年来，很多学者就交互设计流程提出了各种不同的观点，但总的来说，交互设计的一般流程包括建立产品设计思维与交互模型，开展用户研究，建立需求和运用设计工具与原型内容。下面我们将详细介绍这些内容。

### 3.3.1　产品设计思维

1. 设计思维内容

任何一个交互设计师都应该具有一定的设计思维。

搜狗 CEO 王小川曾指出：产品经理是站在两个十字交叉线上，一条线是科技和人文的交汇点，另一条线是用户和技术实现的交叉点。这两条线是相互冲突的，产品经理需要平衡好用户的需求和实现的能力，不是通过中庸解决，而是两条线都要做到，这就是产品思维。

同样，西蒙·斯涅克（Simon Sinek）也曾在一次 TED 演讲中说到，“黄金圈”法则能够很好地概括产品思维，即 Why——为什么要设计这款产品，Who——产品的目标用户是谁、能够达到用户什么需求，How——怎么做这款产品和 What——整体形象定义三要素。做任何一款产品设计之前，首先需要考虑清楚这三个问题。这就是产品设计思维的核心所在。

其中，What 部分主要包括两个阶段，分别是设计输出和设计验证。详细内容见表 3－3。

表 3－3　What 阶段的具体内容

| 设计阶段 | 设计步骤 | 细节注释 |
| --- | --- | --- |
| 设计输出 | 主流程图 | 无 |
| | 交互框架 | 主流程交互、分支流程交互、<br>新手交互引导、<br>异常状态、动画原则 |
| | 视觉界面 | 主风格定义、主图形<br>主要界面、次要界面<br>控件状态、LOGO 设计 |
| | 高保真 Demo | 动画 Demo、高保真原型<br>动画说明书 |
| 设计验证 | 设计调查、可用性测试 | 可根据验证结果对输出结果进行修改 |
| | 专家测试、用户内测 | |
| | 用户访谈 | |
| | 灰度上线数据验证 | |
| | 上线数据跟进、满意度调查 | |

### 2. 设计思维原则

1）可用性优先，视觉靠边。一款产品的功能首先要能用、好用，才会有人关心好不好看。不是说视觉设计不重要，而是说对于交互设计而言，解决可用性才是最优先的，而视觉上的优化，可以在下一个环节再讨论。

2）永远关怀用户。通过长期的摸索和测试，我们发现消费者越来越倾向直观性表达。比如十年前也许可以用纯文本小广告骗到点击率，但如今没有图片大家都懒得扫一眼。因此解析图片时，右边要写清楚“解析中”，帮助用户理解当前在等待什么，用进度条帮助减轻用户的不耐烦，模糊处理的图片给用户“你的图没有丢，正在处理呢”的心理暗示等。

3）用户期望比逻辑更重要。界面是为了便于使用而存在，如果用户不能快速理解和操作，逻辑再正确也丧失了意义。设计师在处理众多信息时，需要思考的不是采用何种逻辑结构，而应思考对用户而言，哪些是基础、主要的信息功能，而哪些又是辅助性的。

## 3.3.2　交互模型

### 1. 交互模型

美国心理学家、体验式学习大师大卫·库伯认为，不能用经验指导行动，应该从行动中归纳出经验，把经验升华为规律，再用规律指导行动。这就是他提出的库伯学习圈。同样地，交互模型就是交互设计过程中的设计经验。

那么模型又是什么呢？模型是指一种新产品在投入量产或使用之前所做的样品，用来校核设计过程以及实际加工过程中存在的问题。而交互设计模型是指在日常学习过程中，有目的地收集和积累有特点的设计方案，以便为之后自己的设计提供参考。这是一种设计理论形式化的实践方式，不仅可以帮助设计师节省新项目开发的设计时间和精力，提高设计方案的质量，也可以有效促进设计师与程序员的沟通，同时帮助设计师快速成长。

### 2. 交互模型单元

交互模型单元（Interaction Module Unit，IMU）是一种对于特定界面展示形式最简化的交互操作单元。设计师通过对交互操作单元具体操作方式的分解和分析，思考每一步的作用、使用条件、环境、优劣势等，可以为之后的类似设计提供参考。

作为一个交互设计师，每个人都应该有一套自己的交互设计模型库。交互模型库就是设计师把平时见到的 APP 界面进行截图、分析和拆解，然后整理保存的一个 IMU 库。其中包括 PC 端截图库和手机端截图库，如图 3－13a 和 b 所示。

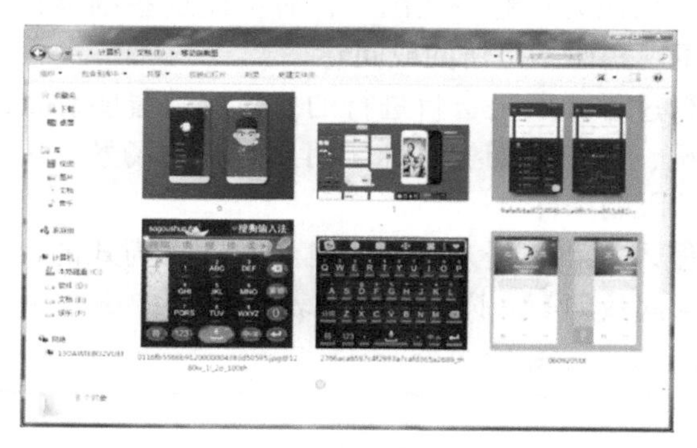

a）PC 端截图库

b）手机端截图库

图 3－13　交互模型截图库示例

### 3. 交互模型的应用

交互模型绝不是随意应用的。所谓的交互模型需要设计师对界面中的交互展示方式、操作方式进行分解和分析，然后思考可供参考的 IMU 的作用、使用条件、环境以及各自的优劣，最后根据自己的应用语境灵活地制成合理的新 IMU。也就是说，交互模型的应用很大程度上取决于模型实际的应用语境，即每一个交互单元可以放置的时间、场合、地点等因素，图 3－14 中对这三个因素做出说明。因此，交互设计模型永远不能脱离应用语境而像堆积木一样直接拼凑使用。

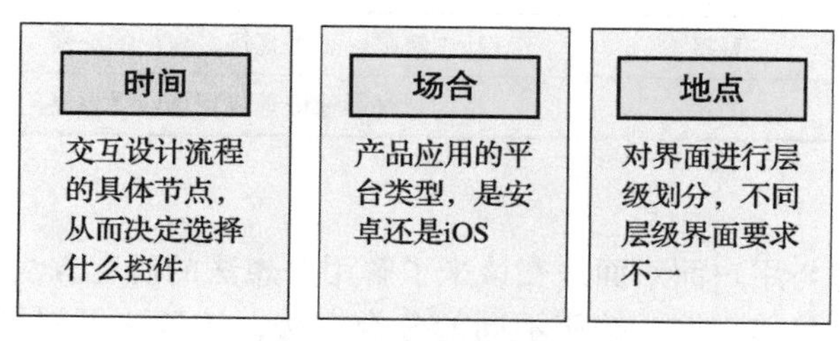


图 3－14　应用语境说明图

### 3.3.3 用户研究

为了深入发掘用户需求，用户研究在整个设计过程中至关重要。其目的是帮助设计师准确地定义产品的目标用户群，更加明确和细化产品的概念，然后通过对用户任务的操作特点、知觉特征和认知心理特征研究，使用户的实际需求成为产品设计的导向，使产品更符合用户的习惯、经验和期待。总的来说，用户研究需要对外显的以及潜在的用户需求和行为进行细致性的分析。能否挖掘出目标用户的真正需求，是影响产品成败的重要因素。

在实际生活中，用户研究方法多种多样。从大的方面来说，主要有两种方法，定性研究和定量研究。从具体的研究方法来说，除了常用的问卷调查法，还有观察法、访谈法、角色模型法、情景法和文化调查法等。下面详细对观察法、访谈法和 IDEO 方法卡进行详细说明。

#### 1. 观察法

观察法是指亲自去观看用户在活动过程中的表现和行为以及周围环境的方法。一般地，当一个人描述自己与其他事物之间活动的时候，往往会省略一些细节，有可能这些细节正是设计最有效的切入点。所以，设计前期一般要用观察而不是访问或问卷。

观察作为设计前期准备中的重要一环，执行过程并不是盲目进行的，需要带着明确目的对目标进行观察。观察目的包括当前用户的情况、用户的期望目标、用户行为的场景、用户行为诱因、用户行为时的情绪、当前用户行为的限制条件。

观察类型可以分为参与式和非参与式的、侵入式和非侵入式的、自然式和人为式的、伪装式和非伪装式的、有组织与无组织的、直接与间接的等。详细介绍见表 3－4。

表 3－4 观察的分类及说明

| 序号 | 类型 | 说明 |
|---|---|---|
| 1 | 参与 | 真实参与到用户中，成为其中的一员 |
|  | 非参与 | 以第三者身份，对用户进行观察和记录 |
| 2 | 侵入 | 纪实录影 |
|  | 非侵入 | 尽可能不干扰研究用户，隐藏拍摄 |
| 3 | 自然 | 在用户活动的自然环境观察 |
|  | 人为 | 创造或模拟情景观察用户 |
| 4 | 伪装与非伪装 | 在于用户是否得知自己在被观察 |
| 5 | 有组织 | 事前拟定观察计划 |
|  | 无组织 | 事先无计划，留意下意识行为 |
| 6 | 直接 | 亲眼、亲手直接、现场的观察 |
|  | 间接 | 观察影像记录或现场转播观察 |

#### 2. 访谈法

访谈法是一种通过与用户面对面地交谈来了解用户想法的研究方法。相对其他方法来说，访谈法更加灵活，更加简单直接。按照不同的分类方法，访谈法可根据访谈结构、人数、方式，分为 3 种类型，见表 3－5。

表3-5 访谈法的类型及说明

| 序号 | 类型 | 说明 |
|---|---|---|
| 1 | 结构化 | 标准式访谈。研究员对访谈结构和程序严格控制，相当于面对面的问卷调查，信息指向明确，但缺乏灵活性 |
| | 非结构化 | 自由式访谈。有弹性，对用户的限制少，但较费时间 |
| | 半结构化 | 对访谈的结构和程序有一定控制，但给用户有较大的表达自己观点和意见的空间 |
| 2 | 一对一 | 个别访谈，是对用户逐一访谈，利于用户真实表达 |
| | 焦点小组 | 座谈，对几个用户一起调查访谈，信息量大，互动性强 |
| 3 | 直接 | 面对面访谈，可看到用户的表情、神态和动作 |
| | 间接 | 借助工具收集资料，远程调研，减少费用，更加灵活 |

其中，值得格外注意的是焦点小组法。该方法是从一个特定受众中选择出来的大约5～10名用户组成焦点小组，对一种产品进行讨论得出观点意见。焦点小组法访问的是一个群体而不是单个用户，这样既提供群体观点、群体态度，又能够更加深入调研，发现细节上的问题。

### 3. IDEO方法卡

这里值得一提的是IDEO方法卡。这种方法是由人因专家简·富顿·苏瑞等人开发的一种类似于扑克牌的有51张方法卡片的用户研究工具。每一张卡片都是其研究用户使用的方法，正面是示意图，背面则是解释语。51张卡片分为学、观、询、试四类，每张的内容包括做法、原因和使用范例三部分。表3-6是IDEO方法卡的方法类型及介绍。

表3-6 IDEO方法卡的方法类型及介绍

| 方法 | 概念 | 包括 |
|---|---|---|
| 学 | 不依赖用户参与，由研究员通过直接分析收集到的信息，从而识别出各种模式和内在意义。 | 数据分析 行业分析<br>活动分析 亲和图<br>人体测量分析 人物档案<br>认知任务分析 竞品分析<br>跨文化比较 错误分析<br>流程分析 历史分析<br>远景预测 次级研究 |
| 观 | 关注用户在做什么，研究用户的行为。 | 现场观察 生活中的一天<br>行为映射 用户向导<br>个人清单 如影随形<br>人际网络映射 快照调查<br>逐格拍摄 |
| 询 | 需要用户的参与，通过理解用户说了什么，来探寻其观点。 | 问卷调查 非焦点小组<br>焦点小组 专家评估<br>深度访谈 影像日志<br>卡片分类 认知地图<br>拼贴画 极端用户访谈<br>词意关联 |

（续）

| 方法 | 概念 | 包括 | |
|---|---|---|---|
| 试 | 需要用户高度参与，在研究员的协助下感知和评估提交的设计。 | 行为采样<br>身体风暴<br>体验原型<br>纸原型<br>快速成型<br>比例模型<br>剧情测试 | 成为你的顾客<br>移情工具<br>信息交流<br>预言未来目标<br>角色扮演<br>剧情概要<br>参与式设计 |

### 3.3.4 需求建立

用户研究之后，我们需要建立产品设计需求。在交互设计过程中建立用户需求是指在前面用户研究的基础上，将收集到的需求原始信息采用一定手段规范化，从而更好地转换成产品概念的一个过程。一般来说，通常使用情节、用例和任务分析三种形式来展示。

#### 1. 情节

情节，是一种用叙述描述需求的方法。具体来说，情节是在确定目标用户的基础上，用文字描述在特定时间和地点环境下，用户产生特定需求以及采取特定行动的方法。

其中，故事板是情节描述最常用的方法，主要用在具有连续画面的有一系列交互动作的情节中。故事板可以直观地表示出用户与周围的交互关系，是一种形象的、场景化的且制作相对简单的表现方式。故事板以用户为中心，以环境、产品、应用为背景，与交互系统中的“角色，场景，产品和行为”相类比，如图 3－15 所示。

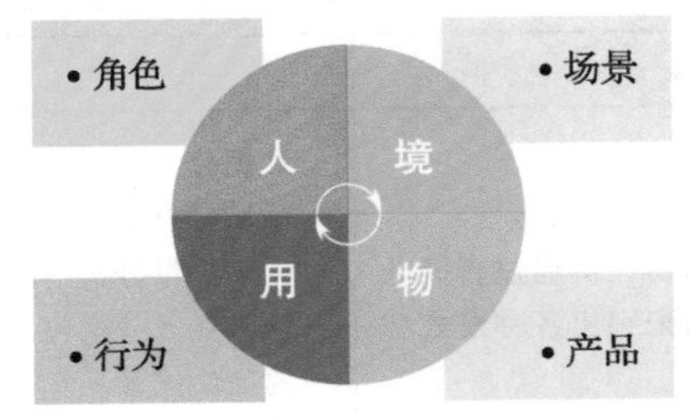


图 3－15 故事板基本架构与交互系统关系图

#### 2. 用例

用例是一种将工作流程形式化描述的方法。使用这种方法，不需要考虑或者可以先忽略系统产品的内部系统，而是集中于分析用户使用该产品的目的和步骤。一般，用例图可以直接使用线框图设计工具。图 3－16 所示为一司机设置导航系统的用例图。

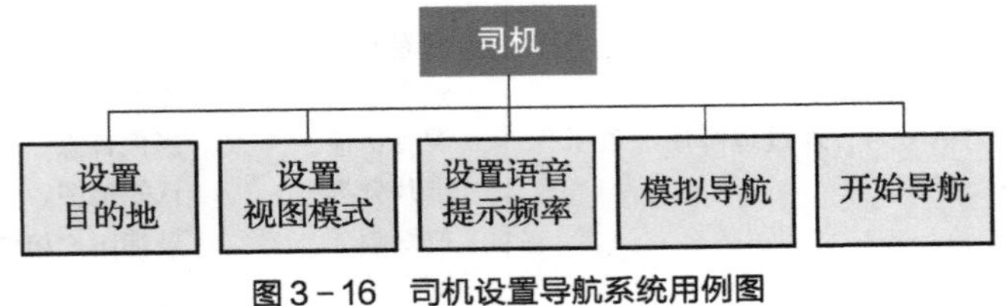


图 3－16 司机设置导航系统用例图

### 3. 任务分析

任务分析是指用户要达到某一特定目标时，分析用户需要采取的手段以及这些手段的执行顺序的一种方法。其中，最典型的是层次分析法，即将一个整体依次逐步分解成多个子任务的方法。如图3－17为一般超市购物流程的层次任务分析。

超市购物
- 进入超市
- 前往目标区域
- 选择商品
  - 试吃/试用
  - 关注打折信息
  - 查看商品日期等信息
  - 听推销员介绍商品
  - 货比三家
  - 放入购物车
- 柜台结算

图3－17　“SELF”购物流程层次

## 3.3.5　设计工具与原型

在交互设计中，有时为了将设计师的构想或产品概念具体化、形象化，往往需要建立一些产品原型，也就是最终产品的一种大概化、近似化表示，去验证产品的设计性问题。设计需要不断迭代，也就是说每一个过程都需要制作设计原型。只有经过无数次的“设计—原型—修改—原型—修改”的循环，最终才有可能获得真正让用户满意的产品。

下面介绍一些常用的原型制作类工具。

### 1. 实物原型设计工具

（1）LEGO MINDSTOTRMS NXT　LEGO MINDSTOTRMS NXT是一项可编程积木套件，可用来构建可操作的，能感知声、光和距离等物理量的交互产品原型，还可以通过图形编程工具对动作等进行自动控制。图3－18为用LEGO MINDSTOTRMS NXT构建的一个产品。

图3－18　使用LEGO MINDSTOTRMS NXT构建的一个产品

（2）Arduino　Arduino是一款方便快捷的电子原型平台。可以与Adobe Flash、Processing、Max/MSP、Pure Data、Super Collider等软件结合，做出互动作品。Arduino装置如图3－19a所示，图3－19b为用Arduino制作的一个模型。

a）Arduino装置

b）用Arduino制作的一个模型

图3－19　Arduino装置和Arduino制作的一个模型（图片来源于网络）

## 2. 纸质原型设计工具

纸面原型即以纸和笔作为设计工具制作的一种原型。设计师通过一些图形、符号、文字来快速地表达产品概念，作为交互界面原型，还需表达出元素、布局和比例符合实际要求的可操作界面，便于评估，如图 3－20 所示。

a）纸面原型工具

b）纸面原型范例 1

c）纸面原型范例 2

图 3－20　纸面原型

纸质原型可以快速传达设计理念，同时可以指导后续设计工作。纸质原型分类众多，包括：页面流、线框图、泳道图、流程图。表 3－7 将对上述纸质原型进行对比介绍。

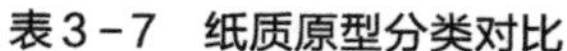

表3-7　纸质原型分类对比

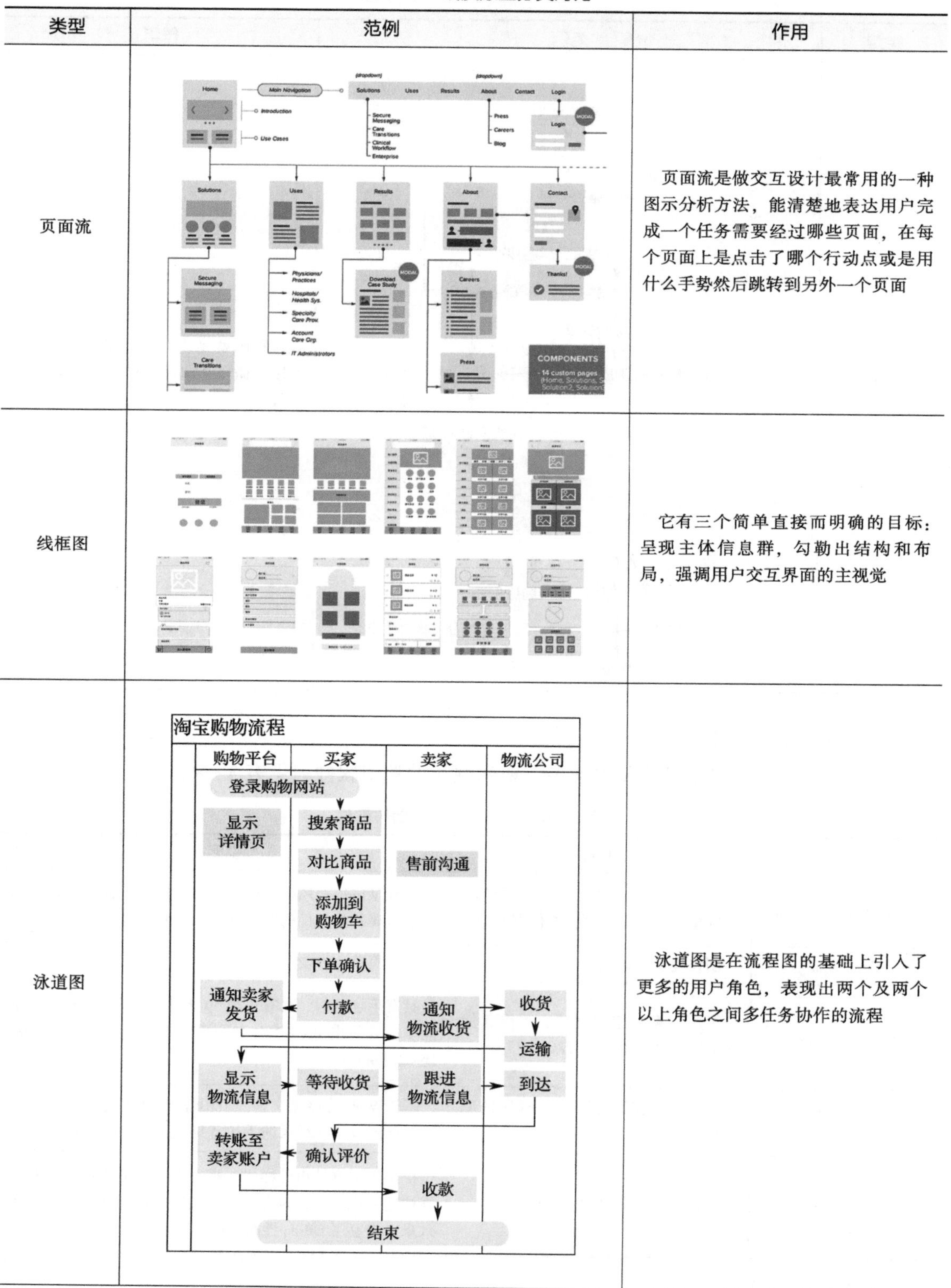

| 类型 | 范例 | 作用 |
|---|---|---|
| 页面流 | 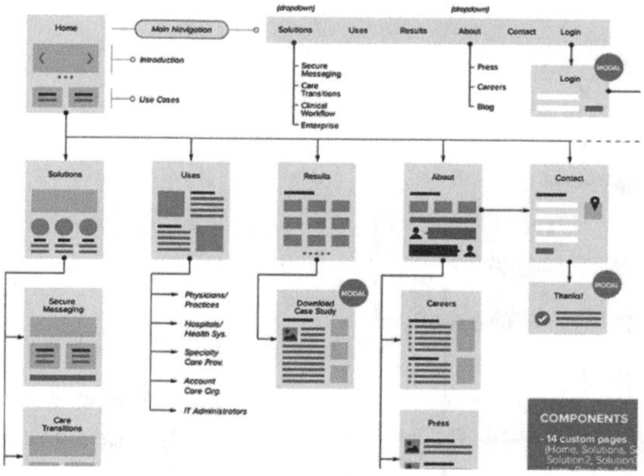 | 页面流是做交互设计最常用的一种图示分析方法，能清楚地表达用户完成一个任务需要经过哪些页面，在每个页面上是点击了哪个行动点或是用什么手势然后跳转到另外一个页面 |
| 线框图 | 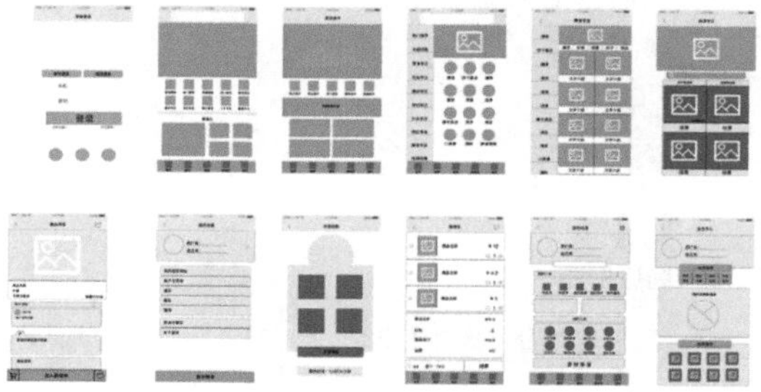 | 它有三个简单直接而明确的目标：呈现主体信息群，勾勒出结构和布局，强调用户交互界面的主视觉 |
| 泳道图 | 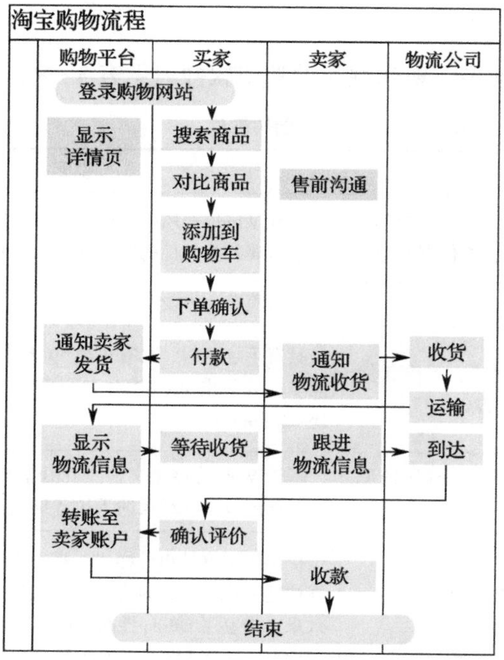 | 泳道图是在流程图的基础上引入了更多的用户角色，表现出两个及两个以上角色之间多任务协作的流程 |

（续）

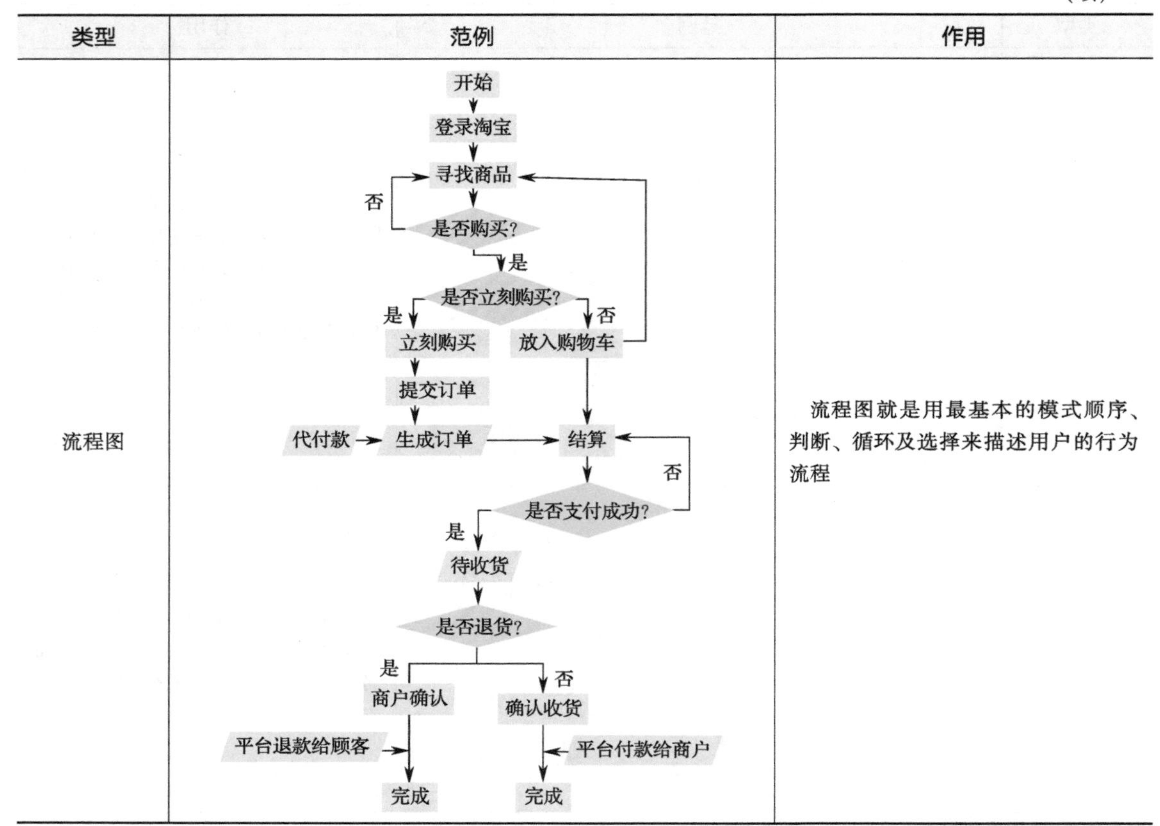

| 类型 | 范例 | 作用 |
|---|---|---|
| 流程图 | （流程图） | 流程图就是用最基本的模式顺序、判断、循环及选择来描述用户的行为流程 |



## 3. 界面原型制作软件

现在，界面原型制作软件种类繁多，现列举几种常用软件，见表3－8。

表3－8　常用界面原型制作软件

| 软件 | 用途 | 说明 |
|---|---|---|
| Microsoft Office Visio | 绘制流程图、网络图、工作流图和数据库模型图，制作低保真原型 | 具有 Windows 风格的窗口、对话框、按钮、列表框和选项卡等各类控件的图形及图标，使用非常方便 |
| CorelDraw | 制作高保真原型 | 操作简单，方便上手 |
| Balsamiq Mockups | 可用于桌面应用程序、手机软件界面以及 Web 的原型设计 | 具有手绘风格，具有 9 类 50 多个常用的 UI 控件，空间多，可导出 PNG 图片，跨平台支持（Windows、Mac OS 和 Linus） |
| Mockflow | 用于人机交互界面应用程序的原型设计 | 基于 Web 的存储文件可在任意电脑上打开，方便共享，能够收集在线反馈下拉意见或菜单和进度条等 |
| Axure RP | 创建低保真和高保真界面 | 提供了丰富的组件样式、脚本模式，可通过点击和选择快速完成界面元素交互，如链接、切换和动态变化等效果，借鉴了 Office 界面，用户可以快速学会应用 |

# 第4章 网页端人机界面设计

## 4.1 网页端界面结构

### 4.1.1 网页构成元素

不论是网络新手还是经常上网的高手，进行网页制作之前，都必须先认识（或重新认识）一下网页的基本构成元素。只有了解了网页的基本构成，才能在实践中得心应手，并且能够根据需要来合理地安排和组织页面的内容，最终达到预期的效果。

网页设计的主要目的是传递信息，文字和图像作为信息的主要载体构成了网页的基本组成部分。网页的核心是超链接，简称链接。链接是将网页和网页连接在一起，通过连接无数的网页达到信息分类的功能，如果没有了链接，就不是一个完整的网页了。除了文字、图像和超链接，表格、动画、音乐和交互式表单等对网页信息的组织和表现也有重要的作用，交互元素在网页中也有举足轻重的地位。图4-1所示是淘宝网首页。在这个网页中，包含了多种网页元素（当然不可能是全部）。下面将详细介绍网页中包含的元素及其在网页中的作用。

图4-1 网页元素概览

### 1. 文本

文字与图像相比虽然不像图像那样简洁明了，不易于吸引浏览者注意，但却能准确地表达信息的内容和含义。网页内容是一个网站的灵魂，文本作为网页内容的主要表现形式是网页中基本且必不可少的元素。要想制作一个内容充实的网站必然会使用到文字。良好的文本格式可以创建出独特的网页，激发读者的阅读兴趣。为了克服与图像相比文字固有的缺点，人们可以通过改变文字的表现形式来达到不同的视觉效果，如改变文字的大小、字体以及颜色等来突出显示重要的内容，使得页面更加主次分明。此外，在网页中设置各种各样的文字列表来表达一系列项目也可以为网页中的文本增加特色，使文本具有新的生命力。

### 2. 图像和动画

图像在网页中具有提供信息、展示作品、装饰网页、表达个人情调和风格的作用。用户可以在网页中使用 GIF、JPEG（JPG）、PNG 3 种图像文件格式，其中使用最广泛的是 GIF 和 JPEG 两种格式。

虽然图像在网页中有着非常重要的作用，但如果在网页中使用过多的图片，不仅会影响网页整体的视觉效果，而且还会减缓网页加载的速度，影响用户的浏览体验。

目前有许多成熟网站的广告都做成了动画形式，将枯燥无聊的广告变得生动起来，有效地吸引了浏览者的注意力，将静态图片变为动态效果的改进是一种较优方案。

### 3. 声音和视频

声音是多媒体网页的一个重要组成部分。声音有不同类型的文件和格式，当然也有一些不同的方法将这些声音添加到网页当中。在网页中添加声音之前，需要考虑其用途、格式、文件大小、声音品质和浏览器差别等。不同浏览器对于不同的声音文件处理方式是不同的，为了避免兼容性问题就需要提前考虑这些因素。

声音文件的格式非常多，网页中常用的有 MIDI、WAV、MP3 和 AIF 等。设计者在使用这些格式的文件时，需要加以区别。很多浏览器不用插件也可以支持 MIDI、WAV 和 AIF 格式的文件，而 MP3 和 RM 格式的声音文件则需要特定的播放器或插件播放。

一般来说，不要使用声音文件作为背景音乐，那样会影响网页加载的速度。可以在网页中添加一个打开声音文件的链接，让播放音乐变得可以控制。

视频文件的格式也非常多，常见的有 RealPlayer、MPEG、AVI 和 FLV 等。视频文件的采用让网页变得非常精彩而且有动感。网络上的许多插件也使向网页中插入视频文件的操作变得非常简单。

### 4. 超链接

超链接是互联网盛行起来的最主要的原因。它能够实现从一个网页跳转到链接目的端的网页位置上。例如，指向另一个网页或者相同网页上的不同位置。这个目的端通常是另一个网页，也可以是一幅图片、一个电子邮件地址、一个文件（如多媒体文件、文档或任意文件）、一个程序或者是本网页中的其他位置。其载体通常是文本、图片或图片中的区域，也可以是一些不可见的程序脚本。

当浏览者单击超链接时，计算机会根据链接目的端的类型以不同方式打开。例如，当指向一个 AVI 文件的超链接被单击后，该文件将在媒体播放软件中打开；如果单击的是指向一个网页的超链接，则该网页将显示在网页浏览器上。

网页超链接的作用是在点击一处标题时，能够链接到另一个相关网页上，这样便将多个页面链接起来，为使用者节约了时间，同时增加了网页页面的多样性。将图形设计成超链接形式，能够使网页链接变得样式丰富，可以使网页更为美观。若能利用标志性符号，便可以减弱语言的障碍。图形按钮具有直观、形象的特点，可以为单调的文字信息增添活力，可以更加明确地表现它所要进行的操作。

#### 5. 表格

在网页中表格用来控制信息的布局方式。这主要包括两方面：一是使用行和列的形式来布局文本和图像以及其他的列表化数据；二是可以使用表格来精确控制各种网页元素在网页中出现的位置。在标准网页设计中，表格更多用在数据的表格化显示。

#### 6. 表单

通过超链接，浏览者和服务器站点便建立起了一种简单的交互关系。而表单的出现使浏览者与站点的交互上升到了一个新的高度。网页中的表单通常用来接收浏览者在客户端的输入，然后将这些信息发回到客户端。这些信息既可以是文本文件、网页、电子邮件，也可以是服务器端的应用程序。表单的用途如下：

1）收集联系信息。

2）接收用户要求。

3）收集订单、出货和收费细则。

4）获得反馈意见。

5）设置来宾签名簿。

6）让浏览者输入关键字，在站点中搜索相关的网页。

7）让浏览者注册为会员并以会员身份登录站点。

8）表单由不同功能的表单对象组成，最简单的表单也要包含一个输入文本框和一个提交按钮。站点浏览者填写表单的方式通常是输入文本、选中单选按钮与复选框，以及从下拉列表框中选择选项等。

9）根据表单功能与处理方式的不同，通常可以将表单分为用户反馈表单、留言簿表单、搜索表单和用户注册表单等类型。

#### 7. 导航栏

导航栏是用户在规划好站点结构、开始设计主页时必须考虑的一项内容。导航栏的作用就是要让浏览者在浏览站点时，不会因为迷路而中止对站点的访问。事实上，导航栏就是一组超链接，这组超链接的目标就是本站点的主页以及其他重要网页。在设计站点中的诸网页时，可以在站点的每个网页上显示一个导航栏，这样，浏览者就可以既快又容易地转向站点的其他主要网页。

一般情况下，导航栏应放在网页中较引人注目的位置，通常是在网页的顶部或一侧。导航栏既可以是文本链接，也可以是一些图像按钮。

### 8. 特殊效果

网页中除了以上几种最基本的元素之外，还有一些其他常用元素，包括悬停按钮及JavaScript、ActiveX 等各种特效。它们不仅能点缀网页，使网页更活泼有趣，而且在网上娱乐、电子商务等方面也有着不可忽视的作用。

## 4.1.2 网站页面视觉层次

视觉层次是指在二维平面上利用颜色的变化、符号的大小、线条的粗细对视觉的刺激而产生远近不同层面的视觉效果。

### 1. 针对目标来构建

不同类别的网页针对不同的浏览者。以服装类网页为例，服装分为男士、女士和儿童服饰，针对这三类不同群体，就可以设计不同类型的网站页面，利用目标不同来区分网页的版块和设计风格，以此可以产生一种具有针对性的视觉层次。

目前市场上有很多服装类的成熟网站，比如优衣库，如图 4 -2 所示，它以颜色的使用来区分性别差异，通过冷暖色对比产生视觉对比。

图 4 -2　优衣库商品选购界面

### 2. 针对功能来构建

层次感看起来是更偏向设计美学的概念，但实际上它的功能性也很重要。设计者需要明确网页的主题是什么，这个主题包括所宣传的内容、标志以及页面所面向的群体。单纯拥有视觉层次不足以构建高效的视觉体验，结构化不明显的界面自然也就无法带来足够好的用户体验。所以，在网页设计时，视觉层次的构建应该基于功能，在确保了功能的前提下，视觉层次才能最大化地发挥它的作用。

以目前常用的 360 浏览器（见图 4 -3）为例，360 网页在设计过程中主要考虑了功能的作用，比如搜索栏的设置，该网站主要为了用户便于搜索，起到搜索功能的作用，因此要将搜索栏置于页面当中的主要位置，一方面满足用户的使用习惯，另一方面突出它的功能性；如果将搜索栏放在网页末端，就会模糊了网页的功能，将其他页面放在搜索栏之上，会干扰用户的使用心理。360 浏览器在功能区分上做得还是比较成熟的，页面的分类主次分明，为用户节约了很多时间。

图 4-3　360 网站导航首页

### 3. 针对版式来构建

首先可以利用合理的留白来进行设计。所谓留白，不是说大面积的空白就会使视觉变得简洁，适当的留白会起到点缀作用，过度的留白则会适得其反。留白不单纯只是元素和元素之间的空白，它是用来构建布局的视觉元素。留白的重要性在于可以使留白包围的部分被用户清晰地注意到，通过控制留白区域的大小能够让不同元素之间的主次关系体现出来，合理的大量的留白还能够让关键性的、需要强调的特定元素醒目地呈现在浏览者眼前。总而言之，合理地处理留白部分，自然也能在其中体现出视觉层次感。

如图 4-4 所示，施华洛世奇的官网在设计时就合理地利用了留白，在留白处放置黑天鹅标志，黑白对比使得画面和谐且有分明感，在留白中间放置了产品图片，突出了要传递的信息。黑白红在色调上也没有突兀感，整体设计简洁大方。

图 4-4　施华洛世奇官网

还有一点是合理利用黄金比例。黄金比例被发现已经超过 4000 年了，无数精美的艺术品和建筑物基于黄金比例进行设计，由此黄金比例成了很多著名艺术家的关键工具。设计的目的是使得产品协调美观并且布局合理。将黄金比例合理地运用在设计当中，控制元素和元素之间的大小、数量和比例可以获得意想不到的美感。如图 4-5 所示，在网页设计中，黄金比例最常见的用法是用来控制布局，利用黄金比例来对整个网页界面进行排版；在图片的裁剪和处理上，同样可以借助黄金比例来控制图片的长宽比例以保证视觉上的舒适性。

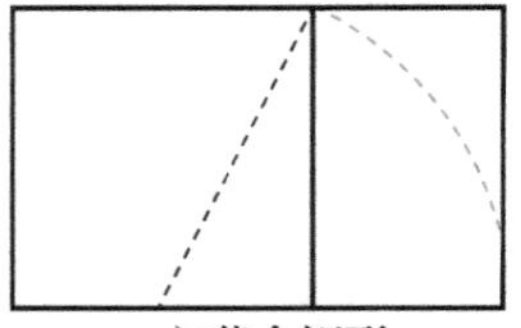
a）黄金矩形

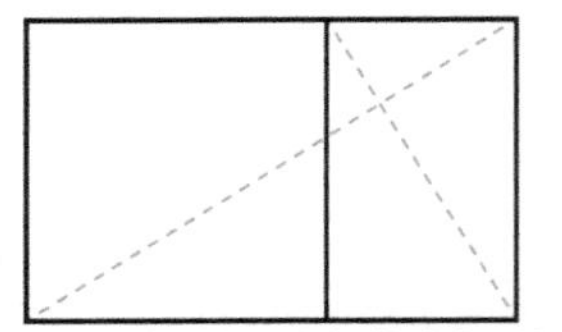
b）正方形　反向黄金矩形

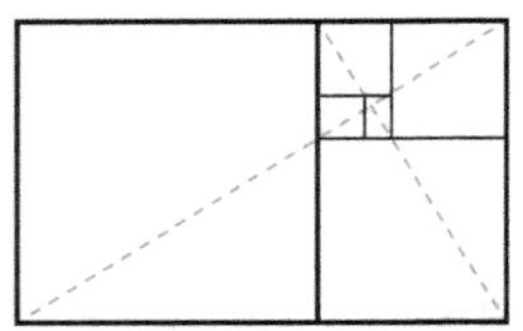
c）黄金分割绘制过程

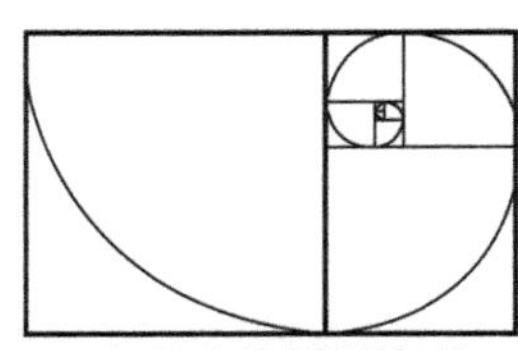
d）黄金分割螺旋形

图4－5　布局中的黄金比例

黄金比例是1∶1.618，它构成了一个完美的不对称的比例。如图4－6所示，该页面合理利用了黄金比例分割整个页面，使页面合理均衡地分布，这样的方法可以用在不同功能、类别的网站来增强网页设计的美感。

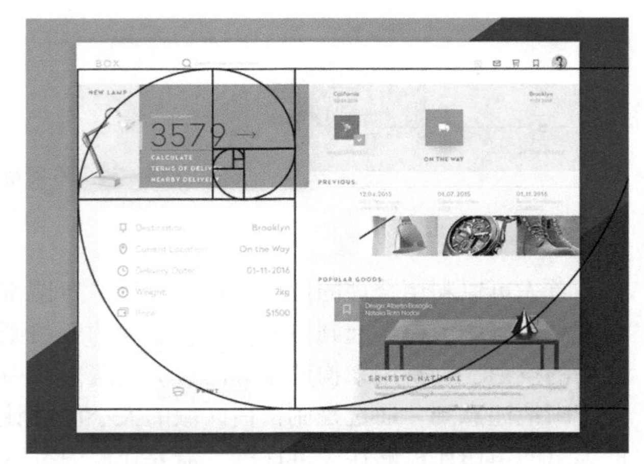

图4－6　网页设计中的黄金比例

### 4. 针对字体使用来构建

字体和排版的设计对视觉层次结构的控制也起到了关键作用。不同的字体组合以及不同大小形状的字体搭配可以直接影响网页的视觉层次。标题和内容文本所使用的字体应该有比较明显的对比，以此来区分主次内容，一般是通过字体形状、颜色和大小来区分的。对于一般的网页而言，同一页面中的字体数量最好控制在3种以内，太多的字体容易导致网页页面的凌乱，会增加浏览者的视觉负担。

故宫博物院文创产品官网（见图4－7）的网页设计就是一个生动的例子。通过对字体粗细的对比区分标题和正文，改变字体的颜色使页面产生错落有致的感觉，不同颜色的文字具有不同的功能，浅色的“文创”作为背景强调了该页面的主要元素；青花瓷色的字体对展出产品进行了定位，醒目清晰；砖红色字体点缀整个画面，同时突出了表达的文字内容，也增添了画面的色彩感。

图4－7　故宫博物院文创产品官网

# 4.2 网页界面设计原则

## 4.2.1 对比突出

设计者在设计网站界面时需要考虑如何在最短时间内勾起浏览者的兴趣。所以在设计网页界面时需要将网页上的重要内容，通过色彩、文字和图片等方式进行突出表现，同时将其他可能会分散浏览者注意力的元素尽可能地减少。

对网站界面中的元素进行分类是至关重要的，因此，根据重要性不同对不同元素进行设计，在网页设计中非常重要。如图 4－8 所示，根据信息的重要程度归类分析：

（1）引导用户关注主要信息　主要信息是指网页页面重点表达的内容，如标题，需要使用更大或者突出字体的方式进行显示，并且将主要信息放置于页面的焦点区域，这样可以直接捕捉到浏览者的眼球。

（2）避免次要信息喧宾夺主　次要信息是对网页当中主要信息的补充阐述，如副标题、字幕等。次要信息可通过多种方式展现出来，如色彩、对比、尺寸、阴影和位置等。

（3）不要突出表现第三信息　第三信息是指用户在浏览网页过程中能够迅速浏览的信息，如网页当中的正文。这部分内容是与主要信息相关的，同时需要保证其可阅读性，过分强调第三信息会使得整个网页内容喧宾夺主。

图 4－8　网站信息重要程度

## 4.2.2 条理清晰

一个好的网站设计应将重点信息突出显示，保证页面整体的层次感与条理，如图 4－9 所示，信息的展示一目了然。由于人类大脑的精力有限，与计算机相比相差甚远，且如今互联网社会信息过量，导致现代用户并不倾向于大量的文字阅读和仔细阅读，这两个现象就导致了当今用户更加倾向于浏览而不是阅读。通过捕捉用户使用习惯的变化信号，就要求设计者应尽可能使网站界面可以被迅速浏览，以减少用户的阅读负担和记忆负担。

同时，条理清晰的文本可以提高浏览者阅读的效率。这一设计准则在提高用户体验方面有着重要的作用，能够使用户在较短时间内从网页中获取其需要的信息。

图 4-9　读书网站首页

## 4.2.3　整齐平衡

当整个页面有了平衡感，用户浏览这个页面的时候就会感觉页面上的内容是一个整体，在浏览信息时目光跳转也就会更加自然。设计师需注意，网页界面在达到整体感的同时，构成整个页面的每个元素仍然是独立的。优秀的网站应做到，即使不刻意用统一的颜色和线条将界面元素直接关联起来，整个页面依旧可以给用户一种平衡感。

（1）平衡对称　平衡对称是常见的一种平衡手段。这种方式通常用来设计比较正式的页面，但如果使用不好会显得单调老套，整个页面不具有活力，因此通常与其他方式结合使用。

（2）非平衡对称　非平衡对称，即非对称。这种方式并不是说真正的页面不对称，而是一种更高层次的“对称”，在设计中如果处理不好这种非对称整个页面就会显得杂乱无章，因此使用起来要特别注意，不可过多使用。

（3）辐射平衡　辐射平衡是指在页面中以某一点为中心来展开，这样的页面设计称为辐射平衡，如图 4-10 所示。

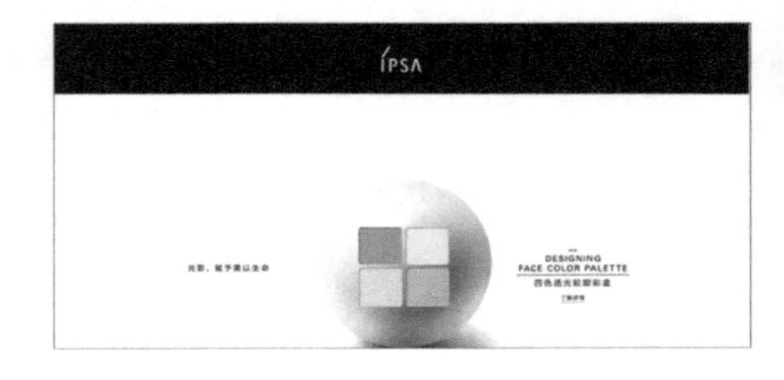


图 4-10　IPSA 官网

## 4.2.4　简洁一致

KISS（Keep It Simple and Stupid）原则作为网页界面设计的基本原则之一，可以降低新用户在使用网页时的陌生感，从而使不同用户快速适应并了解如何使用。由于网站的用户在使用习惯与个人能力上存在差异，在网页设计中就需要考虑到这种差异性与不确定性所带来的问题，而简洁的设计是设计者在面对多种用户群体时的最优方案。一个好的设计所具备的特质是，用户在使用时能够最大限度地保留其原有的使用习惯与经验。网页的简化设计就可以通过使用简洁的内容来达到这一效果。

网页界面的一致性在给用户带来良好印象的同时，还可以引导用户高效、迅速地找到其所需要的信息。网页界面的一致性对提升用户体验，高效传递页面信息等方面都有促进作用。如果网页界面缺乏一致性，用户在浏览网页的过程中容易被误导，从而破坏用户体验。但一致性原则并不意味着需要应用在网页的所有位置，有时刻意违背一致性原则的设计同样可以提升用户体验，为用户带来一些意料之外并且使人耳目一新的设计。如图4－11所示，整体画面统一，清晰明了地表达了主题，很好地体现了上述的简洁一致。

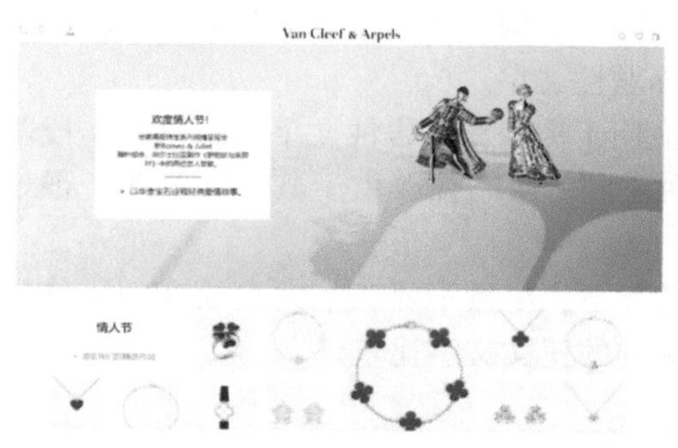


图4－11 梵克雅宝中国官网

# 4.3 网页界面设计分析

## 4.3.1 网页文字

### 1. 了解网页文字

文字是传达信息的重要手段，在字体、字号等方面如果随意使用，忽略与页面主题的关系，就有可能带来巨大的负面效应。如图4－12所示，网页文字有以下几种主要表现形式。

（1）标志 网页的标志设计具有很强的视觉效果、互动性，它是区别于报刊、书籍等标志的一种表现形式。它既拥有传统标志的特征，同时又使得传播变得更为直接更加生动。

（2）标题 网页标题作为整个页面的提示栏，首先要明显易识别，在网页中使阅读者可以明确地找到并利用标题快速识别信息。

（3）信息 网页信息是必不可少的页面设计元素之一，能够很好地传递信息，信息的特点就是简洁明了地表达整个页面所要表达的主题。

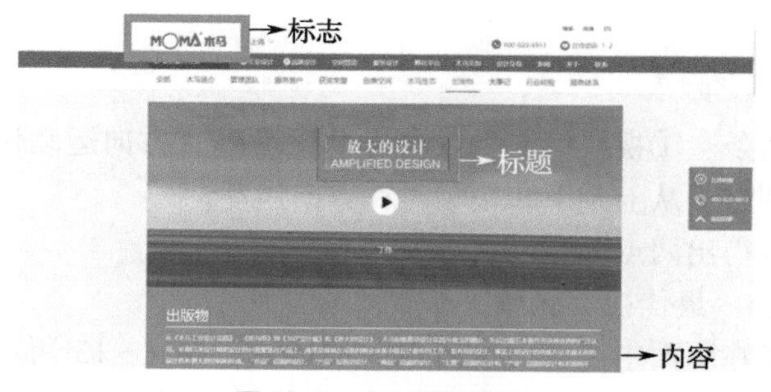


图4－12 网页文字表现

### 2. 字型对网页页面的影响

网页设计中的字体具有两个方面的作用：一是字意和语义的功能；二是美学效应。不同的字体传达的印象是不同的，因为浏览器是用本地计算机上的字库显示页面内容，从平台无关性的角度考虑，正文内容最好选用默认字体。常用的基本字体有以下几种。

（1）宋体　阅读最省目力；很好的识别性和易读性；适于做标题和正文。

（2）仿宋体　轻快、易读，适用于文本段落；力度感差，不宜用作标题。

（3）楷体　可读性和识别性较好，适用于较长的文本段落，也可用于标题。

（4）黑体　线条粗细相同，结构合理，没有浪费空间；较小字体级数时宜采用。

（5）细黑　只适宜做标题性文字。

（6）手写体　手写体适用于标题和广告性文字，长篇文本段落和小写字体不宜使用，应避免在同一页面中出现两种不同的手写体，由于其形态鲜明，很难形成统一的风格，容易造成界面混乱的视觉形象。

对于正文来讲，一般情况下，尽量不要调整太大幅度的字体粗细，那样有可能会造成可读性的降低，因此还是用标准的正文文字比较好。

#### 3. 字号对网页页面的影响

文字字号的大小控制了页面的形象。大标题带给浏览者有力、活跃的印象，缩小标题则较为纤细、缜密。同时文字大小的对比也会影响浏览者印象，标题文字的大小与正文之比称为跳动率，跳动率越大则画面越活跃，反之则显稳重。

文字大小可以用不同方式来计算，如磅（point）或像素（pixel）。因网页需要通过显示器来阅读，所以建议采用像素为单位。

大标题或需重点强调的部分选用较大字体，而较小字体可用于页脚和辅助信息。小字号容易产生整体感，但可读性差。一般网页正文选择 12 ~ 16 像素大小的文字。

#### 4. 字距与行距对网页页面的影响

一般情况下，接近字体尺寸的行距设置比较适合正文。行距的常规比例为 10:12，即如果字体字号为 10 像素，则行距应设为 12 像素。适当的行距会形成一条明显的水平空白，以引导浏览者的目光，而行距过宽会使文字失去较好的延续性。

除了可读性的影响，行距本身也具有很强的设计表现力，为了加强界面的装饰效果，可以有意识地加宽或缩窄行距，但一般不超过字高的 200%。

### 4.3.2　网页排版

#### 1. 版式设计中的视觉因素

视线移动规律有两条：①视线沿水平方向运动比沿垂直方向运动快而且不易疲劳；②视线的变化习惯为从左到右、从上到下和按顺时针方向运动。

根据以上规律可以得出两点关于网页排版的方法：

（1）重要信息置于“最佳视觉区域”

最佳视觉区域是指在画面中注意力价值最大的区域，图 4 - 13 所示为四种用户视线移动规律情况说明图，图中数据是用户视线在该位置停留时间占用户查看整体界面所需时间的百分比，数据越高，该位置的视觉区域越优，越适合放置重要信息。

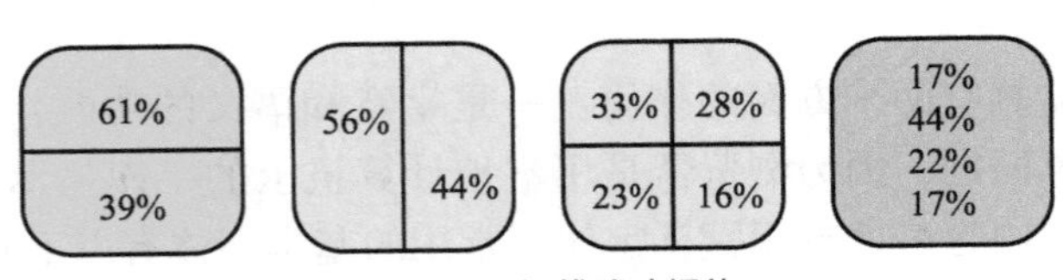


图 4 - 13　视线移动规律

（2）避免视觉疲劳　网页整体的排版需要进行仔细的设计，为避免浏览者在浏览页面时感觉到混乱从而产生疲劳感，设计者可以通过限制网页长度、使用大小适中的文字、合理设置行距、调整布局元素位置一致（按照阅读习惯，固定导航的位置）、适量安排多媒体元素以及合理配色等方式来避免这一问题。

2. 版式构成的类型

（1）骨骼型　网页版式的骨骼型是一种规范的、理性的分割方法，类似于报刊的版式。常见的骨骼有竖向通栏、双栏、三栏、四栏和横向通栏、双栏、三栏和四栏等。一般以竖向分栏为多。这种版式给人以和谐、理性的美。几种分栏方式结合使用，既理性、条理，又活泼而富有弹性。

（2）国字型　口字型、同字型、回字型均可归属于此类，是一些大型网站运用的类型，即最上面是网站的标题、导航以及横幅广告条，接下来是网站主要内容，左右分列一些小条内容，中间是主要部分，与左右一起罗列到底，最下面是网站的一些基本信息、联系方式、版权声明等，如图 4－14 所示。

（3）拐角型　“匡”型布局或“T”型布局可归于此类，“匡”型布局中，常见的类型有上面是标题与导航，右侧是展示图片的类型和最上面是标题及广告，左侧是导航链接的类型，如图 4－15 所示。

图 4－14　国字型版式网页界面

图 4－15　拐角型版式网页界面

（4）框架型　框架型版式常用于功能型的网站，如邮箱、论坛、博客等。框架型可分为左右框架型、上下框架型和综合框架型，如图 4－16 所示为左右框架型案例。

（5）封面型　一般出现在网站的首页，大部分为一些精美的平面设计结合一些小的动画，放上几个简单链接或者仅是一个“进入”的链接。常用在企业网站和个人主页，处理得好，会给人带来赏心悦目的感觉，如图 4－17 所示。

（6）分割型　整个页面分成上下或左右两部分，分别安排图片和文案。两个部分形成对比：有图片的部分感性而具活力，文案部分则理性而平静。水平、垂直的分割构成会把页面

图 4－16 框架型版式网页界面

图 4－17 封面型版式网页界面

划分成若干视觉区域，促使浏览者的视线进行阶段性的流动，造成视线流程的节奏性和明显的顺序性，如图 4－18 所示。

（7）中轴型　中轴型版式，是沿页面的中轴将图片或文字作水平或垂直方向的排列。水平排列的页面，给人稳定、平静、含蓄的感觉。垂直排列的页面，给人以舒畅的感觉。这种版式常用于首页的设计，如图 4－19 所示。

图 4－18 分割型版式网页界面

图 4－19 中轴型版式网页界面

（8）倾斜型　页面主题形象或多幅图片、文字作倾斜编排，造成页面强烈的动感和不稳定因素，引人注目。这种版式常用于网络广告中，如图 4－20 所示。

（9）对称型　一般采用相对对称的手法，以避免呆板，左右对称的页面版式比较常见。四角型也是对称型的一种，是指在页面四角安排相应的视觉元素。

四个角是页面的边界点，在四个角安排的任何内容都能产生安定感。控制好页面的四个角，也就控制了页面的空间。越是凌乱的页面，越要注意对四个角的控制。这种版式常用于网络广告中，如图 4－21 所示。

图 4－20 倾斜型版式网页界面

图 4－21 对称型版式网页界面

（10）焦点型　焦点型的网页版式通过对视线的诱导，使页面具有强烈的视觉效果，如图 4－22 所示。

图 4－22　焦点型版式网页界面

## 4.3.3　网页色彩

### 1. 色彩的效应在网站中的应用

色彩的效应可以分为生理效应和心理效应两部分（详见本书 1.2.4 节内容），我们将两种色彩效应综合应用于网页设计中，指导设计工作。根据前文理论知识，网页设计中的色彩可分为四个方面进行分析，如图 4－23 所示。

（1）网站整体色调　支撑整个网页的色调，起到决定整个画面表达效果的作用。

（2）主色　主色是指页面色彩的主要色调，即色彩的总趋势，其他的配色不能超过该主要色调的视觉面积。

（3）辅色　仅次于主色调的视觉面积上的辅色调，其作用是烘托主色调、衬托主色调，起到融合主色调的作用。

（4）背景色　衬托环抱整体的色调，起到协调、支配整体的作用。

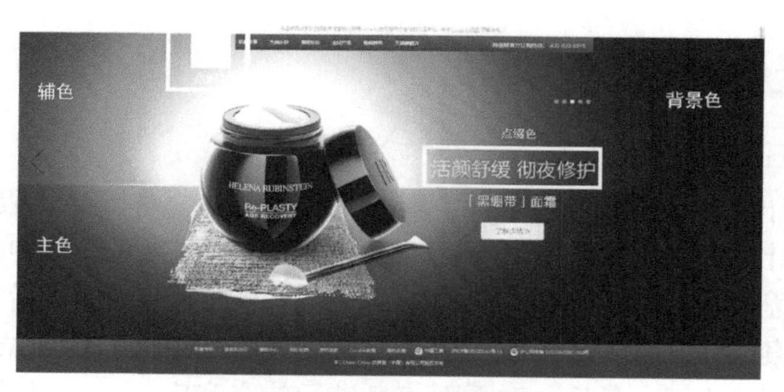


图 4－23　网页中色彩的综合效应

### 2. 网页配色准则

（1）均衡　对于网页的配色，建议遵循总体协调局部对比的原则。也就是说网页的整体色彩效果在视觉上应该是和谐舒适的，在局部和小范围内进行色彩对比起到点睛之笔的作用。这样的设计准则不但可以避免网页色彩过于单调，也可以保持网页的整体风格。

（2）韵律　网页配色不仅是一项技术工作，而且是一项具有艺术性的工作。因此，在网页的配色过程中不仅要遵循设计准则，还应使得网页的整体具有艺术性，要有韵律美，避免网页设计过于单一而影响美观性。

（3）渐变　在网页配色时，可采用渐变配色，利用同一色系进行不同纯度或者不同明度的颜色渐变，形成过渡的画面，这样可以使得网页具有整体性同时还有设计感，让阅览者在浏览页面时有一种轻松的感觉。

（4）强调　强调配色的主要作用是用来提示浏览者主要信息。在浏览过程中可以直接明了地看到想要搜索的关键点，节省了很多时间，同时也能够点缀整个网页界面。

#### 3. 网页色彩设计注意事项

网页设计的最终目的是发挥出内容的核心作用，这也是网页设计的根本原则。因此，在进行网页色彩设计时，配色方案需要突出所呈现的内容；此外配色方案所针对的对象是画布，而不是图片。Photoshop、Sketch 等软件在创建设计的过程中往往是相互独立的，这就造成有些版面设计单独拿出来看还不错，也能被用户所接受，但当它真正被设计成网站时就会因为配色不协调等问题使得用户很难快速找到想要寻找的东西。相反，有很多优秀的网页设计，看上去空荡荡没什么内容，实际上设计者在设计过程中将配色和内容紧密相连，给用户带来舒适的整体感。

在网页配色设计中，可以采用下面两种方法，使配色方案更加美观、易于接受。

（1）选择简单的颜色作为网站的基调　网站的配色基调可以选择无数种颜色，不过笔者更建议采用最简单的颜色，比如白色/浅灰色与深灰色的搭配文字背景。

当前许多热门的网站、模版、主题都会选择白色或浅灰色与深灰色搭配。这样的搭配对用户而言提高了网页内容的可读性，并且突出强调了设计者希望用户看到的图片和内容。

（2）只选择一种颜色突出显示　有多种不同色调的配色方案绝大多数都是有问题的。网页配色用得越多，网站页面就越来越难以控制。所以，在网页以灰色为基调的前提下，设计师最好只选择一种鲜艳的颜色来装饰突出显示需要强调的内容，比如标题、菜单、按钮等。网页设计中可以采用的高亮颜色可以是蓝色、红色、绿色等。

## 4.4 网页端界面设计流程

### 4.4.1 明确主题及对象

首先要明确设计的网站类型，网站有不同的分类，如美食类网站、服装类网站和办公网站等。在明确了设计主题以后再进行具有针对性的网页设计是网页设计中很重要的一步。

网页设计的流程大致分为几个步骤。首先，在确定网页的基本主题后要进行资料的收集；其次，进行草图方案设计，有了草图方案后，就可以对网站结构、页面结构进行相应的设计了，同时优化整体配色方案；最后，对页面信息进行补充和完善，确定最终方案，一个基本的网站就构成了。

下面以婴幼儿类网站界面设计为例：

（1）主要对象定位　婴幼儿类网站的用户主要为年轻的父母们，偶尔有年纪稍大或者年老的用户。因此针对此类使用者来说，过分的页面装饰未必能吸引浏览者。考虑到大多父母亲都忙于工作和处理家务，并没有太多的时间在网站上精挑细选，因此从节约时间考虑，希望用最短的时间提供给家长最好的选择，网页设计的整体方向由此确定。

（2）主要功能分类

1）搜索功能。搜索功能主要为用户提供快速寻找想要东西的途径。以婴幼儿类网站为例，如图 4－24 所示，搜索功能可以节约用户的时间，快速地对网站内容进行分类提取，同时也满足了大部分用户的使用习惯，符合当前此类网站的主要特点。

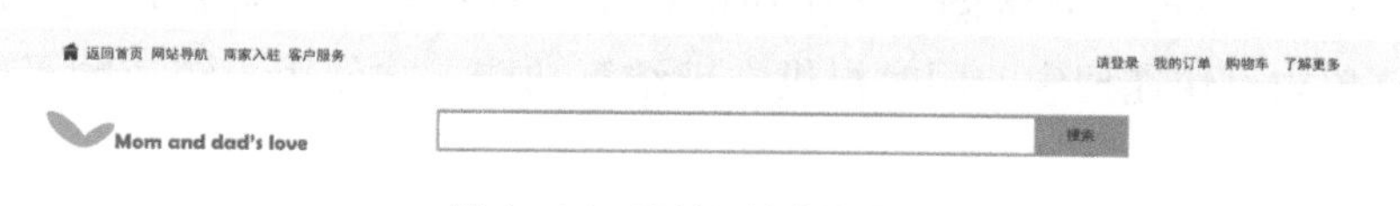


图 4－24　网站设计中搜索区域

2）商品分类。改变以往的分类方式，从婴幼儿物品使用频率来划分，具体分类如图 4－25 所示。

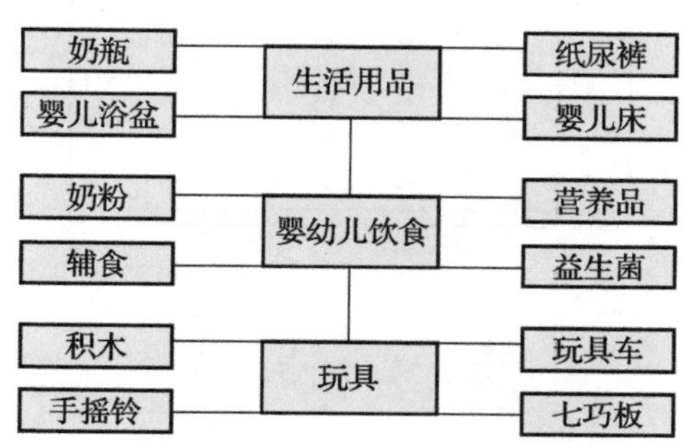


图 4－25　婴幼儿用品分类

图 4－26 为以婴幼儿服装界面为例进行分类，将宝宝服饰分为主要的四大类，方便用户快速选择并进入选购界面。

图 4－26　婴幼儿服饰分类引导界面

3）购物车。如图 4－27 所示，购物车为用户提供一个检查购物清单的作用，同时方便用户管理所要购买物品的增加与删减。

网站首页　网站导航　客户服务　我的订单　购物车（0）

图 4－27　购物车模块设计

4）支付管理。该网站设计提供了当前较为流行的支付方式，同时提供了待支付平台，避免误支付退款造成不必要的麻烦，如图 4－28 所示。

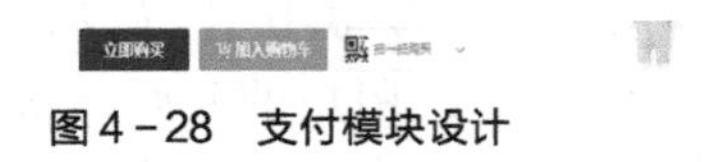


图 4－28　支付模块设计

5）订单管理。订单可随时查阅，不需要的订单可自行删除，如需要继续购买已经购买过的产品，在订单内可快速搜索，同时提供一键结算功能，方便用户快速购买所需物品，如图 4－29 所示。

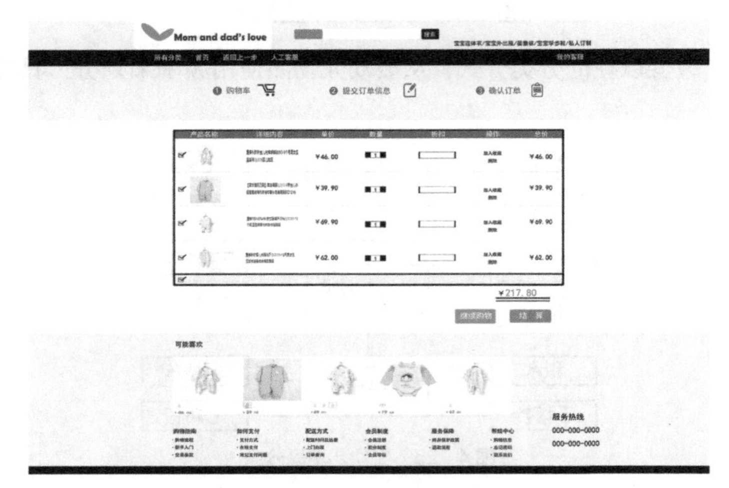


图 4－29　订单管理界面

（3）细节优化　通过调查发现，目前市面上部分婴幼儿用品网站存在太多广告，广告大多做成动态形式，根据网页设计原则，动态元素与静态元素相比较更容易吸引浏览者的眼球，因此会分散浏览者的注意力。在此次设计中对这一细节进行改进优化，避免因过多广告使用户产生厌倦感和疲劳感，增加网站的利用率，提高用户的使用效率。

如图 4－30 所示，在购物过程中出现自动推荐商品，用户可根据自身需要在方框内勾选“取消广告”即可。

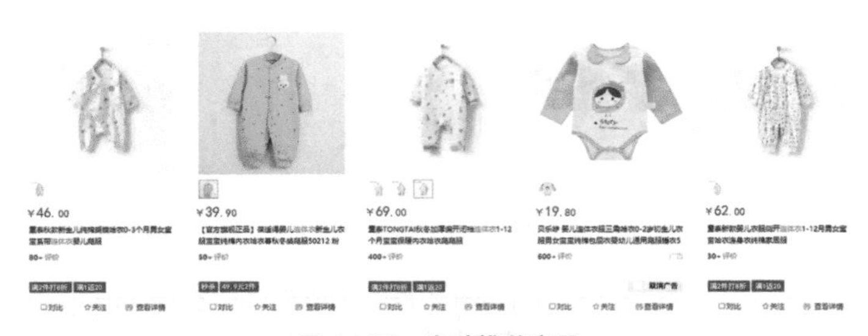


图 4－30　自动推荐商品

## 4.4.2　整体配色设计

（1）色彩使用系列化　该婴幼儿购物类网站，整体配色以主界面色系为主：深棕色、棕色和米色为主色调。根据网页设计原理，避免色彩过多而造成画面混乱。网页作为传播信息的一种载体，也有它需要遵循的原则，网页的设计过程是艺术与技术的统一过程，设计时既要表达鲜明的主题，也要考虑整体的统一。

（2）利用色彩突出主题　在购物界面中我们利用颜色的区分来划分信息层级。导航栏部分字体颜色与背景色相似，避免喧宾夺主，本界面主要为购物界面，明确此界面的主题对于网页设计流程十分重要。二级导航栏处采用主题色，与主题相呼应，突出本页面的主要功能。结算栏部分最终价格以红色标示，使浏览者能清晰明确地看到所需要支付的价格，避免误操作，如图4－31所示。

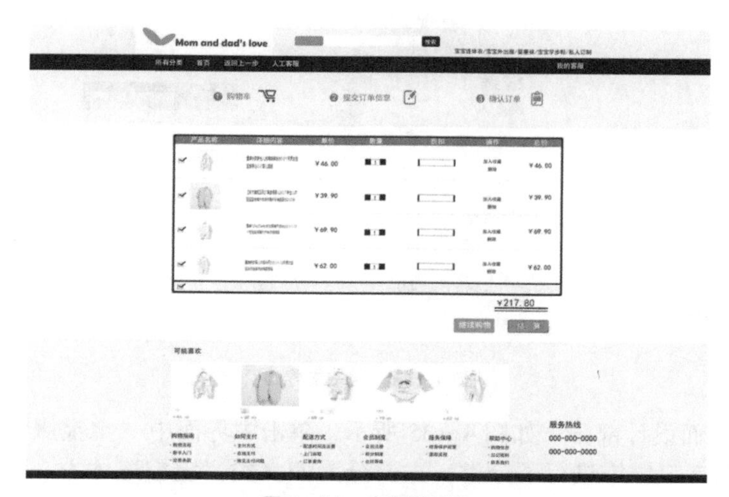


图4－31　主界面配色

（3）多套色彩方案可供切换

1）色彩方案一，如图4－32所示。

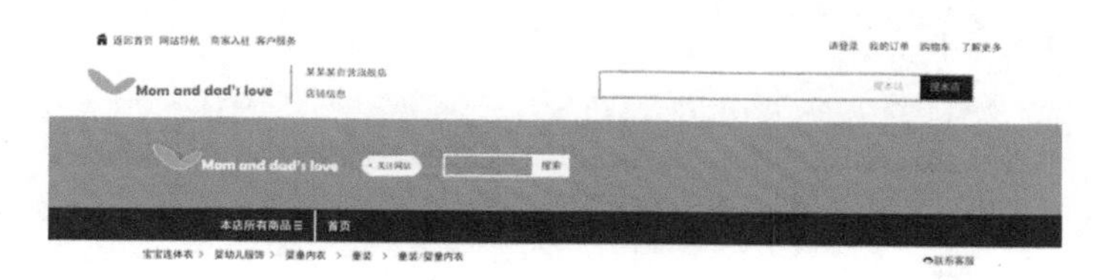


图4－32　色彩方案一

2）色彩方案二，如图4－33所示。

图4－33　色彩方案二

## 4.4.3　网页元素分布

此部分以婴幼儿类网站设计案例中服装部分为例，并对网站主界面、第二级界面、第三级界面和第四级界面的元素分布进行介绍和分析评价。

（1）主界面元素分布　图 4 - 34 网站构成元素为：网站标志、标语、网站主要功能分类、英文指示标语和图片等。配色方案主要采用暖色调，给人以温馨的感觉。

图 4 - 34　网站主界面

（2）第二级界面设计部分　如图 4 - 35 所示，单击主界面中“宝宝服饰”进入第二级网页界面，此界面对宝宝服饰进行了分类，主要分为四大类：宝宝连体衣、宝宝外出服、婴童袜/裤袜和宝宝学步鞋，通过分类对网站信息进行归类，同时方便用户查找。

图 4 - 35　网站第二界面

（3）第三级界面设计部分　如图 4 - 36 所示，单击二级界面中“宝宝连体衣”进入第三级页面，该页面对宝宝连体衣进行了更为详细的分类，使得用户在选购产品时定位更加精细准确，节约了浏览者的时间，同时也使得整体布局更为简洁。顶部中心位置提供了“搜索框”，方便用户自行选购想要的产品。

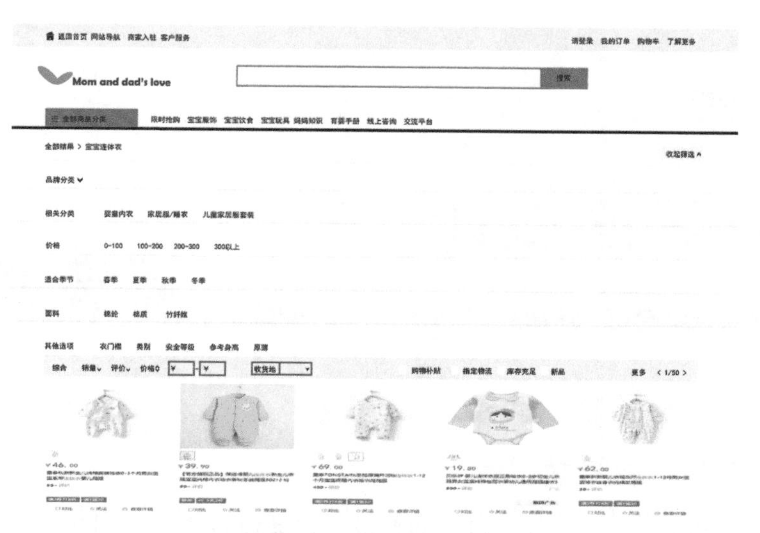


图 4－36　网站第三界面

（4）第四级界面设计部分　如图 4－37 所示，单击三级界面中想要选购的产品，即可进入选购页面，根据个人需要即可完整购物。整体设计采用统一的配色方案，避免颜色过多给用户带来视觉上的疲劳。

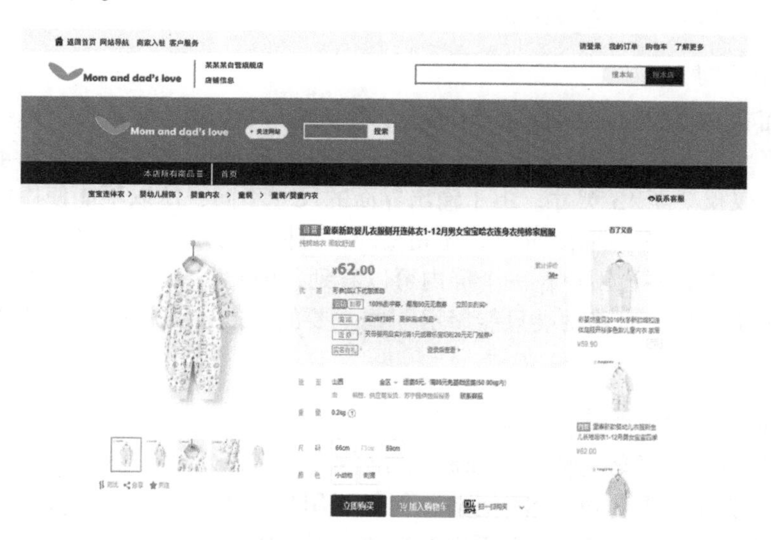


图 4－37　网站第四界面

# 第 5 章 移动端界面设计

## 5.1 了解移动端界面设计

随着智能手机和平板电脑等移动设备的普及，移动设备成为与用户交互最直接的体现和人们日常生活中不可缺少的一部分，各种类型的移动端应用层出不穷。移动端用户不仅期望移动设备的软、硬件拥有强大的功能，更注重操作界面的直观性、便捷性，能够提供轻松愉快的操作体验。

### 5.1.1 移动端和 PC 端界面的区别

#### 1. 屏幕大小不同

移动端界面和 PC 端界面最明显的不同就是移动端与 PC 端的屏幕大小不一样。当下主流显示器的屏幕尺寸通常在 19 至 24 英寸，而主流手机的屏幕尺寸只有 4 至 6.4 英寸，平板电脑的屏幕尺寸也仅仅 7 至 13 英寸。由于输出界面的尺寸不同，所以不能使用同样的设计版式和一样的内容。PC 端一个页面就可以表述完整的，可能在移动端需要多个页面来展示。一般来说，比较重要的内容要让用户在一个屏内可以看到，因此，PC 端有足够的空间可以把所有的功能直接展示给用户，而移动端只能展示一些主要的功能，而将次要的功能需要放在下一层级。

#### 2. 一个页面完成一个任务

PC 端的使用场景一般较为固定，家庭或办公室，电脑移动的概率较小；移动端则可在很多场景下使用，移动端要考虑的交互更多。例如，用户要借钱、转账，有些信息是用户必须要填的。在这些场景中，我们不担心用户不滑动，因为用户不滑动就无法完成操作。

以如图 5 - 1 所示的转账流程为例，PC 端是直接在一个整体的页面展示，而移动端是分成两个页面。因为移动端用户使用环境比较多变，更容易受到干扰，所以必须保证界面信息的简单直观。如果在一个页面中展示过多的信息量，容易让用户混乱。这里所说的信息量并不是指绝对信息量，更准确的说法应该是用户主观感受上的信息量。同样的几个输入框，可能在 PC 端只占了页面的 1/4，而移动端占了一整个页面，给用户的感观是完全不一样的。在移动端界面的设计中，把握页面信息量和操作步骤之间的平衡是极其重要的。页面信息过多可以减少页面的跳转次数，但塞得满满当当的页面，容易让用户焦虑；相反，页面信息量的减少导致用户需要多次跳转操作才能完成一个目的，降低了使用效率和体验感。

a）PC 端　　　　b）移动端

图 5－1　转账流程界面

## 3. 鼠标到手指

PC 端用户与界面进行交互靠的是鼠标，移动端用户靠的是手指，比如单击、双击、长时间按、滑动等。鼠标的操作更加精准，因此移动端界面中元素的尺寸和间距比 PC 端的大。如图 5－2 所示，左边是 PC 端，右边是移动端。

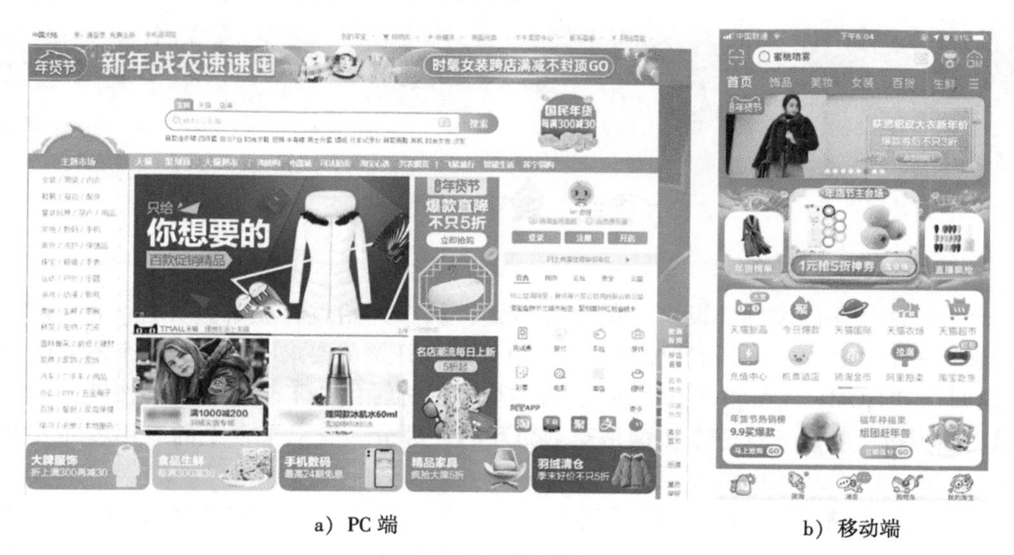


a）PC 端　　　　b）移动端

图 5－2　购物界面

## 4. 按钮状态不同

PC 端界面中的按钮通常有 4 种状态：默认状态、鼠标经过状态、鼠标单击状态和已访问状态。而在移动端界面中的按钮通常只有 3 种状态：默认状态、单击状态和不可用状态。因此，在移动端界面设计中，按钮需要更加明确，可以让用户一眼就知道什么地方有按钮，当用户单击后，就会触发相应的操作。

### 5.1.2 移动端的两大分支

安卓和 iOS 系统从 2007 年开始发展至今，在十几年的发展过程中，由于不同的编码方式、不同的底层逻辑，在交互方式上从一开始就有很多不一致甚至差异非常大，这也是有些苹果或安卓手机机主在换到对方手机阵营后有些不能适应的原因。

目前市场上的手机操作系统主要有 iOS、Android、Windows Phone。iOS 系统是由苹果公司开发并应用于 iPhone、iPod touch、iPad 等手持设备的操作系统。其界面设计方面，从早期的拟物风格，到 iOS 7 之后秉承的扁平风格，一直都在引领界面设计的流行趋势，如图 5-3a 所示。Android 是基于开放源代码的操作系统，它的平台提供给第三方，根据需要可以对界面进行调整或美化，如图 5-3b 所示。国产手机，如华为、小米、VIVO 等使用的都是 Android 系统。

a）苹果界面

b）安卓界面

图 5-3 苹果和安卓界面

#### 1. 物理按键区别

两个系统所使用的硬件外设之一的物理按键，从一开始就存在着差异性。iOS 系统一直是采用仅有一个“Home”的物理按键，而安卓系统一开始就要求手机配置 3 个不同的物理按键：“返回”、“HOME”和“任务列表”；现在全屏手机时代并不全都有物理按键，原先的三种功能由虚拟按键实现。这三个按键是安卓交互的一部分，安卓平台上的应用程序交互基于三大按键。

这三个键一般都在底部，方便手指点击，也就是说这三个按键应该是最常用的操作，但是由于很多用户比较青睐 iPhone 的 home 键设计，所以很多厂商会在硬件上隐藏三大按键或仅仅像 iPhone 的 home 键。然后在屏幕上增加常驻半透明的三个虚拟键。而现在的全屏时代，如图 5-4 所示，不论是 iOS 还是安卓都没有按键，但是虚拟按键还是不一样的。

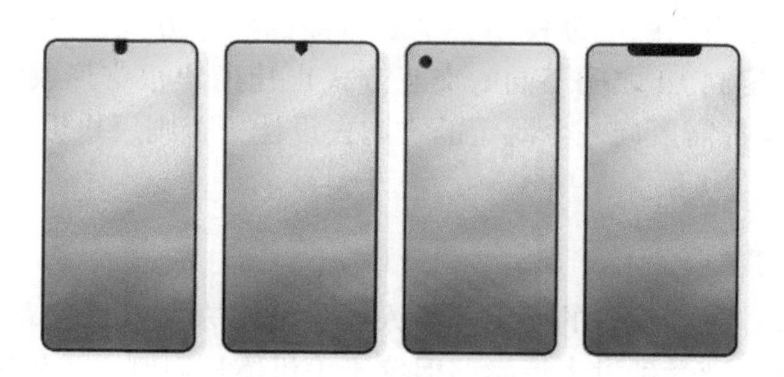

图5-4 全屏时代的屏幕外观

### 2. 返回机制不同

如图5-5所示，程序是借助右上角的返回键和右滑手势以页面为单位进行切换，iOS的返回控制的是页面。

图5-5 iOS返回机制

而Android的返回逻辑是按照时间顺序来判断的，返回按钮控制的是动作，如呼出键盘也算一个动作，如图5-6所示，如果用户调用键盘后单击返回按钮，则交互效果是返回上一个动作：收起键盘。

图5-6 Android返回机制

### 3. 编辑状态进入方式

编辑状态进入方式是由iOS和安卓不同的设计规范和使用习惯决定的，但现在两者之间的界限也在慢慢模糊。因为用户对于两者之间的区别和所谓的设计规范并不了解，也没有意愿去了解，用户只是基于自己的心理模型去推断可能的操作方式，而跨 iOS 和安卓系统用户的增加以及安卓不同的定制 UI 之间不同的交互方式也让用户很难形成统一稳定的操作体验，反而最终系统 UI 设计者都需要向一个既定的方向去设计，否则用户更加无所适从，那就是趋向于向 iOS 标准看齐。

### 5.1.3 移动端的发展趋势

互联网的日益普及，智能设备的使用，给人类生活带来了巨大变革，其中手机依托其小型化、智能化的特点越来越受到世人追崇，但鉴于手机体积限制，扩展手机界面的功能模块，丰富界面的层次性，简化手机使用难度，将是交互设计需努力的方向。随着科技的进步，手机已不仅仅满足于原有的通话功能，逐步呈现功能的多元化、智能化，这都将从根本上促成交互设计的变革及交互界面的巨变。

首先，因为手机使用者使用手机时间是碎片化的，所以，手机界面应设计成更便捷及更简单的形式，以让用户容易得到信息；其次，大多数手机用户主要获取横向信息如新闻、娱乐等方面，很少数人会留意逻辑性的手机信息，这就是手机界面设计成流水式及扁平化样式的原因。

目前，手机界面的设计也发生着日新月异的变化。其一，伴随着手机不断地更新换代，其应用软件也经历了翻天覆地的变化，如菜单栏的功能不断增加，软件任务程序短，信息化维度不断增加等，这都致使手机软件信息出现离散化及多样化的特征。所以，手机软件的信息功能也随手机界面呈宽和扁的形式发展，更方便地把信息反馈给用户。

#### 1. 侧边栏返回手势统一

如 iOS 最常用的边缘手势，全面屏出现之后，边缘左侧划入实现“返回”功能外，为了不和“Home”虚拟键冲突，把系统设置功能由原来的下边缘上划替换为右侧上边缘下划。这样苹果就完全放弃了物理按键，转而全面进入“全屏幕操作”时代。2019 年是全面屏手机的爆发年，随着国内外手机厂商快速跟进全面屏设计，各厂商也在定制安卓系统的 UI 和交互上针对全面屏对操作方式进行了优化，很多硬件生产厂商在 UI 设计上趋向于用边缘手势替代虚拟按键这一过渡性的设计，全面向苹果操作方式看齐，如边缘左滑、右滑返回，下边缘上划跳出，这些手势操作的加入，极大地方便了全面屏用户的操作。iOS 的屏幕边缘右滑返回是在 iOS 很早期的版本中就已出现的交互操作方式，安卓系统直到全面屏出现后才认识到这种交互方式的前瞻性，采用界面边缘的滑动动作来进行最重要最常用到的返回操作。该方式明显优于返回按钮的原因是滑动操作与界面元素完全无关，最大程度上避免了点操作引起的误操作。

#### 2. 上划实现跳出功能的统一

iOS 在全面屏上的跳出当前应用是通过靠近界面底部的横条上划来实现的，对于安卓定制系统 UI 来说，有些厂商跟进了这个设计，有些则更进一步，在学习侧边栏右滑交互的基础上，用下边缘上划来实现这个动作，MIUI、华为的 EMUI 都采用了这样的设计。有人认为这种设计方式比 iOS 的交互设计更加合理，避免了界面下部边缘横条对界面呈现元素的干扰，相信未来这两种交互方式还会进一步统一。

#### 3. 多手指手势和 3D Touch 操作被弱化的趋势趋向统一

由于电容屏支持多点触控的硬件能力，iOS 和安卓都曾经定义过很多多手指手势，但最后能够被用户记住和经常使用的却寥寥无几。学习成本太高的多手指手势操作必然会逐渐被简单易用的单手指点击替代，如 iOS 编辑界面的旋转功能，除了地图和图片的夹捏（Pinch）手势等极少数已经养成了用户使用习惯且契合用户心理模型的多手指手势外，多手指手势操作已被 iOS 和安卓最大程度上减少使用频次。

3D Touch，作为曾被苹果公司寄予厚望的新一代多点触控技术，实际上因为其可发现性低、易与按压动作混淆以及适用场景少等原因，根本没有在交互上引起任何变革，最后完全变为一个无感的交互方式，如果还是没有找到适合其特点的场景，最终应该难逃被放弃的命运。这些交互行为因为 iOS 和安卓系统的屏幕共性和用户心理模型等正在统一趋向衰落，随之而起的是更加适合全面屏的交互方式。

### 4. 生物身份认证技术趋向统一

苹果公司率先开启了指纹身份认证时代，并最终形成了统一的行业标准，但指纹身份认证方式依赖于单独的传感器，苹果公司创意性地把指纹认证和“Home”键结合，为指纹身份认证的大行其道排除了障碍。

但在全面屏时代来临后，失去了“Home”键功能的单独的指纹认证传感器的存在感和地位就比较尴尬了。对此有些手机厂商的解决方案是屏下指纹，有些厂商的解决方案是机身背部指纹。但在红外线面部识别技术被苹果公司应用于全面屏后，指纹识别系统的传感器也就难逃其消亡的命运了，毕竟在可靠的、不增加用户认知负担的新一代生物身份识别技术面前，指纹认证真的过时了。

### 5. 趋同的设计规范

对于众多开发同时面向 iOS 系统和安卓系统手机界面的中小型公司来说，虽然安卓开发工程师和 iOS 开发工程师的人员配备不能少，但如果安卓和 iOS 遵循同一套设计规范（见图 5-7），却可以节省一半的设计资源，所以很多中小型的公司都是倾向于一套设计标准在两个平台上应用，在某个平台上稍作适配，即可实现节省、快速上线的目标。

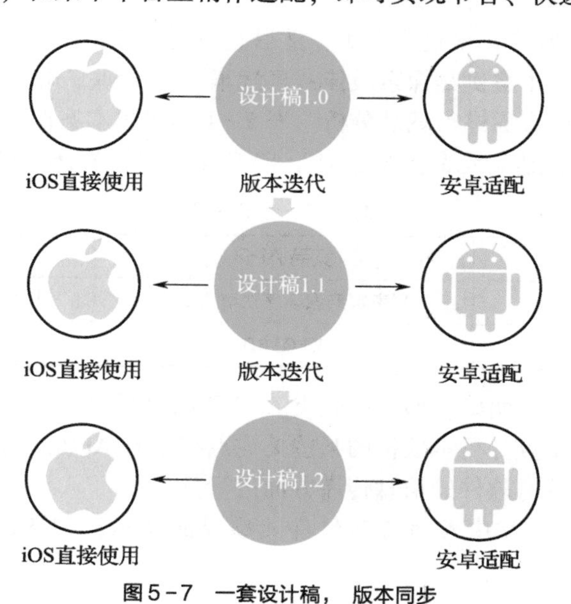


图 5-7 一套设计稿，版本同步

确实，如果需要在完全按照两个系统进行不同的 UI 风格 & 交互设计和牺牲一定的平台差异性但节省大量成本之间做权衡的话，可能大部分中小型公司都会毫不犹豫地选择后者。毕竟规范只是一种建议，不是一种强制标准，而且基本不会影响 APP 在不同系统平台发布。

## 5.2 移动端界面设计流程

本节以驾驶类 APP 为例，阐述移动端界面设计的流程。

### 5.2.1 产品定位与竞品分析

#### 1. 产品定位

在 APP 界面设计之初，首先要对 APP 内容进行合理定位。这里的定位是没有进行相关调研的初步定位，即将要做什么类别的产品、大概的目标人群范围、主要内容等。初步定位完成后再将项目的总体情况详细化，可以根据任务时间列出计划表，以确保每一阶段能够在规定时期内完成。

如驾驶类 APP 设计，主要目标人群为有较强驾车需求，却未购车的年轻用户以及经常有外出需求的人。旨在通过这种方式使用户可以随时随地借助移动智能设备对共享汽车有初步的了解，以此减缓共享汽车已经产生的各类问题对用户造成的多重困惑，促进用户使用共享汽车出行，提高行车安全。

#### 2. 竞品分析

竞品分析，顾名思义就是对竞争对手所做出来的产品进行分析，这个流程带有一定的主观性。在确定产品的大致内容及方向后，对产品进行详细分析。分析市场现有同类产品的现状、特点以及问题，为本项目产品后期设计提供设计灵感和出发点。同时，也避免因为前期缺乏分析而导致后期项目进行不下去的情况。这就要求设计者在进行竞品分析时，对现有同类产品，或者相关类产品有一定的了解。

在表 5 - 1 中，将要做的 APP 进行分类，然后查找同类做得比较好的、用户基数比较大的 APP 作为竞品进行分析。本案例是探索最佳共享汽车驾驶培训方式，因而仅选择现有 APP 中的驾驶培训、共享汽车两方面进行竞品分析。表 5 - 1 列出了本案例所选择的竞品 APP，下文将以驾考宝典 APP 为重点进行竞品分析，对于 EVCARD 的相关分析方法相似，不再赘述。

表 5 - 1　竞品概述

| 类型 | 竞品 APP | 选择原因 |
| --- | --- | --- |
| 驾驶培训 APP | 驾考宝典汽车驾驶培训学校 | 用户基数相对较多，较为典型 |
| 共享汽车 APP | EVCARD | 有相应的关注内容应用 |

竞品分析的目的应该很明确。如做驾驶类 APP 竞品分析时，除了对竞品中的几大功能分区做整体分析外，还要重点分析本项目的某些关注点在现有 APP 上的应用。若对信息传递方式较为关注，则主要对现有软件的信息传递方面进行分析。

以下为驾驶培训 APP 类中驾考宝典软件典型界面展示，如图 5 - 8 所示，优劣势分析见表 5 - 2。

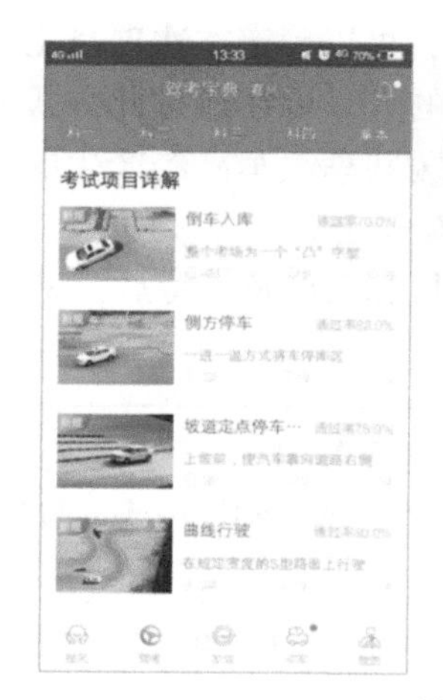

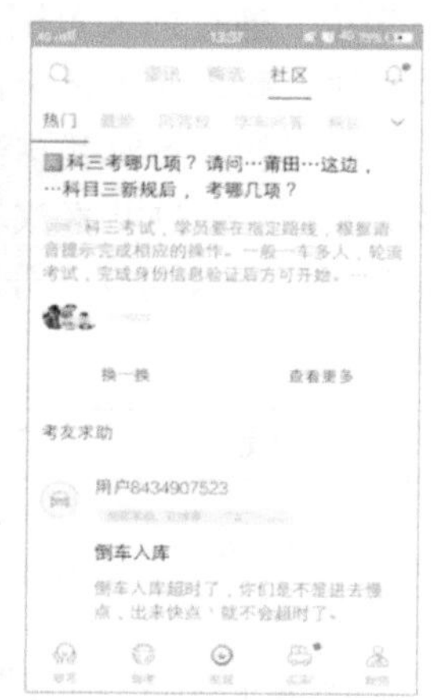


图5-8　驾考宝典软件典型界面

表5-2　驾考宝典APP优劣势分析

| 特点 | 优势 | 劣势 |
| --- | --- | --- |
| 视频讲解 | 用户可以清晰直观地看到每一步操作，如同有一个师傅在一步步教你，同时不清楚的地方用户可以进行回放反复观看，直至有了清楚的认识 | 不可以在视频观看中进行模拟操控，使得真正操作时忘记要点。同时在室外如若继续观看则会耗费用户的大量流量，造成一定的经济负担 |
| 文字介绍 | 流量损耗小，可反复查看 | 不直观，文字信息接受慢。同时内容过于冗长繁复，不易于用户理解 |
| 社交平台 | 通过问答式交流解决自己的问题，缓解紧张焦虑心情，预先知道一些官方未推送的信息，同时提高学车积极性 | 回复具有滞后性，不能够及时解决当前的疑问 |

通过分析以上两软件的驾驶培训部分的优劣，可以得出，提前预知真实的模拟操作即车内各功能部件的摆放位置以及操作方式的一致性，在心理上可以有效减少用户在实操时的紧张与不安，在用户行为上可以提高行车效率和安全性，从而达到驾驶培训的目的。而这种驾驶培训不是以简单的文字形式出现，而是更加关注人机的交互方式，通过视觉化的图形符号抑或是动画简单表述。

竞品分析结束要有相应的总结性表述，如阐明现有产品的问题所在，有哪些需要完善的点，以帮助确定设计出发点及设计方向。

### 5.2.2　用户研究及需求清单

#### 1. 用户研究

用户是设计的中心，通过观察法、问卷调查、深度访谈等多种方式全面了解用户心理以及用户的行为习惯，在充分理解用户的基础上挖掘用户痛点，精确定位用户需求，是一个设计师做设计的基础也是源泉。虽然设计师进行良好的用户研究后不一定会做出好的设计，但不进行深入研究就无法进行下一步的设计。充实深切地钻研用户是做出好的计划的必要条件。由此可以看出，用户研究是进行设计的一项基础性工作，只有在此基础上的设计定位才具有意义，才能让设计事半功倍。

（1）用户定位　通过向大范围目标用户进行问卷调查，可以确定本次项目主要是针对有较强驾车需求，却未购车的年轻用户以及经常有外出需求的人。旨在通过此方式使用户可以随时随地借助移动智能设备对共享汽车有所了解，以此减缓共享汽车已经产生的各类问题对用户造成的多重困惑，促进共享汽车的使用，提高用户行车安全。

（2）建立假设　回收问卷、分析访谈，得出以下三类目标人群及其特点，见表5－3。

表5－3　建立假设

| 分类 | 人群 | 特点 |
| --- | --- | --- |
| A | 大学生 | 该类人群生活费有限，空闲时间较为充裕，集体活动多，外出需求多，结伴出行概率高 |
| B | 一线城市工作者 | 该类人群生活压力普遍较大，因而生活较为节俭。工作日上下班有交通需求，休息日有出游需要 |
| C | 常出差的工作者 | 无论是否有能力购买车，是否有车，工作者出差基本要自行选择出行方式，在安全的情况下，共享汽车无疑是一种好的方式 |

以上三类人群可涵盖98%的目标用户，将目标人群细分后，针对特点分析，使最终设计最大化满足用户。

（3）角色构建　构建虚拟角色的好处在于能使各类目标人群的特征更加鲜活，情绪更加真实化。可根据表5－3中的三类目标人群进行角色构建。

（4）定义场景　当各类人群的虚拟角色构建完毕时，针对各类人群关注并且经常使用的出行问题，为各位虚拟角色定义各自的专属场景。其目的是将设计师带入虚拟角色的生活，通过同理心的方式换位思考，拥有角色的思维方式。将各类人群遇到的问题更加详细精准地进行归纳，以此获得不同的用户行为模式，抓住用户的痛点。

### 2. 需求清单

需求清单是在用户研究中通过对用户的了解，捕捉到用户表面需求以及隐性需求，并将需求转换成APP中的某种实际功能。根据用户对某种功能的需求程度，将其选择性地适当地应用于本次设计中，使用户的需求得以实现。同时，需求清单对功能架构也有着非常重要的作用，可以说是对APP主要功能的整理与梳理。最后，需求清单更是体现了“以人为本”的设计原则，在对需求清单进行整理的过程中，切莫切断了与用户的联系，见表5－4。

表5－4　需求清单

| 需求名称 | 需求详细概述 | 需求原因 | 需求来源 | 需求等级 | 需求完成度 |
| --- | --- | --- | --- | --- | --- |
| 说明可视化 | 将车的说明书以可视化的方式呈现，使用户易于了解，乐于了解 | 用户在面对长篇文字说明时，极少情况会认真阅读，说明书起不到说明作用 | 已有竞品分析以及用户需求 | 高级 | 在产品设计中加入 |
| 增强体验 | 通过还原场景、模拟操控等方式增强用户身临其境的良好体验 | 用户关注自我感受，关注产品带给自己的切身体验 | 已有竞品分析以及用户需求 | 高级 | 在产品设计中加入 |

（续）

| 需求名称 | 需求详细概述 | 需求原因 | 需求来源 | 需求等级 | 需求完成度 |
| --- | --- | --- | --- | --- | --- |
| 全景控车 | 通过三维全景方式展示所选车型的内外情况，同时实际车体可操控的部分，用户可以通过移动端操控 | 用户通过图片看车仍不能很好地对车有全面认识，通过全景控车，然后用户探索发现，加深对车的了解 | 用户需求 | 中级 | 在产品设计中加入 |
| 车型选择 | 选择自己想要了解的车型，随着选择车型的不同，界面主题也会有所差异 | 不同品牌共享汽车的车型选择也有所差异，根据用户兴趣选择所需车型设计才有意义 | 头脑风暴 | 中级 | 在产品设计中加入 |
| 费用预估 | 根据用户输入的起始位置，自动预估行车费用，以及事后车辆各部分损坏的累计费用 | 在不同地区，共享汽车的费用有着不同规定，大多选择共享汽车的用户在使用时，都希望能知道该行程将产生的大概费用 | 头脑风暴以及用户需求 | 中级 | 在产品设计中加入 |

## 5.2.3 功能架构及操作流程图

在完成竞品分析与用户需求研究后，应当对所积累的信息内容、思考进行定向的思维引导收缩，也是将以上的研究做一个简单的定向思维归纳，以便对后面设计的功能架构、交互方式等提供基础性帮助，如图 5 - 9 所示。

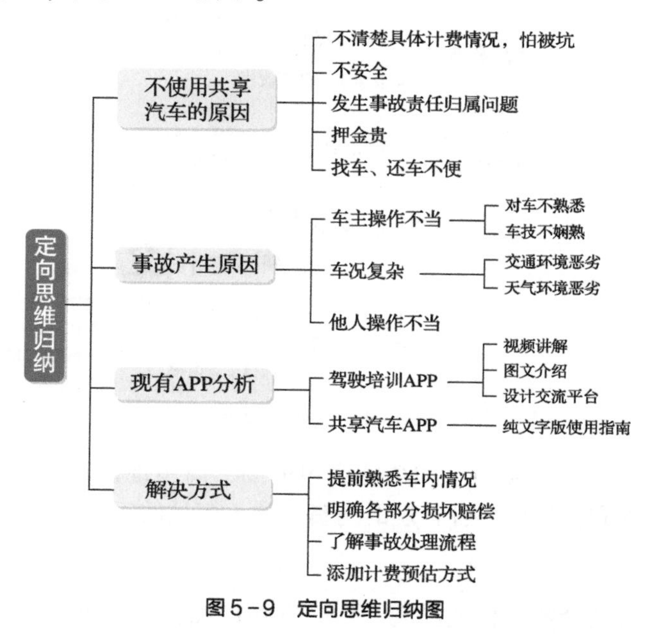


图 5 - 9 定向思维归纳图

### 1. 功能架构

功能架构是把一个偌大复杂的系统分解为多个功能较单一的过程。功能架构主功能模块可以通过用户需求清单的功能需求去提炼，往下逐渐分级的过程中，描述功能点时建议采用“动词 + 名字”的形式。

如果把 APP 设计流程比作建房子，那么之前的步骤就像是根据用户需求设计图纸，从这一步开始就要开始打地基、搭框架，低保真就好比水电瓦木油的硬装，高保真则相当于家电装饰的软装，如图 5 - 10 所示。

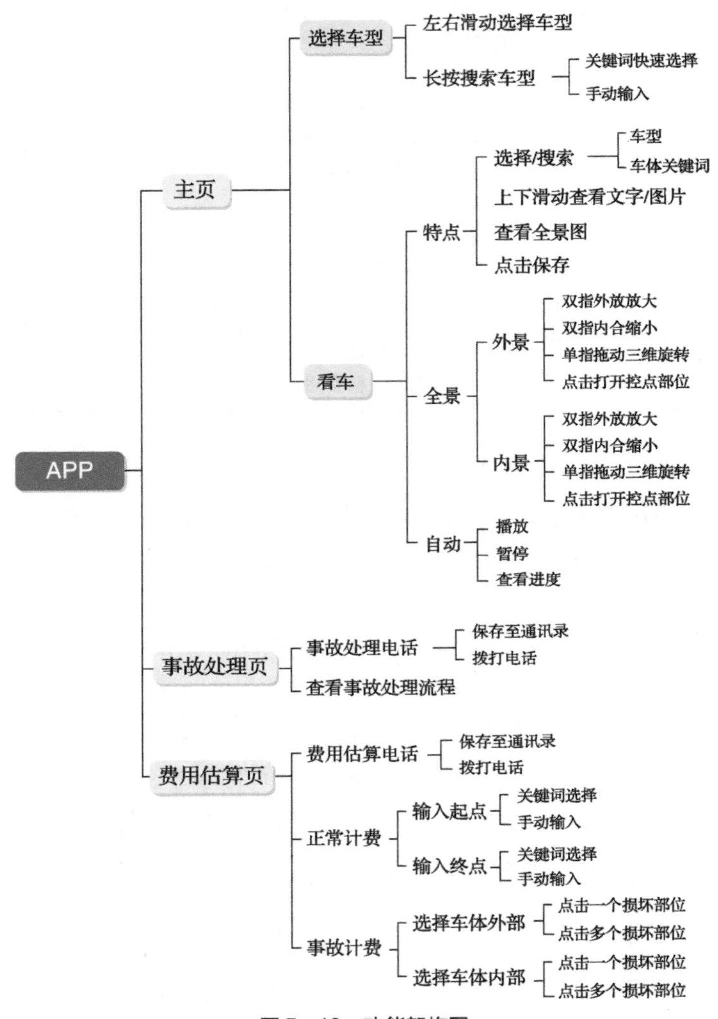


图 5 - 10　功能架构图

产品功能架构图是综合产品信息和功能逻辑的图，简单地说就是产品原型的简化表达。通过架构设计，把功能和信息以一种合理的逻辑，放入产品的每一个页面中。

### 2. 操作流程图

操作流程图是将大的功能架构抽出某一个分支加以细化，要求对功能架构非常熟悉，也是对功能架构图逻辑反复检验的一种方式。针对某几个主要的操作流程，从开始到结束以流程图的方式展现出来，如登录流程、看车流程、费用估算流程等。

### 5.2.4　界面设计

原型可以根据页面的保真程度划分为草图、低保真和高保真。在进行原型设计之前，我们需要根据使用场景和使用人群的不同，甚至是项目的不同阶段，设计不同保真度的产品原型，见表 5－5。

表 5－5　不同保真度的界面所处阶段及使用人群

| 保真程度 | 阶段 | 草图原型使用人群 |
|---|---|---|
| 草图 | 设计出讨论阶段 | 项目发起人、项目立项成员 |
| 低保真 | 明确产品功能需求阶段 | 需求提出人、UI 设计师、开发工程师和测试工程师 |
| 高保真 | 设计最终呈现阶段 | 高层领导、投资人以及其他的重要决策人 |

#### 1. 草图——纸面原型图

这个阶段的原型大部分都是手绘稿，大家在一边讨论产品功能，一边直接绘制产品原型。这个阶段的原型大部分都是在白板或者在白纸上手绘完成，在讨论的过程中发现问题，及时修改。草图原型能够表达出基本的界面功能及内容布局即可，利用基本的几何图形如方框、圆和一些线段表达产品雏形，只需要参与讨论会议的人员明白大概意图即可。草图的优势在于设计成本低，能够随时进行修改，在项目早期有很多不确定因素的前提下，尽量使用草图进行讨论评审，如图 5－11 所示。

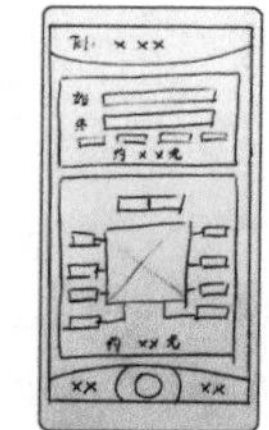

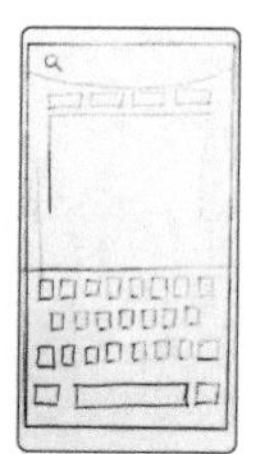

图 5－11　纸面原型图

#### 2. 低保真——线框图

线框图（又称为低保真原型）可以帮助我们准确拆分页面和每个页面的功能模块及展示信息，确定每个页面元素的界面布局。线框图与草图相比较而言，视觉显示及意图表达上更准确了。线框图的绘制必须借助于原型设计工具，一般情况下可以使用 Axure、Mockplus 等软件绘制线框图，软件绘制中均提供了系统元件可以快速完成线框图的绘制。以下为使用 Mockplus 绘制的界面及部分线框图，如图 5－12 和图 5－13 所示。

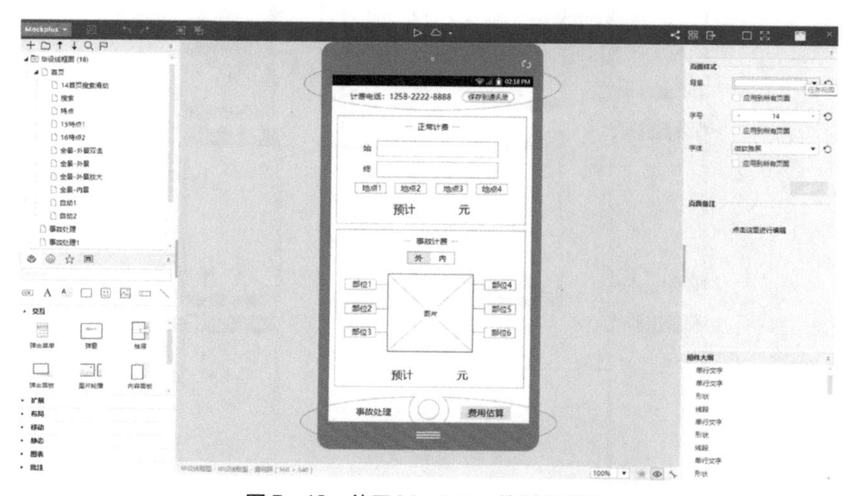


图 5－12　使用 Mockplus 绘制的界面

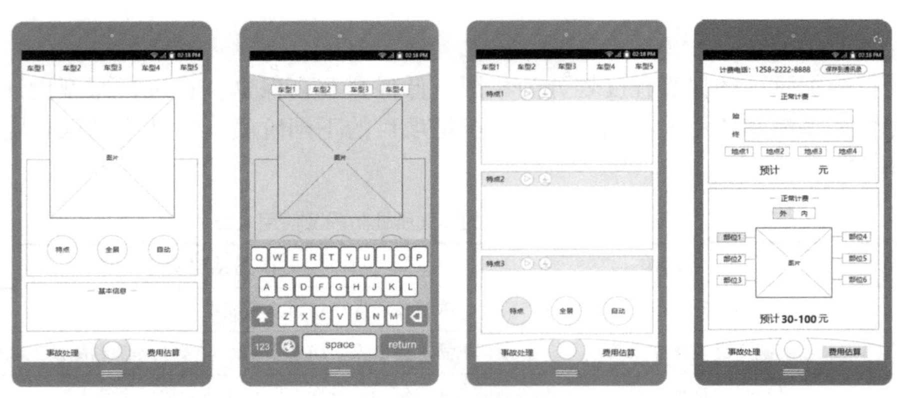


图 5-13　部分线框图

单个页面的线框图绘制完成后，可以根据功能架构绘制具体交互操作方式以及界面逻辑关系线框图，如图 5-14 所示。

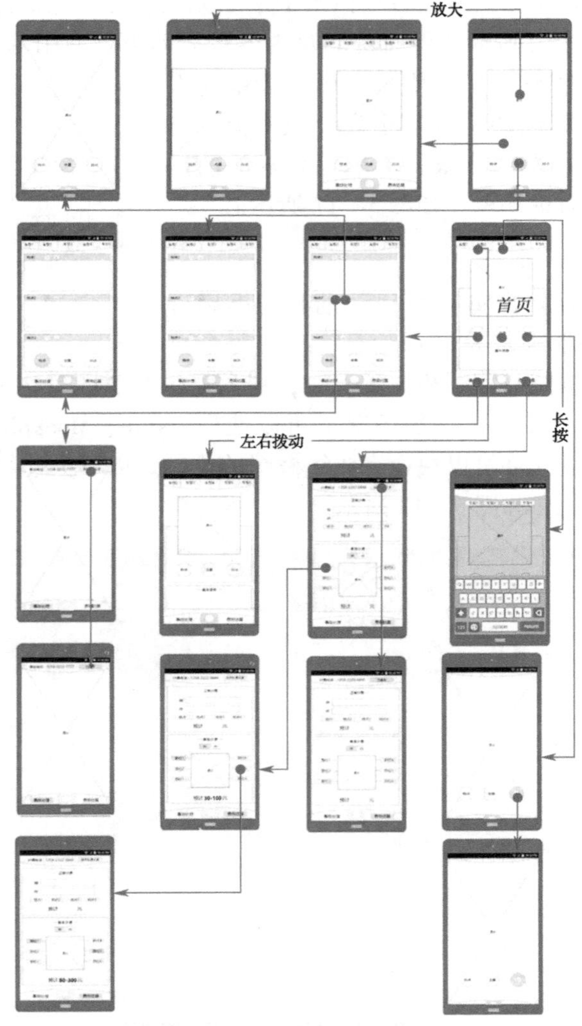


图 5-14　界面逻辑关系线框图

### 3. 高保真——视觉效果图

在绘制完线框图以后，界面逻辑关系一目了然。紧接着在线框图的基础上根据主色调展开视觉设计，即设计高保真界面原型，使界面的层次更加丰富。该过程需要考虑许多细节问题，如一开始界面尺寸的选择，根据 UI 视觉规范，选择安卓手机 720×1280 像素界面，该界面可呈现较好的视觉比例。基本规范确定后，再对界面风格、主色、功能层级等各个方面进行敲定。除了要关注视觉的美观性，更重要的是充分考虑用户的使用习惯，减少不必要的操作以达到优化流程的目的，界面设计对用户具有一定引导性，让用户根据经验就可以很快了解和熟悉这款 APP。

（1）产品名称、标语及标志　软件名称为“护驾”，因为软件设计的目的就是希望用户通过此软件，对将要使用的共享汽车有一个较为全面深入的了解，以此减少使用共享汽车过程中的风险，提高用户行车安全，促进共享汽车在我国的发展，积极响应国家出台的相关政策。

标语（SLOGAN）为“为您的安全保驾护航”，体现了产品名称的初心，同时将用户安全放在首位。当 SLOGAN 出现在启动页时，用户看到后内心会逐渐对软件产生好感，提升用户对软件的使用欲望。

标志（LOGO）设计主要提取产品名称“护驾”的首字母“H”“J”，将其构成一个方体，如图 5－15 所示。

图 5－15　LOGO

色彩：科技蓝＋炫光白，辅以柔光。

科技蓝：给人简洁、科技、干净之感。希望通过此色彩传达界面逻辑简洁，易于使用的特点。

炫光白：给人安静、安全之感。与纷杂的马路构成对比，营造一种静谧的氛围，有利于将信息在短时间内传达给用户。同时，给用户一种安全感，形成积极的心理暗示。

造型：车从抽象意义上看是一个方体。字母“H”“J”构成半包结构，从心理上给用户带来一种被保护的安全感。

产生的联想：方块、严谨、安全。

（2）设计风格　本设计以蓝色为主调，突出产品的科技感，因此对科技类产品进行元素提取，应用于最终视觉呈现上。由于本次课题是做共享汽车驾驶培训交互设计，而现如今生活在节奏较快的城市中，人们对培训内心会有一种本能压力感、排斥感，希望通过科技风格来缓解这一感受，将具有培训属性的软件转换为一种较轻松方式来展现。

（3）图标　图标（ICON）部分是在界面绘制前，对将要用到的所有图标、按钮进行统一绘制，确定尺寸，选中未选中的形态变化，归整到一张页面上。

（4）高保真界面　护驾移动客户端功能并不繁杂，所涉及的界面并不多，并且主要突出看车、事故处理、费用估算三大基本功能。在视觉方面不做过多无用的装饰设计，以简饰、简色为主。以下为主要界面的高保真页面设计，如图 5－16 至图 5－18 所示。

（5）交互演示　为了更清楚地展现流程，项目成员对高保真界面进行整理，录制操作视频，可以点击以下链接进行观看。

（链接：https://pan.baidu.com/s/1xYgSTxExUx-jn6NJrqxB5w）

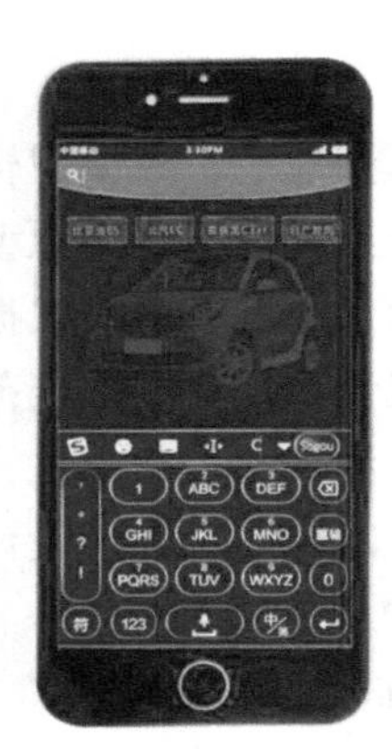

图 5－16　启动页、首页、搜索页

图 5－17　看车三模式：特点、全景、自动

图 5－18　事故处理页、费用估算页

同时为了增强用户的体验感，这里运用 MockingBot 进行设计，如图 5－19 所示，将所有页面有机设计成一个可进行点击操作的网页，并加入部分页面跳转动效以增强层级关系，通过实操更容易让用户对 APP 内容更熟悉。用户通过二维码进行实操体验（部分可操控），如图 5－20 所示。

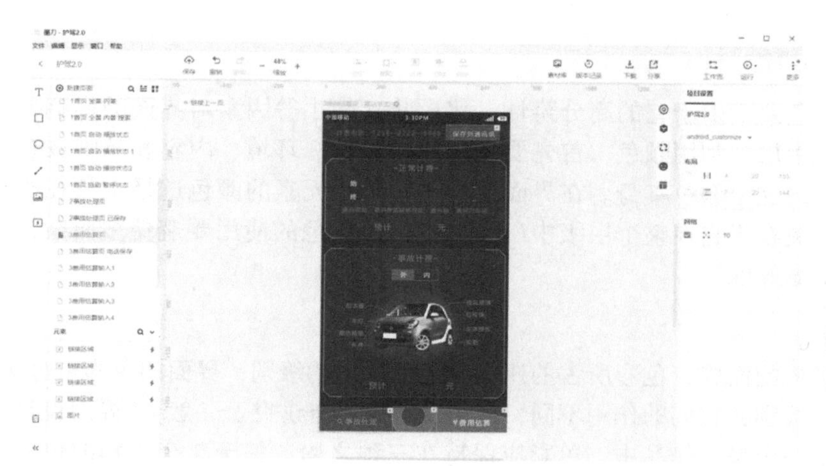

图5-19 MockingBot 界面

图5-20 MockingBot 演示二维码

# 5.3 移动端界面元素分析

## 5.3.1 移动端界面内容

移动端界面内容与 Web 端基本一样，包括文本、图像视频等多媒体元素、超级链接等内容。其中移动端界面字体的设计规范如图 5-21 所示。

内容

**字体**
字体设计的重要性；
辅助信息传递；
表达情感体验；
塑造品牌形象。

**字重**
字重是指字体的粗细，一般在字体家族名后面注明的Thin、Light、Medium、Bold、Heavy等都是字重名称。越来越多的产品界面需要通过字重来拉开信息层次，当下主流趋势iOS11大标题风格就是通过字重来拉开信息层级的。

**衬线体与非衬线体**
衬线体在笔画的始末位置有额外的装饰，且粗细会因笔画的不同而有所区别，强调笔画的走势及前后联系，这使得前后文有更好的连续性，更适合作为正文字体。例如，宋体字形方正、横细竖粗、撇如刀、捺如扫、点如瓜子等特点，它是通用的印刷体。
Garamond字体兼具美观性和易读性，被誉为“衬线之王”，适合长时间阅读。
非衬线体笔画粗细基本一致，适合于标题类需要醒目但又不被长时间阅读的文字，其特点是方正、朴素、简洁、明确、黑白均匀。例如，黑体也称等线体，具有横竖粗细一致、方头方尾的特点，文字浑厚有力、朴素大方。Arial字体字形干净、清晰、易于辨认，是很多数字印刷机和操作系统中不可缺少的字体。

**字号**
1. 关于字号
字号是界面设计中另一个重要的元素，字号大小决定了信息的层级和主次关系，合理有序的字号设置能让界面信息清晰易读、层次分明；相反，无序的字号使用会让界面混乱不堪，影响阅读体验。
2. 字号的选择
可以遵循iOS、Material Design、Ant Design等国内外权威设计体系中的字号规则，也可以根据产品的特点自行定义。

**系统字号**
文字所在的位置不同，使用的字号也有所差别。iOS系统的设计中用px标注字号，而Android系统使用sp标注，其中
1sp=2 px。系统字号的大小和对应的位置：
36 px：用于顶部导航栏的栏目名称；
30 px：用于标题文字和大按钮文字；
28 px：用于主要文字，正文或小按钮文字；
24 px：用于辅助文字；
22 px：用于底部标签栏文字；
18 px：用于提示性文字。

**行高**
1. 关于行高
行高可以理解为包裹在字体外的无形的框，字体距框的上下空隙为半行距。
2. 行高的设置
行高的计算公式：$L=F+8$。$L$是行高，$F$是字号，$F\geqslant 12$。

图5-21 移动端界面字体设计规范

### 5.3.2 移动端界面颜色

颜色的选择十分重要，由于它的高分辨性，比形状、大小等因素对界面的影响要高，处于人的视觉关注区的上层。利用颜色，首先要把用户的目标、环境、内容和品牌放在优先的位置，其次才是去考虑这个颜色本身。在界面设计中，单个元素的颜色选择不仅在于元素自身所要传达的信息，更在于它在整个层级中所处的地位。颜色的使用要避免多而杂，将颜色按主色调、辅助色等做好区分。

#### 1. 色彩级别

界面由各种色彩搭配而成，色彩所占的比例决定了色彩的级别，界面的色彩可分为主色、辅助色和点缀色 3 个级别，它们的作用不同，应用位置也各有讲究。一般 UI 界面设计中要保证三色搭配原则，即一个设计作品中，色彩应保持在三种之内。关于 3 个级别的色彩介绍详见本书 1.5.2 节。

在 UI 界面设计中主色可以决定界面色彩基调，能直接影响视觉传达效果和用户情绪，一般用在标志和导航栏；辅助色是一种或多种色彩，用于辅助主色，使界面更加完整，一般用在各种控件、图片和插图上；点缀色是界面中最为醒目的色彩，一般用在提示性图标位置。如图 5－22 所示，对支付宝界面 3 个级别色彩做出介绍。

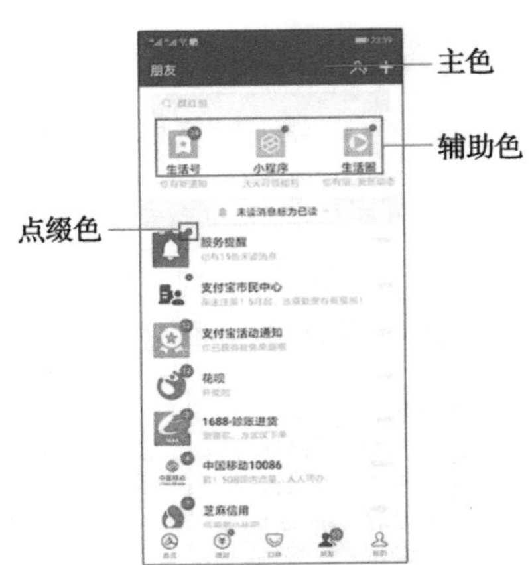

图 5－22　移动端界面三色构成

#### 2. 色彩的情感表达

色彩是传达情感的首要因素，通过色彩正确运用可以清晰抒发网页的情感。

（1）黑色　黑色缺少亲和力，所以一般产品很少定义黑色为主色。它象征着高雅庄重、严肃冷漠、深沉、权威，常用于奢侈品或具有权威特点的 APP 中，国家地理 APP 就采用了黑色作为界面主色，如图 5－23a 所示，增加了产品高雅神秘的视觉感受。图 5－23b 为 Soul APP 首页，用黑

a）国家地理 APP

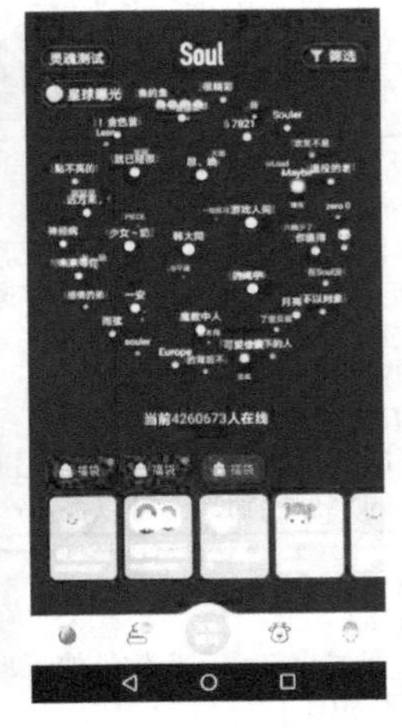


b）Soul APP

图 5－23　黑色在 APP 界面中的运用

色界面表示星球的神秘感，及一丝丝孤独寂寞的感觉。Soul 作为一款私密性社交软件，黑色为主题色给使用者隐私受到保护的心理暗示，提高安全感。黑色应用时需要注意：在西方，黑色也有邪恶和死亡的意味，因此涉及医疗健康的 APP 中要尽量避免使用黑色。

（2）白色　白色纯洁、神圣、信任、安静，并且是所有颜色中最耐看的颜色，所以 APP 的背景基本都使用白色。如图 5－24 所示 APP 界面正是使用白色为主背景，相似案例众多，在此不做一一列举。

运用白色时需要避免其面积过大，把握好留白的面积，凸显界面的格调。

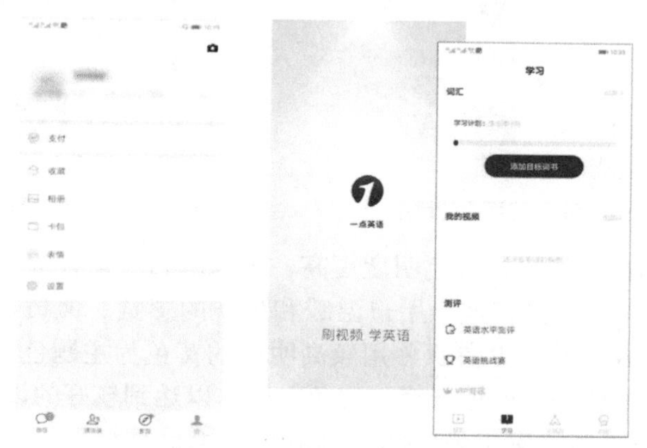


图 5－24　白色在 APP 界面中的运用

（3）灰色　灰色象征平凡、诚恳、考究、成熟、悲伤。它分为多个层次：金属灰、炭灰、暗灰。运用好灰色则能给人智能和科技的感觉，常用于影音娱乐类 APP ，如图 5－25 所示界面运用不同级别的灰色相互配合，使产品给人精致、高级的心理感受。

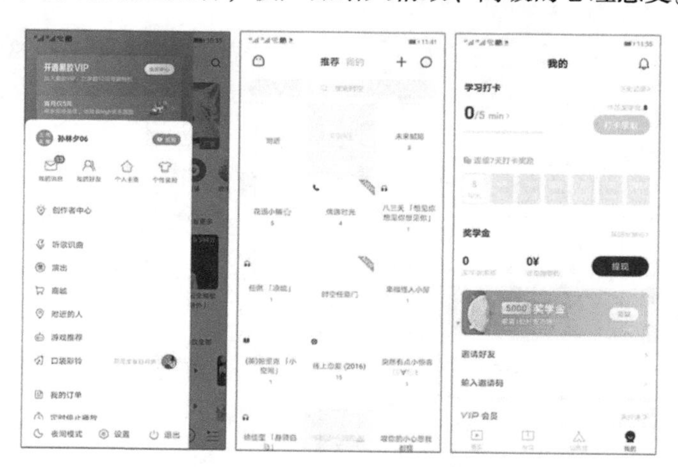


图 5－25　灰色在 APP 界面中的运用

（4）红色　红色象征喜悦热情、自信浪漫，也有危险愤怒的意味，常用于烘托热烈的气氛。如图 5－26 所示的网易云音乐采用红色为主题色，烘托热情的音乐氛围，提高用户亢奋感。

（5）橙色　橙色给人亲切、充满活力和阳光的感觉。一般在社会服务类或者电商类界面用到的居多。如图 5－27 所示的大众点评 APP 的首页界面，主要使用橙色，给人亲切的感觉，无形之中拉近了和用户的距离，让人出行愉快。

图 5-26　红色在 APP 界面中的运用　　　　图 5-27　橙色在 APP 界面中的运用

（6）黄色　黄色同橙色相比，黄色明度更高，更为醒目，象征光辉明亮、尊贵权力、青春活力，当应用于界面中时，能传递给用户温暖和乐观的感觉。但黄色非常容易脏，所以要慎用。如图 5-28 所示的美团 APP 首页使用较高明度的黄色为主题色，非常吸引注意力。在运用黄色时，其面积和配色都应谨慎选择，避免雷区，以达到较好的设计效果。

（7）蓝色　在界面主题色应用最多的就是蓝色，象征着诚实、希望、科技、信赖，常被用于社交、生活服务等多个领域。在色彩心理学中经测试发现几乎没有人反感蓝色。如图 5-29 所示的知乎 APP 通过蓝色为主题色，传达科技、诚实的心理暗示，让用户对该平台更加信任。

图 5-28　黄色在 APP 界面中的运用　　　　图 5-29　蓝色在 APP 界面中的运用

（8）绿色　绿色给人安全、自由、自然、希望、健康、生命力的感受，是所有色彩中最能让人放松的色彩，它对人的精神有镇静和恢复的功效。经常应用于安全管家或者环保健康类 APP 中，如图 5-30 所示的拉勾 APP 界面采用绿色为主色，给人可以信赖的心理感受。

绿色也有通过、确定的意思，因此 APP 中常用绿色作为确定按钮的色彩。

图5-30　绿色在 APP 界面中的运用

## 5.3.3　移动端界面版式

在移动端的界面设计中，界面版式是很重要的一个部分。好的版式设计，不仅可以让使用者第一时间捕捉到重要信息、功能的入口，在美感上也让人赏心悦目，下面为大家介绍几种常见版式。

### 1. 列表式布局

列表式布局是移动端应用小屏幕的限制下最常见的版式形式，尤其适用于文字较长的信息组合。其布局的优点是信息展示较为直观，节省页面空间，浏览效率高，字段长度不受限制可以错行显示；缺点是单一的列表页容易视觉疲劳，需要穿插其他版式形式让画面有变化，且该布局方式不适用于信息层级过多、字段内容不确定的情况。常见列表式的运用有纯文本列表，也有图文结合的列表。如图5-31所示界面中音乐列表和微博热搜列表正是运用了列表式来展示信息。

### 2. 卡片式布局

某种程度上来说，卡片式设计是栅格的进一步发展，它将整个页面切割为 $N$ 个区域，更易于设计上的迭代；该布局方式的另一个好处是可以将不同大小、不同媒介形式的内容以统一的方式进行混合呈现，使信息模块化；此外，该布局方式可以平衡文字和图片的强弱，做到视觉上尽量一致，常用于图文混排。卡片式设计的缺点是对页面空间的消耗非常大，需要上下左右各有间距，这就会导致一屏呈现的信息量很小。如图5-32所示界面中信息采用卡片式布局，使多层级信息有序排布，用户快速获取所需信息，提高阅读效率。

图5-31　列表式移动端界面

图5-32　卡片式移动端界面

### 3. 瀑布流式布局

当一个页面内卡片的大小不一致，产生错落的视觉效果时，将该布局方式称为瀑布流式（或双栏卡片式）。瀑布流式设计适用于图片/视频等“浏览型”内容，当用户仅仅通过图片

就可以获取到自己想获取的信息时，那么瀑布流再合适不过了。移动端的瀑布流一般是两列信息并行，可以极大地提高交互效率，更好地利用页面空间，同时也可以制造出“丰富/华丽/眼花缭乱”的体验。瀑布流式布局的缺点是过于依赖图片质量，如果图片质量较低，整体的产品格调也会被图片所影响；且瀑布流布局不适用于文字内容为主的产品，也不适用于产品调性较为稳重的产品，如图 5－33 所示。

### 4. 标签式布局

标签式布局也叫网格式布局，一般承载较为重要的功能。由于标签式的设计较有仪式感，所以视觉上层级很好，展示效果清晰，方便快速查找；但是扩展性较差，标题不宜过长，不适用于不可点击的纯介绍类元素。在标签式设计中需注意：每一个标签都可以看作界面布局中的一个点，一行标签一屏横排不可超过 5 个，超过 5 个需要左右滑动显示；图标占据标签式布局的大部分空间，因此图标要设计得较为精致，同类型同层级标签要保持风格及细节上的统一。如图 5－34 所示为淘宝和美团的首页正是对功能图标运用了标签式布局，清晰展示功能分区，引导用户快速操作。

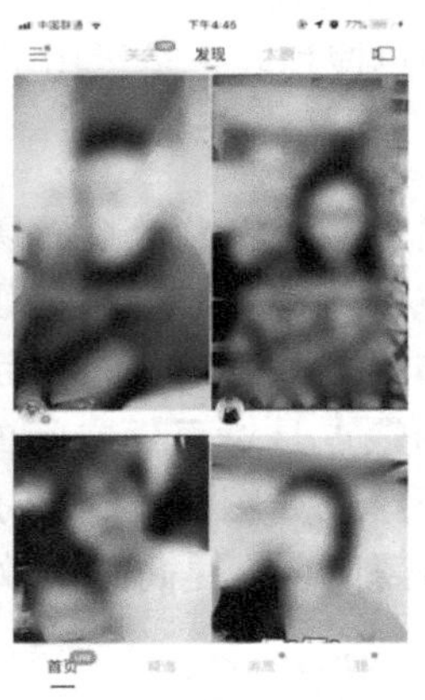

图 5－33　双栏卡片式移动端界面

图 5－34　标签式移动端界面

### 5. 旋转木马式布局

为了提高页面空间的利用率，我们看到越来越多的左右滑动条出现在页面首页。这种滑动操作不单纯作用于滚动横幅（banner）广告，也出现在产品其他功能模块上。如图 5－35 所示界面中线框标注区域，我们将这种布局方式称为旋转木马式布局。

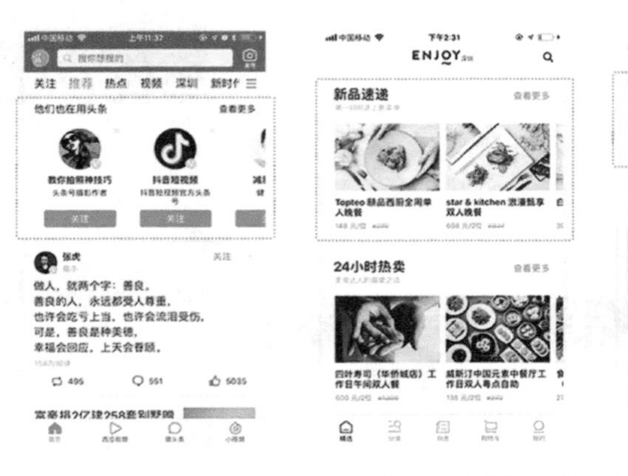

图 5－35　旋转木马式移动端界面

### 6. 多面板布局

多面板的布局更常见于 PAD 终端，但移动端也会用到。多面板很像竖屏排列的选项卡，可以展示更多的信息量，操作效率较高，适合分类和内容都比较多的情形。其优点是减少了页面之间的跳转，并且分类较为明确直观；不足是同一界面信息量过多，较为拥挤，且不利于单手操作。图 5－36 所示为淘宝各个店铺的宝贝分类界面为多面板布局。

图 5－36　多面板布局范例

### 7. 手风琴布局

手风琴布局常见于两级结构的内容，用户点击分类可展开显示二级内容，在不用的时候，内容是隐藏的。手风琴布局可以减少界面跳转，降低点击次数，从而提高操作效率；此外，该设计方式可以承载更多信息，保持界面简洁。该布局设计的缺点是当同时打开多个手风琴菜单，分类标题不易寻找，页面布局易打乱。手风琴布局在浏览器上很常见，很多浏览器的导航、历史、下载管理等页面均采用了手风琴的设计。图 5－37 所示 QQ 联系人分组正是手风琴布局方式。

### 8. 抽屉式布局

抽屉式设计的优点在于交互便捷，节省页面空间。对于那些需要经常在不同导航间切换或者核心功能有一堆入口的 APP 不适用。图 5－38 所示案例使用该布局方式。

图 5－37　手风琴布局范例

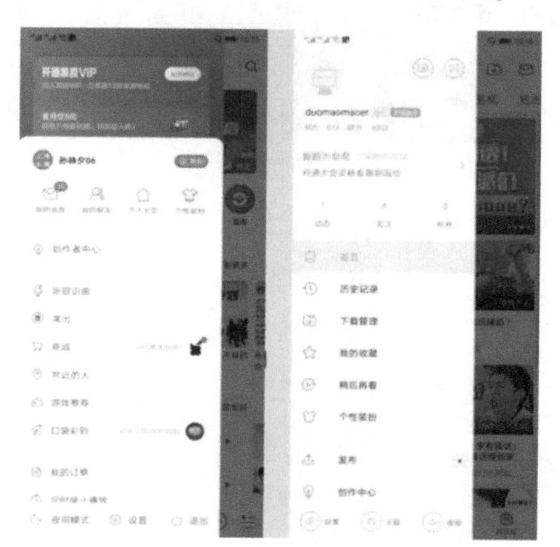

图 5－38　抽屉式布局范例

## 5.4 案例分析

在移动端有着数不清的应用，根据产品的功能我们可以对其分类，常见的有游戏、教育、社交、媒体、新闻等。每一个大的类别里又包含着无数个应用，但是同类应用大多都有着相似的结构框架，这是设计师们不断地优化所得到的结果，本章节就对我们生活和工作中最常见的几类 APP 进行讲解。

### 5.4.1 社交类 APP

说到社交类的 APP，我们日常生活中最普及的就是微信、微博和 QQ，这几乎是我们必备的移动应用。这些社交类的应用连接着个体的社会关系，是我们工作和生活中不可或缺的一部分。

我们可以将社交类 APP 分成社交网络和社交媒体两类，分别以微信和微博为代表，这两类 APP 具有两种不同的产品结构框架。

微信以即时通信功能为核心，强调人与人之间的关系，是社交关系在虚拟的互联网上的体现，一般先有线下的社交关系，后有线上的好友关系。微信的主要功能是对话，属于即时通信，因此微信的首页为聊天列表，联系人位于导航栏的第二个 Tab 中，朋友圈、游戏等功能集成在第三个 Tab 之中。如图 5-39 所示，与微信具有相似框架结构的还有 QQ、Line 等。

新浪微博自 2010 年发布之后，迅速得到互联网关注，用户数量爆炸式增长。微博以传播信息快、范围广、即时性等特点，受到广泛关注。微博主要定位是陌生人社交，社交媒体强调内容发布，每一个个体都是内容的发布者，通过内容关注从而建立人与人之间的关系。

因此在微博 APP 的界面设计中，首页为五花八门的动态内容，主要展示时下的热点新闻和使用者关注的内容。搜索和消息等内容在下方导航栏中，关注和粉丝等内容在个人中心之中，如图 5-40 所示，与微博具有相似架构的还有 Twitter、豆瓣、Instagram 等。

a）微信　b）QQ

图 5-39　社交网络类 APP 界面设计

a）微博　b）Instagram

图 5-40　社交媒体类 APP 界面设计

### 5.4.2 购物类 APP

随着智能手机和移动互联网越来越普及，手机端购物逐渐成为最便捷的网络购物方式，各大电商都有着自己的移动端 APP。例如，大型的网购 APP 有淘宝、京东、拼多多；专注于女性购物的有蘑菇街、聚美优品、小红书；专注于潮流的有 YOHO 有货、得物（毒）等。相对于其他类型的 APP，商城 APP 设计难度比较高，因为电商 APP 业务比较复杂，需要展示完整的业务功能的同时保证用户体验。这类 APP 都具有类似的结构框架，通常首页展示商品分类，方便用户导航浏览，搜索栏可以快速寻找自己想要的商品；社区页面可以让用户之间形成互动，提升用户的活跃程度；购物车可以为用户提供更加便利的通道，减少支付的流程；个人中心承载了订单、收藏夹、浏览记录等信息。

淘宝是国内最大的零售网购平台，以淘宝 APP 界面为例，如图 5－41a 所示，手机淘宝的首页作为最大的流量入口，以购物为主线内容，链接了阿里巴巴旗下的飞猪旅行、饿了么、天猫超市等品牌，提高了全平台的交易数据。下方的导航按键，可以使用户快速定位到所用到的功能板块，并且通过社区化、内容化和推荐化三大方向，为用户带来便捷的手机购物新体验。与淘宝类似的结构框架还有当当、京东等，见图 5－41b 和 c。

a）淘宝　　b）当当　　c）京东

图 5－41　购物类 APP 界面设计

### 5.4.3　音乐类 APP

手机进化到功能机，可以把音乐下载到存储卡用自带播放器播放。直到智能机出现，各种各样的音乐 APP 涌现出来，不用下载，可以在线收听下载音乐，音乐类 APP 进入了一个新的发展时代。这一类 APP 的首页一般聚合了大部分功能，分为三个板块，最上面是搜索功能，可以为用户提供一个寻找自己喜爱音乐的通道；中部为推荐的音乐和主要的控件；下部为音乐的播放区域。

网易云音乐是目前最大的音乐社交平台，深受用户的喜爱和 UI 设计界的追捧。从界面的交互来说，网易云音乐的客户端非常简单，容易上手。如图 5－42a 所示，首页由推荐专题、歌单、入住歌手、DJ 电台、榜单等组成，而且配色和网页整体设计都让人看上去很舒服。导航分为发现音乐、我的音乐、朋友、账号四个板块，每个功能一目了然，很容易使用；右上角始终有“正在播放”按钮可以跳转到正在播放的歌曲。与网易云音乐相似的结构框架还有酷狗音乐（图 5 - 42b）、QQ 音乐等。

a）网易云音乐　　　　b）酷狗音乐

图 5 - 42　音乐类 APP 界面设计

# 第 6 章 虚拟现实系统界面设计

## 6.1 概述

近年来，虚拟现实、增强现实等技术不断发展，越来越趋于成熟化、普及化，随着人们生活中虚拟眼镜、头盔等新型交互设备逐渐增多，人机交互不再仅仅局限于平面化的网页端和移动端，还增加了虚拟现实系统的三维可视化界面的交互方式。本章将介绍虚拟现实技术、增强现实技术及虚拟现实系统界面，并总结出相应的设计原则和规律。

### 6.1.1 虚拟现实技术

#### 1. 虚拟现实的定义

虚拟现实（Virtual Reality，VR）是一种利用计算机图形学、立体显示、人机交互等技术，通过计算机生成一个包含三维空间和时间的虚拟世界的技术，不但让用户产生身临其境的感觉，而且还可以实现用户与虚拟世界进行的即时交互。

#### 2. 虚拟现实的特点

虚拟现实技术的三个主要特征是：沉浸性、交互性、构想性。

沉浸性又称临场感，是指用户感到作为主角存在于虚拟环境的真实程度。用户通过视点移动观察虚拟世界中的实物，通过触觉、听觉甚至嗅觉、味觉等感知虚拟世界，在与虚拟世界的交互过程中，如同沉浸在真实的客观世界中。好的虚拟现实系统功能更全面、带给用户的感受更逼真，沉浸感更强，理想的模拟环境应该使用户难以分辨真假。

交互性是指用户对虚拟世界及其中的物体的可操作程度以及虚拟世界对用户的反馈。虚拟现实的交互性体现在用户与虚拟世界的互动过程中，如用户可以抓取、移动物体并感知它的重量，用户视野中也可以看到物体空间位置的相应变化。

构想性是指可以通过虚拟现实技术模拟真实世界和不存在的环境与事件。用户通过与虚拟环境的交互，产生新体验，启发思维。

沉浸性和实时交互性是虚拟现实的实质性特征，对时空环境的现实构想（即启发思维、获取信息的过程）是虚拟现实的最终目的。

#### 3. 虚拟现实技术的发展历程

虚拟现实技术起源于 20 世纪 60 年代，它的发展大致经历了三个阶段。第一个阶段是 20 世纪 70 年代以前，这一阶段是虚拟现实技术的萌芽与理论探索阶段。第二个发展阶段是从

20 世纪 70 年代到 90 年代，这一阶段虚拟现实技术进一步发展，应用进一步展开。第三个阶段是自 20 世纪 90 年代至今，虚拟现实技术随着计算机科学的发展显示出了巨大的发展潜力，各类 VR 产品相继出现。表 6－1 对虚拟现实发展历程做出概述。

表 6－1 虚拟现实发展历程

| 阶段 | 时间 | 发展成果 |
| --- | --- | --- |
| 第一阶段（1970 年之前） | 1935 年 | 斯坦利·G. 温鲍姆（Stanley G. Weinbaum）首次在小说中提出虚拟现实构想，这也是目前可追溯的最早的关于虚拟现实的构想 |
| | 1965 年 | 伊凡·苏泽兰（Ivan Sutherland）在国际信息处理联合会（International Federation for Information Processing，IFIP）会议上，首次提出了包括交互图形显示、力反馈以及声音提示功能的虚拟现实系统的基本思想，这一思想提出了虚拟现实的雏形 |
| | 1968 年 | 伊凡·苏泽兰研制出了第一台头盔式三维显示器，成为三维立体显示技术的奠基性成果 |
| 第二阶段（1970～1990） | 20 世纪 80 年代 | 美国宇航局及美国国防部组织了一系列有关虚拟现实技术的研究，引起了人们对虚拟现实技术的广泛关注 |
| | 1987～1989 年 | 美国 VPL 研究公司发明了数据服，并建立了一套完整的 VR 系统，其创始人杰伦·拉尼尔（Jaron Lanier）提出了“Virtual Reality”（虚拟现实）这个名词 |
| | 1990 年 | 美国达拉斯召开的计算机图形图像特别兴趣小组（Special Interest Group for Computer Graphics，Sigraph）会议明确提出 VR 技术的主要内容是实时三维图形生成技术、多传感交互技术以及高分辨率显示技术，这为 VR 技术的发展确定了研究方向 |
| 第三阶段（1990 至今） | 1992 年 | 英国航空公司开发的专门为训练座舱内飞行员而研制的系统首次在范堡罗（Farnborough）航空展示会上进行了演示 |
| | 1994 年 | 日本游戏公司世嘉（Sega）针对游戏产业推出了头戴式显示器 SegaVR－1，其采用了 LCD 显示屏，并且配有立体声耳机、惯性传感器等装置，这款头戴显示器在业内引起了不小轰动 |
| | 2006 年 | 美国国防部建立了一套虚拟世界的《城市决策》培训计划，专门让相关工作人员进行模拟训练，以提高大家应对城市危机的能力 |
| | 2008 年 | 美国南加州大学的临床心理学家开发了一款“虚拟伊拉克”的治疗游戏，利用虚拟现实治疗军人患者创伤后的应激障碍 |
| | 2014 年 | Facebook 以 20 亿美元收购 Oculus 工作室，这让全球投资者的目光又一次聚焦到了 VR 行业，自此 VR 浪潮开始席卷全球 |

### 4. 典型应用

随着对虚拟现实技术研究的深入，这一技术也被广泛应用于工业模拟、军事仿真、文化娱乐、医疗教育等领域，该技术良好的沉浸性与互动性，使得其与游戏娱乐行业产生天然的适应性。VR 技术与游戏相结合使得游戏玩家获得更强的代入感，同时 VR 游戏也颠覆了传统游戏的交互方式，对游戏行业的发展产生强大的推动作用。

《FREEDIVER：Triton Down》是一款由 Archiact 开发的完全交互式的单人 VR 冒险游戏，

游戏玩家可以通过头戴显示器 HTC Vive 或 Oculus Rift 进行体验操作。在游戏中玩家身处在一艘慢慢下沉的研究船上，玩家需要在有限的氧气里完成游戏任务，在模拟的水下环境中潜行并利用身边不断变化的环境来逃离沉船。如图 6 – 1 所示为该游戏的画面及场景。

a）玩家在沉船中

b）玩家打开封闭舱门

c）玩家补充氧气

d）玩家逃出沉船

图 6 – 1　《FREEDIVER：Triton Down》场景

## 6.1.2　增强现实技术

### 1. 增强现实的定义

增强现实（Augment Reality，AR）技术，也被称为扩增现实，是在虚拟现实技术基础上发展起来的一项较新的技术内容。增强现实技术借助计算机视觉技术、场景融合技术等，将虚拟信息内容叠加到真实环境中，实现真实世界信息与虚拟世界信息的综合呈现，使用户得到超越现实的感官体验。

### 2. 增强现实的关键技术

增强现实技术的实现需要很多计算机技术作为支撑，如多媒体技术、三维建模技术、实时视频显示及控制技术、多传感器融合技术、实时跟踪及注册技术、场景融合技术等。其中，三维跟踪注册技术、虚实融合显示技术、虚拟物体生成技术对增强现实的效果有重要影响。

三维跟踪注册技术是构建增强现实系统的基础技术，也是决定增强现实系统性能及效果的关键技术。三维跟踪注册技术是在机器学习的基础上，通过对真实环境中物体及用户视角的跟踪、定位，计算出虚拟物体的显示姿态与位置，实现虚拟信息与真实环境的无缝融合。

虚实融合显示技术是增强现实技术中的一项关键内容，侧重于解决虚拟信息与实际环境叠加显示时的真实性，优秀的虚实融合显示技术会给用户带来良好的视觉感官体验。虚实融合显示技术依托于各类显示设备来实现，如头戴式显示设备、手持式显示设备、投影式显示设备等。

智能交互技术在三维跟踪注册技术及虚实融合显示技术的基础上实现，通过用户与虚拟物体的交互操作，实现人们在虚拟场景与真实世界自然交互的目标。增强现实系统与用户间的人机交互方式主要有：鼠标键盘等传统交互方式、头盔显示器等便携式硬件交互方式、手势交互方式、语音交互等其他交互方式。

### 3. 增强现实与虚拟现实

虚拟现实与增强现实联系紧密，两种技术均涵盖了计算机图形学、传感器技术、显示技术、人机交互技术等领域，它们的联系体现在：都需要借助计算机生成相应虚拟信息及物体，都需要借助一定的显示设备为用户呈现虚拟信息或环境，都注重于实现用户与虚拟信息或环境的交互作用。

虚拟现实与增强现实也有显著的区别，它们的区别体现在：用户的沉浸程度不同、对“注册”精度的要求不同、对系统性能的要求不同、应用领域不同等，表6－2总结了两项技术的主要区别。

表6－2　虚拟现实和增强现实的区别

| 区别项目 | 虚拟现实 | 增强现实 |
|---|---|---|
| 用户的沉浸程度 | 用户完全沉浸，隔绝的虚拟环境 | 融合虚拟环境与真实世界，增强用户对真实世界的认识 |
| “注册”精度的要求 | 侧重于虚拟环境与用户感官的匹配，要求用户运动姿态与虚拟环境的显示同步 | 侧重于虚拟物体与周围真实环境的对准关系；注册误差会影响增强现实的虚实融合性 |
| 系统性能的要求 | 系统需要建造出整个虚拟场景，因而对系统的计算能力有较高要求 | 该系统只需对部分虚拟物体及虚实注册关系进行计算，故其对系统计算性能的要求较小 |
| 应用领域 | 多用于模拟一些高成本或高危环境 | 多用于辅助展示、培训等场景，增强用户对真实世界的认识 |

### 4. 典型应用

近年来增强现实技术也被越来越多地应用于游戏娱乐领域，由于增强现实技术本身的特点，其可以将传统的游戏场景放置于现实景象中，使得游戏界面不再局限于显示器，玩家可以在多变的现实环境中进行游戏。

《宝可梦 Go》（Pokémon GO）是一部在 iOS 和 Android 平台上运行的大型多人在线增强现实游戏，由 The Pokémon Company 与任天堂（Niantic）合作研发。Pokémon GO 利用具备全球定位系统的智能手机，并使用 OpenStreetMap 开放街图，玩家在现实世界行走时，对应的游戏角色也会移动变化。游戏中的精灵会出现在对应的现实世界的某些位置上，玩家移动到这些位置后可以使用摄像头进行精灵捕捉，同时玩家也可以通过无线网络进行精灵交换与对战。如图6－2所示为该游戏的体验过程。

a）玩家根据指引到达指定位置

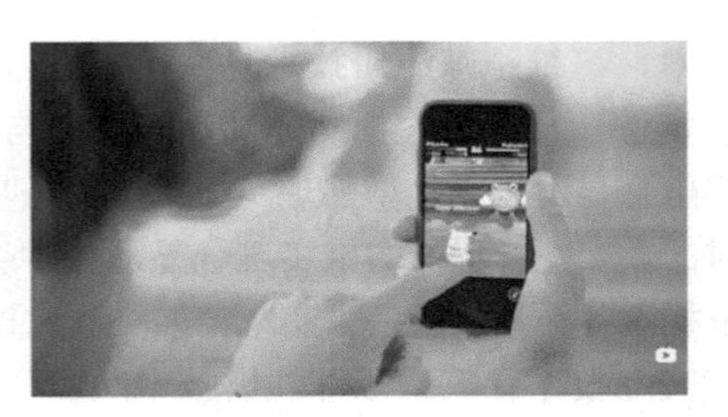

b）玩家带领精灵在现实世界中进行对战

图6－2　Pokémon GO 游戏场景

### 6.1.3 虚拟现实系统与新兴技术

#### 1. 虚拟现实系统的局限性

近些年，随着对虚拟现实研究的深入，关于虚拟现实系统的一些共性问题也显现了出来，如设备体积大、用户眩晕感明显、画面分辨率低、交互性差等。这些问题对虚拟现实技术的进一步发展造成了很大阻力。

这些现象产生的原因主要有以下两点：

1）VR 终端的计算能力不足、轻量化差。目前的虚拟现实设备如头戴显示器、VR 眼镜等设备仅能在较大体积与重量下内置 CPU 与 GPU 来满足计算速度、传输速率等要求，设备显示的画面质量差、眩晕感明显，头戴设备有较大重量，由此带给用户的体验较差。

2）受通信网络传输速度影响，现行的 4G 网络无法满足高分辨率的 VR 显示要求。在 90 Hz 刷新率以及 H.264 压缩协议情况下，即使是最低的 1K 分辨率的 VR 头显也需要 21Mbps 码率，而 4G 仅能提供 10 Mbps 的码率，难以满足最低的 VR 显示要求，用户很难以流畅的速度体验 VR 视频。

#### 2. 5G 技术的发展

第五代移动通信技术（5th generation wireless systems，简称 5G 技术）是最新一代蜂窝移动通信技术，也是继 2G、3G 和 4G 系统之后的延伸。5G 技术最明显的优势在于其远高于 4G 技术的数据传输速率以及更低的网络延迟。5G 网络理论最高数据传输速率可达 10 Gbit/s，比 4G LTE 蜂窝网络快 100 倍，5G 网络延迟低于 1 毫秒，具有更快的响应时间。此外 5G 技术充分支持云计算与边缘计算，通过 5G 的高传输速率可实现海量的待处理数据向云端处理器的传输以及本地传回。

5G 技术的推广为推动虚拟现实的全面发展注入了强大动力。虚拟现实系统的一大特点是系统数据量庞大，这是由于所构造的虚拟环境模型众多以及 VR 视频高分辨率造成的。4G 网络难以满足大数据量传输的要求，在高视频清晰度时常常出现卡顿现象，而以低清晰度视频显示则会使用户产生眩晕感。5G 网络最大的特点就是网络传输速率较高，可满足虚拟现实技术的海量数据传输需求，故其对视频播放的卡顿、用户易产生眩晕感等问题都可以较好地解决。

现行的虚拟现实设备的“繁重”问题也可以通过虚拟现实技术来解决。5G 网络对云计算、边缘计算等都有较好的支持性，借助 5G 网络将所需处理的海量数据传输至边缘云，边缘云对数据进行处理，最后将处理后的数据再传回本地设备，通过这种方式可以实现设备的“轻量化”，大大提高用户的感受。

虚拟现实还具有实时性、高交互性的特点，传统的 4G 网络传输速率慢、延迟高，无法满足系统实时交互的要求，而 5G 网络通过建立密集的微基站，将处理逻辑下沉到网络的边缘，用户的交互操作可在极短时间内传输至最近基站进行运算，基站又可以将反馈快速返回，此模式下系统的交互效率将会得到较大提高。

综合来看，5G 网络的普及，对提升虚拟现实用户的沉浸体验、交互体验，降低虚拟现实系统的终端成本都有较大帮助，也为 VR 在各行各业的集成应用做了很好的铺垫，与此同时，虚拟现实技术也会随着 5G 网络的发展迈上更高台阶。

## 6.2 虚拟现实系统开发流程

虚拟现实系统开发流程主要包括模型构建、虚拟世界环境构建、人机交互界面设计、虚拟系统测试和虚拟现实设备连接五个部分，具体流程如图 6-3 所示。

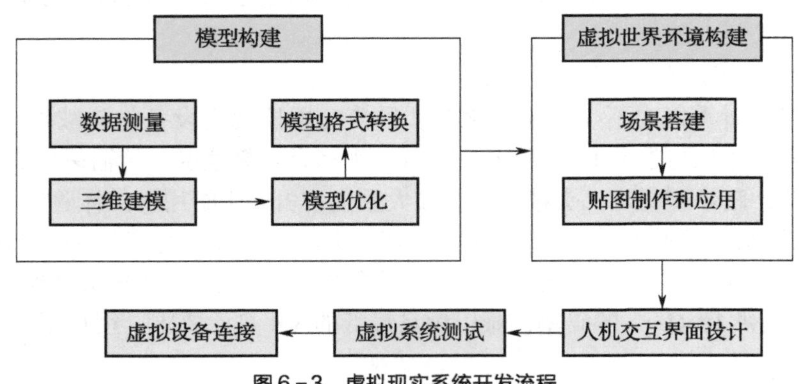


图 6-3　虚拟现实系统开发流程

### 6.2.1　数据测量

数据的测量是虚拟现实系统开发的首要工作。针对所要搭建的系统场景，测量数据包含各物体的真实尺寸、物体之间的位置关系数据等。数据的准确性、真实性是整个系统实现沉浸感的重要基础。

### 6.2.2　三维建模

利用 UG、Rhino、3DSMAX 等三维建模软件相互配合完成三维建模，建立模型库。在此，作者推荐使用 UG 进行场景内设备建模并装配建立机械运动关系；使用 3DSMAX 进行场景人物建模并建立人物初级动画；同时 3DSMAX 可以很好地实现场景建模。如图 6-4 所示，在 3DSMAX 中进行场景内液压支柱设备的建模。图 6-5 为在 Rhino 和 3DSMAX 中完成场景中各设备及零件的建模。

建模软件的选择方面，国际上比较流行的建模软件包括 3DSMAX、Maya、Rhino 等。在建模过程中，针对模型的不同特点、各软件的不同优势，选择恰当合适的建模软件十分重要。表 6-3 对几种常用建模软件进行了简单介绍。

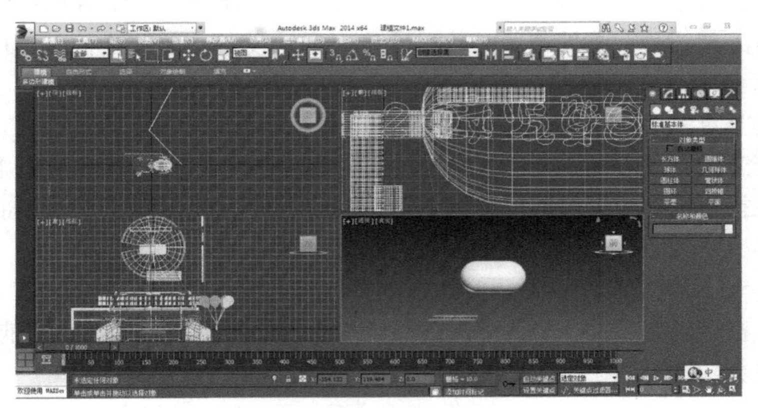

图 6-4　3DS MAX 建模界面

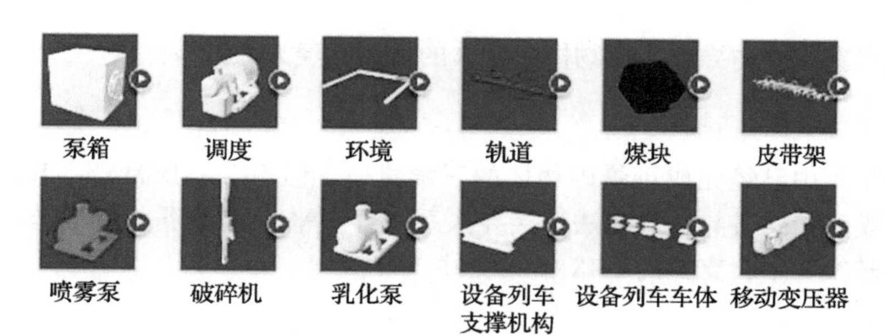

图6-5 各设备及零件模型

表6-3 建模软件简介

| 软件名称 | 功能 | 特点 | 应用领域 |
|---|---|---|---|
| 3D Studio MAX (3DSMAX) | 三维建模、动画及渲染 | 拥有众多插件且插件兼容性好 | 众多领域 |
| Maya | 三维建模、动画及渲染 | 强大的三维雕刻与动画制作功能 | 动画电影、工业产品造型设计 |
| Rhino | 三维建模 | 非参数化三维建模，可自由调整 | 工业设计造型设计 |
| Zbrush | 三维数字雕刻、绘画 | 强大的三维数字雕刻，工作流程直观 | 游戏设计、动画电影 |
| SOLIDWORKS | 三维建模、模型装配 | 参数化高精度建模 | 机械类大型产品 |
| CATIA | CAD/CAE/CAM 一体化软件 | 参数化高精度曲面建模 | 汽车设计 |
| UG | 三维建模、模型装配、仿真动画 | 参数化高精度建模和装配 | 众多领域 |
| AutoCAD | 工程二维绘图、三维建模 | 良好交互界面 | 工业绘图、室内设计、城市规划 |
| Creo (原Pro/E) | CAD/CAE/CAM 一体化软件 | 参数化设计 | 众多领域 |

### 6.2.3 模型优化

利用3DSMAX进行模型优化简化，为导入虚拟现实平台做准备。

在设计方案中，导入模型过多会导致3D文件中的面数过多，从而造成电脑反应慢甚至卡机的情况，可以用代理物体来精简3D文件，将其面数控制在合理范围内。模型优化是系统能够流畅运行的重要保障。

以煤块模型为例简述代理物体的运用，如图6-6所示，可见该模型面数较多，需对其进行优化简化。先将其“组”炸开，将部件都转化为“可编辑多边形”，再使用“塌陷”命令，将部件塌陷到一起。将塌陷后的模型材质保存，作为代

图6-6 复杂的掉落煤块模型

理物体导出。在新文件中导入代理物体，物体的面数已经大大减少。

### 6.2.4 模型格式转换

在之前的步骤中已经完成场景内物体的三维建模，但 UG、3DSMAX、Rhino、Maya 等软件完成的三维模型格式各异，且无法直接导入系统开发平台进行下一步工作。因此，需将已有的模型文件转换为平台支持的 FBX 格式文件。

### 6.2.5 场景搭建

在本系统开发的软件选择中整体系统的开发引擎选择最为关键，目前国际上较常用的移动系统开发引擎主要有 Unity3D、Unreal、Cocos 2d - x、Corona SDK 等。

本书以 Unity3D 为例，对煤矿井下综采工作面进行了虚拟场景搭建。煤矿井下装备综合机械化设备的回采工作面为综采工作面是由采煤设备（采煤机）、工作面运输设备（可弯曲刮板输送）、工作面顶板支护（液压支架）、顺槽装备（带式输送机）组成。将已有的所需资源文件（如音频文件、视频文件、动画文件、模型文件等）导入系统开发平台，将模型按照真实世界的映射排布。利用 C#语言编程，完成系统设计所要实现的场景切换、人物漫游、状态控制等功能，并利用 Unity3D 自带的粒子系统制作各种系统中需要的元素，如火焰、烟雾、流水等效果以模拟真实场景，完成物理环境的搭建。图 6 - 7a 为利用 Unity3D 自带的粒子系统实现的火焰燃烧效果；图 6 - 7b 和 c 为在 Unity3D 平台中，将模型文件排布到虚拟场景中，图 6 - 7b 展示了井下巷道中设备（支柱、转载机等）摆放情况，图 6 - 7c 展示了综采工作三机配套情况和周围环境。

a）火焰燃烧效果

b）井下巷道展示

c）综采工作面展示

图 6 - 7　在 Unity3D 中进行虚拟场景搭建

### 6.2.6 制作并应用贴图

为了使建出的模型更加逼真生动，需要利用光照贴图（Lightmapping）替代模拟光源的设置强场景光照贴图效果，用较少的性能占用达到最真实的光照效果，更具有立体感，以产生平滑、真实不生硬的贴图。

以矿井漫游系统中的人物角色为例，利用 3DSMAX 软件进行矿工人物的建模、贴图、渲染，以达到模拟现实矿工的效果。在渲染之前需要制作人物贴图，选用 3DSMAX 自带的展 UV 工具，对底模进行贴图。拆分完 UV 之后，将 UV 线导出一张图片，就类似地球的经纬，可以帮助准确地确定位置，把这张图导入 Photoshop（PS）绘制。利用 PS 将各个部分的图片分别制作完成，在 PS 中通过缩放、裁剪、位移等步骤的调节将细节内容进行拼接最终绘制在一张图片上。然后打开 3DSMAX 自带渲染器，利用 Alpha 通道贴图选择盒装投射，这可以避免物体在摄像机里面造成不合理的拉伸，确定物体的长宽高，确定好后就可以根据情况开始制作贴图，使用的是层材质，混合模式选择柔光。贴图材质制作如图6－8所示，贴图效果如图6－9所示。

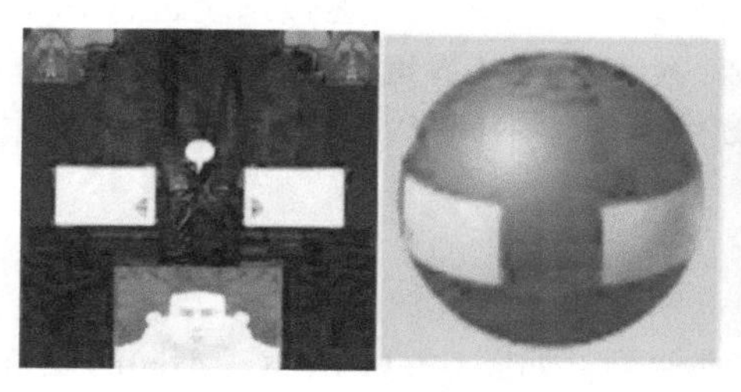

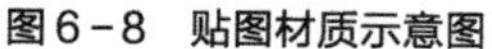

图6－8　贴图材质示意图

图6－9　人物建模效果图

### 6.2.7　界面设计

任何一个软件在系统使用时，首先看到的是交互界面，包括系统的进入界面大背景，UI设计之后的按钮、选项框、输入框等。基于服务设计中的交互理论，在各种准备程序调试完成之后，应当进行界面设计，优化系统使用户具有更好的可操控性，完成整个系统的路径设计，并制作各功能用户界面，完成导入并赋予功能，最终接入实时工作面数据，完成UI系统交互设计。UI图标的制作主要通过Photoshop与Adobe Illustrator设计完成，图6－10为Photoshop制作的虚拟现实系统登录界面的设计，然后导入Unity3D系统中进行制作。

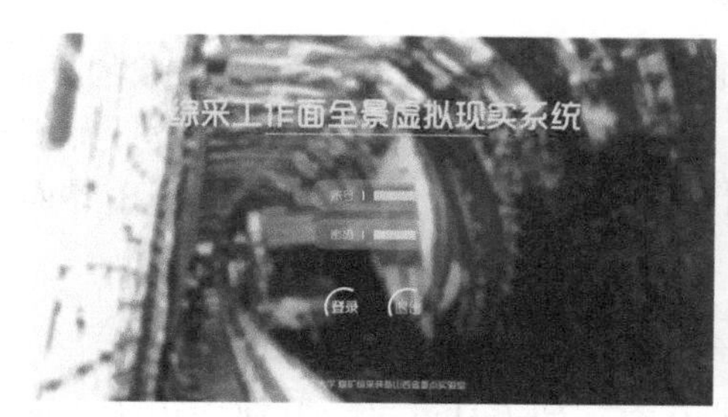


a）系统登录界面

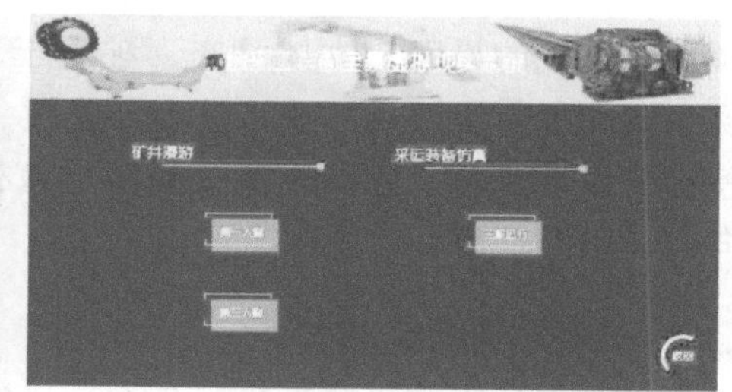

b）系统操作界面

图6－10　登录界面设计

对于如何实现界面设计，该引擎有其自己的UI设计系统，如GUI、NGUI、UGUI。

GUI：它是Unity3D里自带的UI设计模块，在5.0版本之前Unity3D自带的UI设计模块易用性差，要用大量的代码来生成，而且能实现的效果也不是特别丰富，其执行效率也不太理想。

NGUI：它是Unity3D的一款UI设计插件，实现了可视化的操作，以及可以运用拖拽完成界面开发，十分方便快捷。

UGUI：5.0版本之后Unity3D推出了UGUI，设计思路和NGUI相近，为系统自带模块，更加方便了UI的设计。

人机交互的发展逐渐地趋于自然化和智能化，它可以利用人类自然的感知认知能力，使交互变得更加真实，创造身临其境的极致体验。同时计算机也会更加懂得人们的需求，了解人类情感、表情和肢体语言，使人机交互更加流畅和轻松。

### 6.2.8 虚拟系统测试

在上述研究的基础上，按照软件开发的测试理论，将所建立的虚拟系统进行 SQL 数据库接入，调试各种功能，解决实际存在的问题，对系统的网络界面（Web 端）和计算机界面（PC 端）进行硬件接入、优化、发布与测试，调试系统在不同运行环境中产生的操作、浏览等问题，确保系统顺畅运行。

### 6.2.9 连接虚拟设备

虚拟现实设备主要包括定位器、VR 头盔、手柄等，如图 6－11 所示。不同的设备对电脑的配置有不同要求。除了有相应配置要求的电脑外，还需要下载并安装相应设备的驱动。两个激光定位器一般固定于两米高的地方，同时定位器激光反射面要与墙壁大概成 120°，且两个定位器间距离不少于 2.5 米。VR 头盔通过固定的数据线与电脑显示器相连。手柄有开关，可通过电脑里运行检测的软件检测是否连接成功。

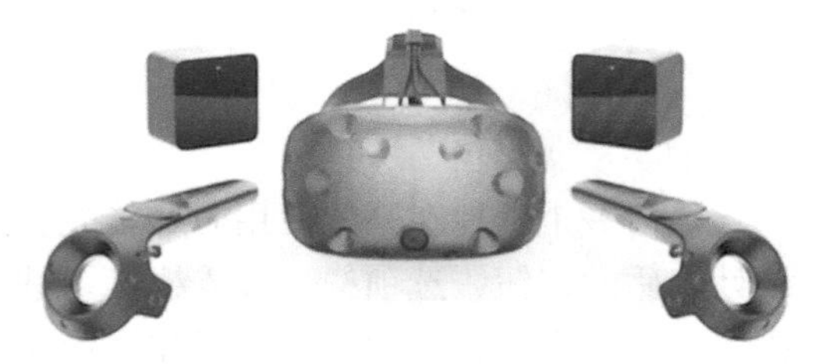

图 6－11 VR 头盔、手柄、定位器

## 6.3 虚拟现实系统界面设计规律

虚拟现实系统的界面是立体画布，独立于真实环境。不同于传统数媒领域的界面设计，虚拟现实系统的界面设计有其独特性和专业性。传统数媒领域的界面与交互设计师们正在形成一套特有的设计规范。这些规范逐渐构成该行业的设计标准，从中也可见 VR 界面设计的发展方向。

### 6.3.1 界面设计基本理论

对虚拟现实系统界面进行设计，是多学科综合交叉的设计活动。其研究内容主要涉及用户心理学、设计艺术学、人机工程学这三大学科的相关基础理论。

（1）用户心理学中的相关基本理论　该理论主要研究人类感觉、知觉、决策等心理过程以及行为的规律。界面设计专注于用户使用界面的操作行为，为此人们着重研究人的感知、认知、情绪、人体动作、语言、行为等问题，这些问题属于认知理论和行为理论等心理学范畴。好的界面设计必须以使用者为中心，首先满足使用者的需求，清楚使用者通过使用界面要达到何种目的、解决何种问题；然后以此为设计出发点与驱动力，以使用者需求的满足来保障这些目标的有效实现。用户心理学理论的指导是实现优秀界面设计的基础。

（2）设计艺术学中的相关基本理论　界面设计不仅要满足必要的功能特性，还要满足使用者的情感需求。界面设计要符合目标人群的认知、审美、操作环境和操作习惯等，而这些需求就涉及设计艺术学中的美学原理、色彩学原理、符号学原理等相关理论。设计美学原理要求从设计美的构成法则和内容对用户界面的视觉结构进行设计构架；设计色彩学原理要求用户界面的色彩设计既能够达到色彩的指示、分类功能，也能够满足用户的视觉审美需要；设计符号学原理则要求通过研究符号学相关原则，解决用户界面设计中图形符号的信息识别和传达等问题。设计艺术学理论的指导是实现优秀界面设计的方法和途径。

（3）人机工程学中的相关基本理论　界面设计中与人相关的问题，不仅包括人的心理活动、视觉审美和视觉认知，还包括人体本身，如人体测量学、人体力学、劳动生理学、劳动心理学等。将人体结构特征和机能特征同时进行研究，确保虚拟现实系统界面设计能够符合人体操作动作的合理性要求和身体的舒适性要求，解决视觉感知、合理性与舒适性等问题。更重要的是人机工程学的相关交互原理把用户与界面紧密地联系在一起，如交互方式、交互技术、交互设备、交互软件等。因而，人机工程学理论的研究和应用是实现界面设计良好交互性的保障与前提。

这三种理论在界面设计中并不独立存在，而是彼此相互作用。以图 6－12 所示儿童网站的设计为例进行分析：该网站选用黄色和橙色为主色调，从用户心理学角度分析，黄色和橙色可以调动使用者积极乐观的情绪；从设计美学角度分析，黄色和橙色可以最大程度吸引注意力，使网站脱颖而出。网站将主要内容和卡通动物形象置于页面中心，配合周围橙色信息框，从设计美学角度分析，这样的构图使页面整体更加平衡；从人机工程学角度分析，人的视线首先注意到页面中心，可以最快速传达信息；从用户心理学角度分析，该页面布局符合用户认知方式，信息传递层级明显。气泡对话框、圆角矩形、拼图形背景等的使用，进一步加强网站可爱的风格，提高用户对这款儿童网站的认可度。

图 6－12　儿童网站首页

在二维界面设计中设计美学理论的应用最为重要，其余二者为辅助性理论；在虚拟现实系统界面设计中，因其三维可视化的独特性，在设计美学理论的基础上，对用户心理学理论和人机工程学理论的应用也提出更高要求。

### 6.3.2　VR 界面设计原则

对虚拟现实系统界面进行设计，应当遵循以下原则。

#### 1. 匹配性原则

匹配性，是指设计的产物要与人们对现实世界中客观实体的普遍认知相匹配。这种匹配包括了外观特征、光影关系、行为习惯、情感体验等方面。使得界面能够触发使用者的认知行为，引导使用者自然而然地操作，轻松高效地完成交互。唐纳德・诺曼曾说“物品的外观为用户提供了正确操作所需要的关键线索——知识不仅存储于人的头脑中，而且还存储于客观世界”。根据目标用户在现实世界中的固有技能或经验，做出相应的设计，这种匹配会让使用者一眼就明白如何操作，操作行为也就更加自主。比如拟物风格的手机图标设计，利用诸如纹理、透视、阴影、渐变等设计手段来模拟现实世界中的客观实体，从而制造出虚拟三维效果，让使用者在此视觉效果之下产生针对性的联想，做出合理正确的判断选择，其图标设计如图 6 - 13 所示。

图 6 - 13　拟物风格的手机图标设计

## 2. 反馈性原则

反馈性，是指系统接收使用者的操作信号后要给出相应的信息反馈。反馈的内容包含两个维度，一是反馈通道多样化，二是反馈要具有及时性和持续性。虚拟现实系统界面的设计要以使用者为中心，当系统未能及时执行相应操作命令时，也要用另一种反馈来补偿等待间隙，转移使用者的注意力。同时，使用者在持续的反馈中就能随时掌握该系统对于操作指令的执行状况，从而知道系统正在做什么、而用户又能做什么。例如，程序正在加载时的进度反馈，如图 6 - 14a 所示，若无此进度反馈可能会造成使用者不断地重复操作，加重程序的运行负担，让使用者也产生并不满意的使用体验。此外，虚拟现实系统的体验是建立在真实世界与情境中的，因此，系统的互动反馈应尽可能具有真实性，结合信息反馈和刺激反应进行多感官刺激的界面设计。例如，置身于矿井中时，可以设置多通道的反馈方式模拟采煤机运行的轰鸣声、煤块掉落声、水流声、事故爆炸声等，加上其所构建的虚拟场景，加强虚拟现实系统与使用者的互动反馈，如图 6 - 14b 所示。

a）系统登录进度显示

b）综采工作面虚拟场景

图 6 - 14　虚拟现实综采系统内的反馈

## 3. 引导性原则

符号传递信息需要一目了然，有简单直接的指示作用，引导使用者正确操作或使用。比如，商场中的指示牌指引我们跟着箭头寻找目标地；没有门把手的门，引导我们以推的方式去开启。这都是一些用于给使用者启示的引导性设计。虚拟现实系统的界面设计也应遵循此原则，使系统操作更具普适性。如图 6－15 所示，不同的设计元素引导用户做出拖拽、点击等不同的操作方式。

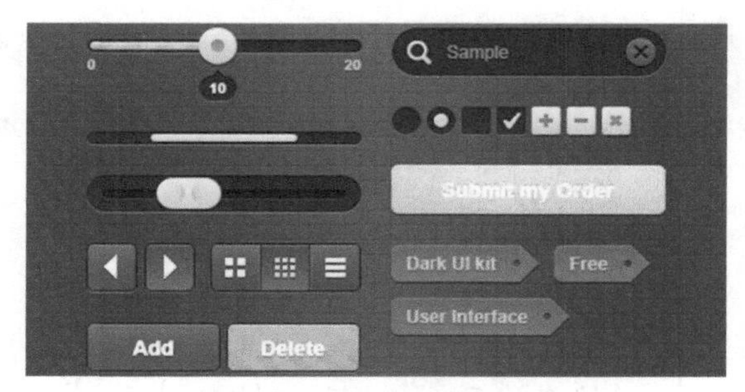


图 6－15　界面设计元素举例

### 6.3.3　VR 界面设计规范

#### 1. 界面尺寸

界面的框架，即画布尺寸是屡被提及的设计要点与难点。VR 中的界面是立体画布，一个合理的画布尺寸无法通过直观的预估来确定，甚至不能在设计工具中实时监测其大小是否合理。因此，首先应将 VR 画布理解成球面影像的展开图，即球面投影。全宽投影是 360°的水平投影加上 180°的纵向投影，以 1°对应一个 PX 来理解，可定义 VR 画布尺寸为 3600 px × 1800 px。显然这不是界面所应有的尺寸——不能让用户上下左右看遍才能浏览整个界面。因此，界面的尺寸应该在用户面对的正中间的位置，根据 Mike Alger 对舒适可视范围的早期研究，适合在 VR 应用中成为交互界面画布的尺寸应该大概占立体环境的 1/9，此例中则为 1200 px ×600 px。VR 设备的参数之一为 PPD（Pixel Per Degree)，即 1°中含有多少个 px，一般来说 PPD 大于等于 60，人眼的视觉感受才不会产生颗粒感，具体界面画布尺寸需要参考目标应用设备的硬件参数。

#### 2. 可视范围

在非 VR 端产品里，可放置界面的范围通常由硬件（手机、电脑）的尺寸来决定。而在虚拟世界中，任何一个地方都可以放置界面，为了保证用户在看界面时尽量舒适（不会因为字太小而看不清，太大而有压迫感，位置太偏而让脖子特别累)，最好对放置界面的位置做以下限定：

1）水平方向上，脖子转动时的舒适视野范围：－70° ~70°。

2）水平方向上，脖子不转动时的舒适视野范围：－47° ~47°。

3）垂直方向上，脖子转动时的舒适视野范围：－40° ~70°。

4）垂直方向上，脖子不转动时的舒适视野范围：－12° ~20°。

将以上数据结合起来，就可以得到脖子转动时，舒适情况下的极限视野（最大范围）和脖子不转动时的极限视野（为了保证测试的严谨性，在四个方向各 ＋5° 的安全区)。整理出来会得到图 6－16，图里的信息决定了 VR 界面的空间和布局。

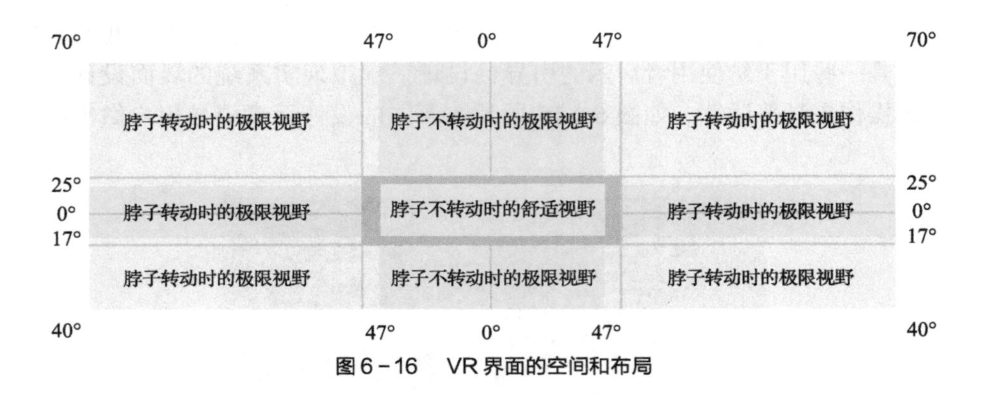


图 6-16　VR 界面的空间和布局

数据整理如下：

上：20(+5)=25°，下：12(+5)=17°，左：47(+5)=52°，右：47(+5)=52°。

### 3. 场景深度

VR 设备提供三维环境，界面设计中，深度也存在舒适值范围，太靠近会让用户感觉信息逼近脸部，而距离过远又会让用户看不清而造成识别困难。工程师建议将界面的深度数值控制在距离用户 0.5~20 m。现实世界中，人眼经常需要一些参考信息来确定某物体与自己的距离，在 VR 应用中更是如此。可以通过增加透视网格、光影等信息协助大脑确立界面与自己的深度关系。

### 4. 界面距离

在非 VR 端产品中，由于现实世界的限制，距离通常是在一定范围内的（比如我们不会把手机放在 10 m 的距离去看，因为没有人长 10 m 的胳膊）。

在虚拟世界里，交互方式大致分为两种：

1）近距离：用手柄直接与界面进行交互；

2）远距离：用射线与远处的界面进行交互。

我们可以把这两种交互方式分成两个区：

1）近：0.5~1m 手部操纵区；

2）远：1~10 m 视线/射线操纵区。

在近和远两个区域里，会有不同的界面元素，放在不同的距离上。这一部分数据是根据人体工学的参考资料获得的。数据如下：

1）手部操纵区：50 cm、60 cm、70 cm、80 cm、100 cm；

2）射线操纵区：100~1000 cm。

## 6.4 案例分析

本节以液压支架虚拟操作系统为例，介绍虚拟操作系统的设计开发流程；以 5DT 数据手套以及位置跟踪器 Patriot 为工具，完成该系统虚拟操作测试。

煤炭是我国的主体能源，煤炭的稳定可靠开采对我国工业体系的健全和发展有着十分重要的意义。在煤炭的井下开采过程中，采煤机、刮板输送机、液压支架承担着采煤、运煤、支护等主要工作，其中支架工作的稳定可靠及其控制的准确高效对于发挥其支撑和保护功能有着十分重要的意义。

液压支架是综采工作面三机中的支护设备，负责支撑采场顶底板、维护井下工作人员的安全作业空间、推移工作面采运设备等任务。液压支架按架型结构可分为支撑式、掩护式、支撑掩护式，主要由液压缸（立柱、千斤顶）、承载结构件（顶梁、掩护梁和底座等）、推移装置、控制系统和其他辅助装置组成，主要结构如图6－17所示。

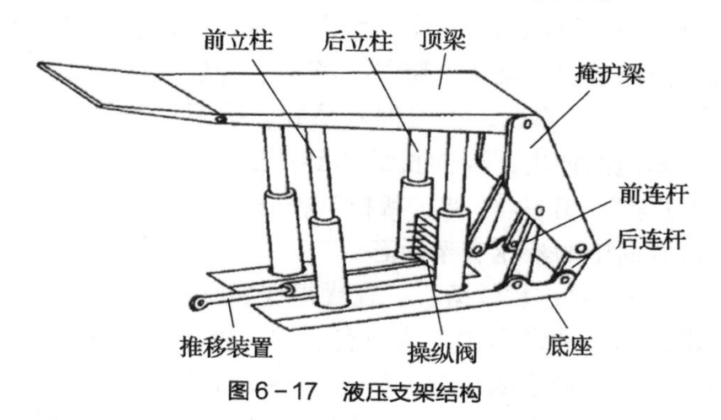


图6－17　液压支架结构

煤矿井下环境复杂，对于液压支架的监测和控制多由人工来完成，井下工作人员的生命安全往往得不到很好的保障。随着计算机科学的发展，VR技术有望解决这一难题。本案例通过虚拟现实技术对井下液压支架测量、建模，在Unity3D中构造一个虚拟的液压支架控制系统。

构造控制液压支架的虚拟现实系统的过程如下：

1）在UG中，根据液压支架的全套图纸，对其进行建模，并修补模型，同时针对有运动关系的点建立销轴，如图6－18所示为在UG中对液压支架的关键部位建立销轴。

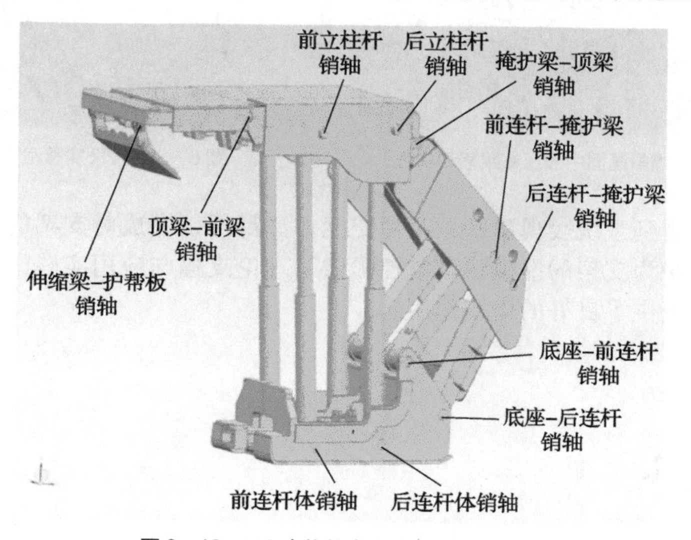


图6－18　UG中修补完成的液压支架模型

2）由于 Unity3D 不兼容 UG 模型的 PRT 格式，故需要对模型进行格式转换。将上一步建立的 UG 模型导入 3DSMAX 软件中，以 FBX 格式导出，再将 FBX 格式的模型导入 Unity3D 中，进行下一步操作。

3）对液压支架进行结构解析，确定部件运动时的位置函数关系，解析完成后在 Unity3D 中对支架建立部件间的父子关系，保证部件的联动。

4）确定该系统所具备的功能，构建系统功能框图。根据系统功能框图设计系统界面逻辑框图和低保真设计图。

5）根据界面逻辑框图和低保真设计图，利用 Unity3D 软件自带的 GUI 插件对系统界面进行开发，建立液压支架推溜、收护帮板、降柱、移架、升柱、伸护帮板的控制按钮。

6）对该虚拟现实系统进行测试。首先进入系统，按下“推溜”按钮，可以看到液压支架模型中的推移杆会逐渐向前伸出，当伸长量达到预定长度时，推移杆停止前伸；依次按下“收护帮板”“降柱”“移架”“升柱”“伸护帮板”按钮，可以看到支架做出相应的正确动作。如图 6－19 所示为虚拟画面中的液压支架形态。

7）5DT 数据手套是一种通过软件编程，在虚拟现实环境中实现抓取、移动、旋转等类似于真实环境中的物理操作的一种多模式虚拟现实硬件，可用于对液压支架操作阀进行抓取动作，位置跟踪器 Patriot 确定虚拟手的位置。将 5DT 数据手套和位置跟踪器 Patriot 接入该液压支架虚拟训练系统，实现在虚拟环境中手势操作液压支架操作阀运动的功能，进而实现对液压支架的控制。如图 6－20 所示，实验员可通过佩戴数据手套对液压支架进行相关操作。

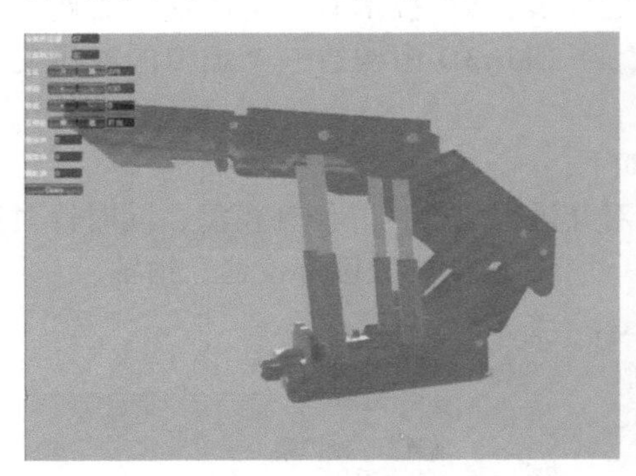

图 6－19　虚拟画面中液压支架移动状态

图 6－20　VR 实验室测试

经过测试可以看到系统表现良好，两种交互方法都可以完成对支架的稳定控制。该液压支架的虚拟控制系统为支架的虚拟状态监控提供了理论支撑与应用实践，对煤矿机械装备的实验教学与培训也提供了良好的借鉴作用。

# 第 7 章 工业产品中的人机交互

## 7.1 工业设计产品中的用户体验

用户体验设计是一种以用户为中心、以用户需求为目标的设计方法，其宗旨是以人为本，旨在解决用户对产品的需求并使其达到最佳的使用状态。用户体验的理念在产品开发的初期就融入了设计当中，从始至终，贯穿设计全局。以用户体验为目标的交互设计在工业设计中的应用能够给用户带来理想的使用效果，最大化地满足其对产品设计的需求。

### 7.1.1 易用性体验

易用性是指的是对于用户来说产品有易于学习和使用、减轻记忆负担、提高使用的满意程度等特点。易用性设计的重点在于让产品的设计能够符合使用者的习惯与需求。

以插排为例，插排的易用性体现在其国标的插孔尺寸和合理的间隔排序。插排的三孔、两孔及 USB 孔的数量、分布排列的位置距离都提前通过易用性的方式设计过，用户可以通过潜意识的行为方式进行使用，达到了易用的目的，如图 7－1 所示。

果壳食品在使用过程中能够产生大量的果壳垃圾，这样的垃圾处理一般需要专门的垃圾袋，这就给设计提供了极大的空间。如图 7－2 所示的花生包装设计能够轻易解决这一问题，避免果壳垃圾不易处理的尴尬场面，带动包装行业以及果壳产品的销售，提高产品的易用性体验。

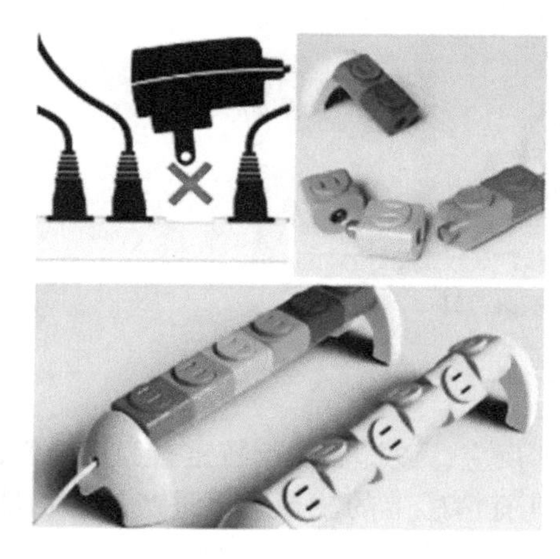

图 7－1　插排

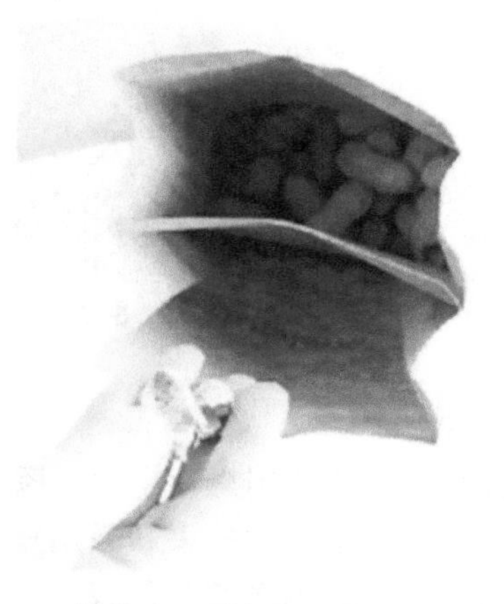

图 7－2　果壳食品包装

以电子游标卡尺为例，游标卡尺素来以读数精确而得到广大学生以及工程师的青睐，但游标卡尺的读数繁杂一直是使用者头痛的地方，出错率极高，电子读数游标卡尺的出现，让使用者彻底摆脱了这一困扰，仅仅简单的一个小屏幕就极大地提高了用户的易用性体验，图 7 – 3 为电子读数游标卡尺。

以傻瓜相机为例，傻瓜相机是袖珍相机的俗称，原是指这类相机操作非常简单，似乎连傻瓜都能利用它拍摄出曝光准确、影像清晰的照片来。同时，“傻瓜相机”还具有体积小、重量轻、价格低廉等特点。“傻瓜相机”因其易用性，成为世界上最为普及的家用摄影工具。图 7 – 4 所示为傻瓜相机。

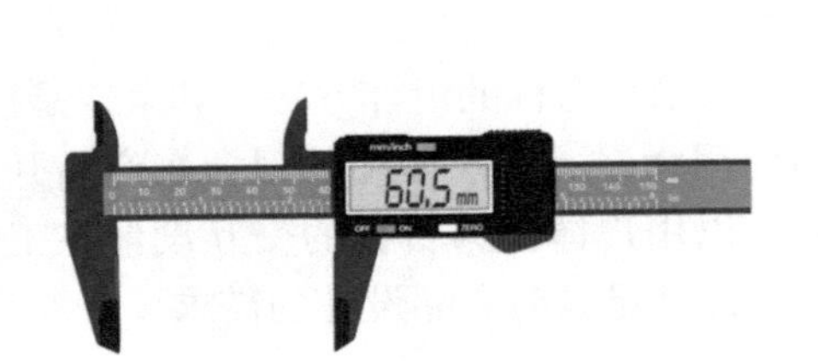


图 7 – 3　电子读数游标卡尺

图 7 – 4　傻瓜相机

以数码录音笔为例，数码录音笔也可称为数码录音棒或数码录音机，是数字录音器的一种。如图 7 – 5 所示的索尼数码录音笔造型并不像笔的造型，它类似于遥控器或者 MP3，同时增加了激光笔、无线调频、音乐播放等多种功能。这款数码录音笔有着强大的录音功能，能够实时搜索录音文件，并可将语音转化为文字模式，它的易用性体验远远颠覆了消费者对于传统录音笔的观念。

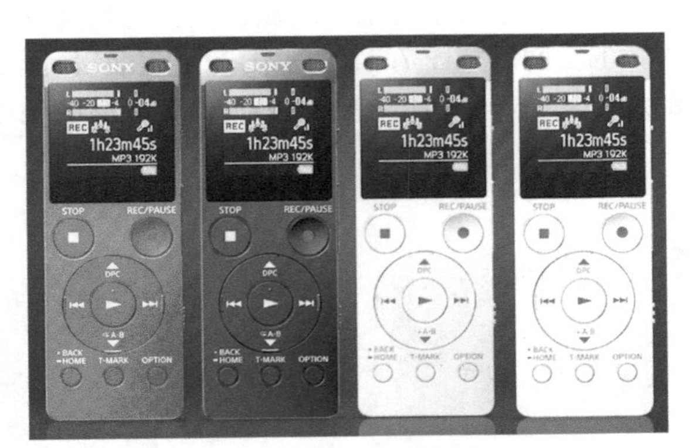


图 7 – 5　索尼数码录音笔

### 7.1.2　情感化体验

情感化设计是旨在抓住用户注意力、诱发情绪反应，以提高执行特定行为可能性的设计。通俗地讲，就是设计以某种方式去刺激用户，让其有情感上的波动。通过产品的功能、产品的某些操作行为或者产品本身的某种特质，使用户产生情绪上的唤醒和认同，最终对产品产生某种认知，在他心目中形成独特的定位。

情感化设计，就是给予和满足人们对一款产品的情感需求，通过充分考虑人性需求把原本没有生机的产品加以情感化，实现产品的精神功能。美国认知心理学家唐纳德·诺曼（Donald Norman）在2002年提出产品设计的“情感化”理念，随着“体验经济时代”来临，情感化设计已经成为当前互联网产品主要设计趋势之一。

情感化设计是建立在人性化设计之上，更致力于追求从感性的角度出发加强产品对用户的情感化影响。情感化设计的目的在于满足人们内在情感和精神的需求，在《情感化设计》一书中，唐纳德·诺曼从认知心理学的角度提出了情感化设计的三种特征：本能水平设计、行为水平设计、反思水平设计，如图7－6为情感化设计的三个层次。

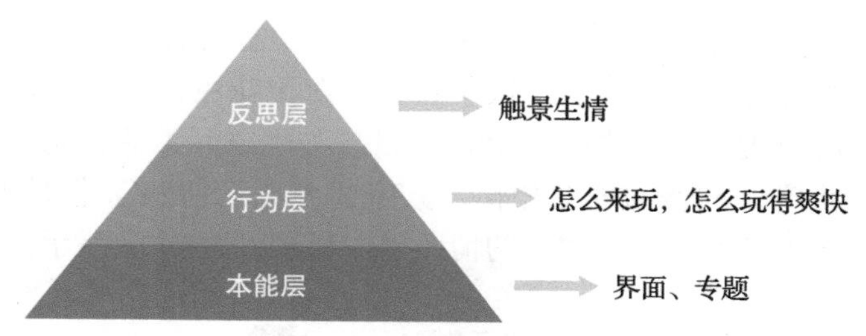


图7－6 情感化设计的三个层次

在手机游戏设备情感化交互界面设计中，本能层次、行为层次、反思层次的设计均需要得到重视，本能层次指交互界面的外观、触感，人的感官和情感会直接受其影响；行为层次指交互界面使用过程中用户的体验，易用性、易理解性、功能、感受属于其中关键；反思层次指交互界面涉及的文化、身份、记忆等精神内涵，该层面具备激起玩家私密记忆、构建玩家身份认同、表达玩家情感诉求的能力，必须得到手机游戏设计师的重点关注。图7－7所示的Motoz系列游戏手柄不论在本能层次、行为层次，甚至在反思层次都抓住了使用者的需求。玩家需要界面与操作按键能够更好地融合，需要按键的触感操作在界面上能得到及时的反馈与呈现，而界面对于使用者大脑的刺激正是玩家所追求的，这样的情感体验正是操作与界面、触感与交互深层次且连贯性的设计表达。

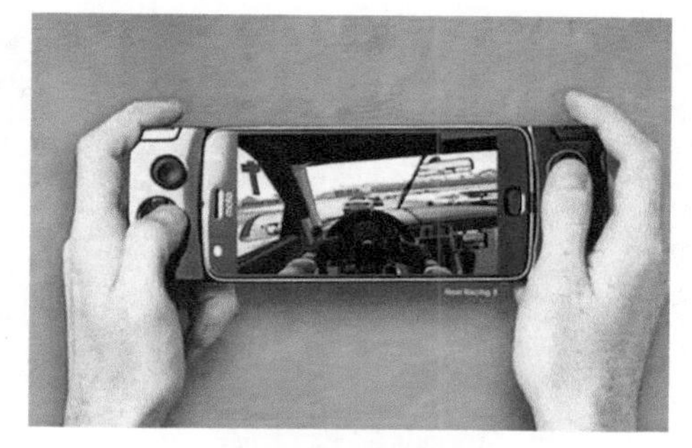

图7－7 Motoz系列游戏手柄

以智能家电为例，智能家电需要的就是用户通过视觉的感受可以直接激发起情感的感知，因此在设计之初就需要对产品造型进行精致的设计以达到美的感觉。在设计智能家电的界面时，需要重视界面设计的整体架构、颜色搭配等，以达到统筹兼顾的目的。而家电设计的功能和家电的交互界面，需保证在视觉上更加符合用户的情感所需和审美需求；比如说在TCL空调控制界面中，当空调处于制热模式下，空间的温度会上升，此时界面的显示不应为冷色调，这不符合大众的情感体验，或者说与用户的情感相违背，而应该以暖色调呈现，比如红色；同样，在制冷模式下，应该用冷色调呈现凉爽清快的情感；这样的设计可以给用户带来更好的情感和使用上的体验效果。图7－8为TCL空调控制界面。

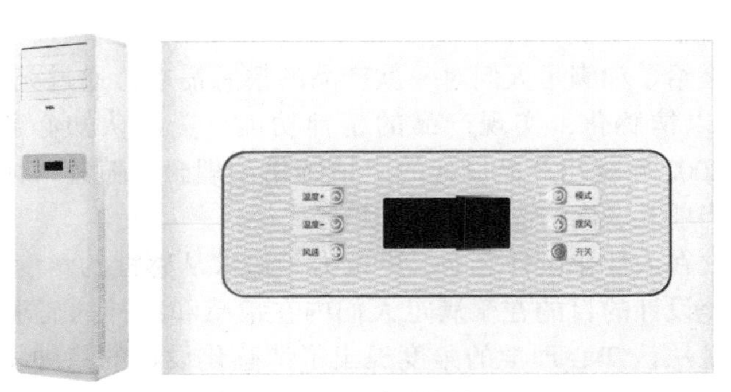

图 7-8　TCL 空调控制界面

以智能花器为例，其交互操作系统由盆体、养护器、监测器、关联 APP 组成，用户在手机端实现对植物的智能化养护。事实上，数字式养花对于花主来说是一种别样的体验，通过关联的手机 APP 能够准确地知道花的生长状况以及各种生长元素的补充情况，这使得花主对于花的关注程度大大提升。与普通养花相比，数字式养花的情感需求更加直接、更加强烈，能够进行花与人在情感上的交流，使用户的情感得以释放，图 7-9 所示为智能花器。

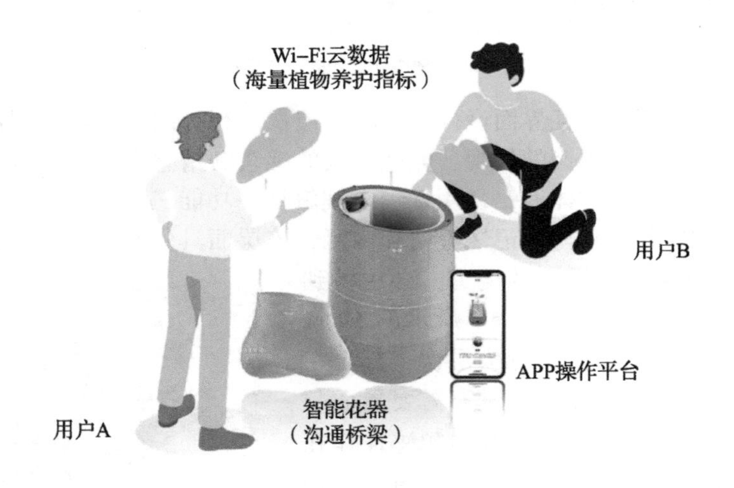


图 7-9　智能花器

## 7.1.3　服务性体验

服务设计是有效地计划和组织一项服务中所涉及的人、基础设施、通信交流以及物料等相关因素，从而提高用户体验和服务质量的设计活动。服务设计以为客户设计策划一系列易用、满意、信赖、有效的服务为目标，广泛地运用于各项服务业。服务设计既可以是有形的，也可以是无形的；服务设计将人与其他因素（如沟通、环境、行为、物料等）相互融合，并将以人为本的理念贯穿于始终。

而交互服务性设计必须考虑到大众对某一信息的捕捉点是否到位，或者能够产生多大的影响；比如在户外的 LED 显示大屏幕中弹出的广告，用户并不一定能够敏感地感知商家的目的，或者并不在意这些广告，但是在一定程度上能够刺激感知细胞。如图 7-10 所示为深圳市中祥创新有限公司制作的大厦楼顶 P16 全彩 LED 显示屏 。

图 7-10　大厦楼顶 P16 全彩 LED 显示屏

## 7.2　产品人机交互的应用

### 7.2.1　人机交互设计的应用

人机交互设计是为了更好地实现使用效果，在追求产品基本功能最大化的基础上，重点利用视觉和听觉以提高用户在产品中的体验。在发展过程中，交互设计不再仅局限于感官以及行为的设计范畴，开始注重人性化的设计，以提高用户在产品体验中对产品的亲密度和参与度，让使用者在使用中感受到一种情感归属。具体到现代工业设计而言，人机交互设计是一种最基础的设计方式，其中动作交互和语音交互最为适用。生活中，电脑键盘、电视遥控器属于动作交互，智能手机中的“语音助手”属于语音交互。事实上，交互设计的根本目的就是让消费者快速、便捷地使用产品或服务，因此，其首要任务就是满足产品的使用功能需求，让消费者能够在使用该产品的过程中获得视觉、听觉甚至情感的良好体验。突出的例子有苏宁智能电视遥控器的设计。同普通的电视遥控器不同，苏宁电视遥控器带有一个小小的显示屏，能够使得用户在选择换台时有了数据性，尤其对于近视者来说，电视机里的换台信息可能因文字过小而不宜直观反映该频道的种类或属性，该设计拉近了使用者与电视的距离，提高用户交互体验。图 7-11 所示为苏宁智能电视遥控器。

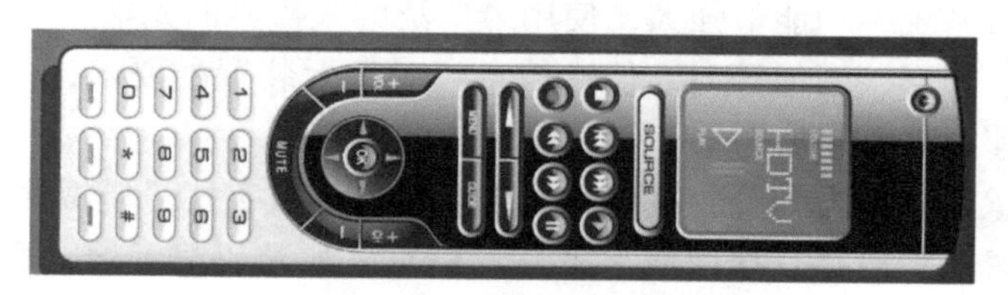


图 7-11　苏宁智能电视遥控器

### 7.2.2　触觉交互设计的应用

与人机交互设计相比，触觉交互设计是一种后来兴起的新型交互设计方式，主要强调的是用户对于产品的触觉体验，在产品开发设计过程中往往是利用材质的差异性来表达其设计理念。随着工业产品设计对交互设计的重视，触觉交互设计在其中得到了越来越多的应用，用户仅靠触摸就可以获得产品体验。对于触觉交互设计，应用较广的当属手机的触摸体验，动作交互已经不能满足消费者的高标准体验需求，触觉交互的融入使得他们只需在智能手机的屏幕上进行触摸便可实现打电话、发短信等操作，而不再需要按键操作。如图 7-12 所示为 MacBook Pro 所采用的宽大的力度触控板，让手指有更充分的空间施展触控手势和点按操作；金属磨砂质感，使得使用者在操作过程中能更舒适地划过触控板，同时也不易留下指纹；使用者通过轻轻划动或轻点的方式，就能达到对电脑屏幕的操作控制，实现了触觉的交互。

图7－12　MacBook Pro 触控板

### 7.2.3　虚拟现实交互设计的应用

虚拟现实交互是利用显示器把用户的视觉、听觉封闭起来，产生虚拟视觉，实现用户感官一体化的一种交互方式。随着生活节奏的加快，压力大的人们开始了更高层面的追寻，希望获得一种内心深处的满足，而虚拟交互技术的出现与这种需求不谋而合。正是由于这一优势，虚拟现实交互技术在各个领域应用越来越广泛，逐渐将感应机械、多媒体图像等技术知识集于一身，还实现了更高层面的感官一体化，给人们带来了在现实和虚拟两种空间自由穿梭的不同感受和经历。现在正在开发的沉浸式VR体验深受使用者的赞赏，更是替代了不少的减压产品，图7－13所示为沉浸式VR体验。

图7－13　沉浸式 VR 体验

## 7.3　产品中的人机界面交互

人机界面交互设计是人的各种生理、心理要素与产品界面间的信息传递，能够提供给人更舒适、适用的使用体验。

### 7.3.1　显示装置交互分析

显示装置是人机系统中功能最强大、使用最广泛的人机界面元素。它通过可视化的数值、文字、曲线、符号、图形、图像等向人传递信息。对显示装置的要求，主要是使操作人员观察认读既准确、迅速，又不易疲劳。

按照显示的视觉信息形式划分，视觉显示装置可分为数字式、模拟式和屏幕式。

数字式显示装置的特点是直接用数字来显示信息，如数码显示屏、数字计数器等。数字显示的认读过程比较简单，速度较快，准确度较高，但不能给人以形象化的印象。对于数量识读的情况，其目的是获取准确的数据，则应选择具有精度高、识读性好等优点的数字式显示装置，如数字万用表、汽车里程表等。

我们常见的数字计数器，通常是单色屏显出分秒数字，具有操作简便、快速易读数、准确度较高的特点。图7－14所示为体育计时器的数字显示器界面。

模拟式显示装置是通过指针和刻度来指示参量的数值或状态。模拟式显示给人以形象化的印象，能连续、直观地反映变化趋势，使模拟量在全量程范围内所处的位置及其变化趋势一目了然，但其认读速度和准确度均低于数字显示。对于状态识读的情况，显示装置只需向操作者显示被测对象参数变化趋势的信息，常选用模拟式显示装置。

电压表的界面采用了模拟式显示装置，通过指针和刻度来指示电压的变化状态，直观地产生数值变化，让使用者能直观地看到其变化趋势，但对于电压具体数字的认读速度和准确度上，比不上数字式显示。图 7－15 所示为电压表界面。

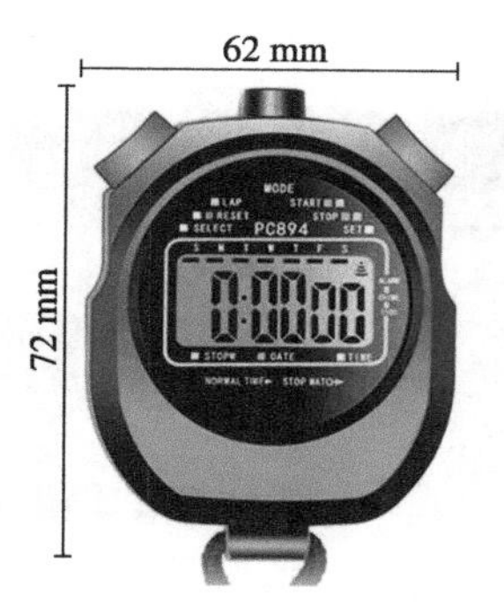


图 7－14　体育计时器

图 7－15　电压表界面

屏幕式显示装置是在显示屏幕上显示信息的，它不但可以显示数字和模拟量，还可以显示工作过程参数的变化曲线或图形、图像，使模拟量的信息更形象化，认读速度和准确度都较高。

现在智能家电普遍采用屏幕式显示装置，如洗衣机、空气净化器等的显示界面。因现在新家电日益进步，朝着更智能、更便利的方向发展，功能也越来越多，精细功能的区分使用屏幕式显示装置就最合适不过了，它可以直观地显示机器运行的状态、功能的设定等。对于设定的时间、频率等直接的数字及文字的读取更快速准确。如图 7－16 所示为洗衣机的屏幕式显示界面，通过图形的方式，将功能和水位量显示出来；通过数字的方式，将转速、洗衣剩余时间及水温等直观地显示出来。

图 7－16　洗衣机显示界面

## 7.3.2　设计原则

为使人能迅速而准确地接受信息，必须使显示装置的尺寸、指示器、字符、符号和颜色的设计适合人的生理和心理特征。因此，人机视觉显示装置的设计必须遵循以下几个设计原则。

### 1. 以用户为中心的基本设计原则

在系统的设计过程中，设计人员要抓住用户的特征，发现用户的需求。在整个系统开发过程中要不断征求用户的意见，向用户咨询。系统的设计决策要结合用户的工作和应用环境，必须理解用户对系统的要求。最好的方法就是让用户参与开发，这样开发人员就能正确地了解用户的需求和目标，系统就会更加成功。

### 2. 顺序原则

即按照处理事件顺序、访问查看顺序（如由整体到单项，由大到小，由上层到下层等）

与控制工艺流程等，设计监控管理人机对话主界面及其二级界面。如图 7 - 17 所示，手机“12306” APP 中的购票方式遵循了顺序原则，由一级功能菜单点击进入二级车票显示界面，进而再选择自己想要购买的车次。

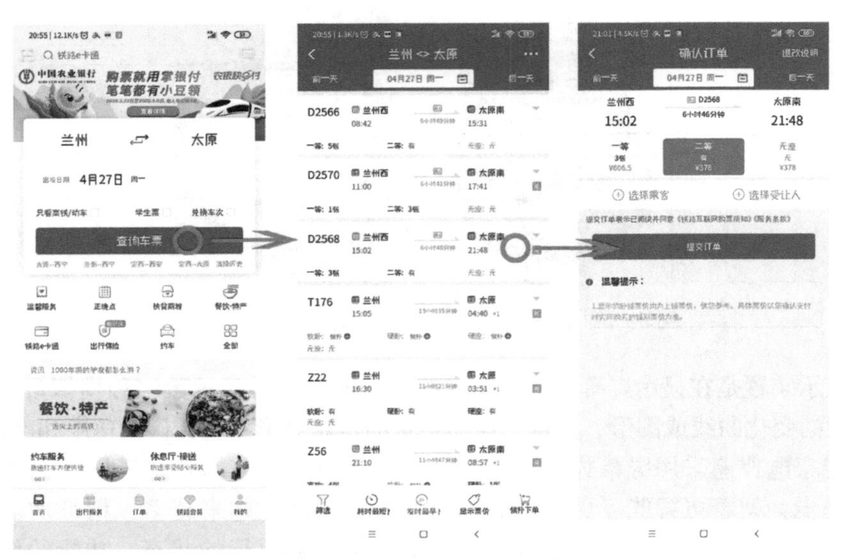

图 7 - 17 “12306” APP 购票顺序

### 3. 功能原则

即按照对象的应用环境及场合的具体使用功能要求、各种子系统控制类型、不同管理对象的同一界面进行处理要求和多项对话交互的同时性要求等，设计分多级的功能菜单窗口、分层的提示信息窗口和多项并举的对话栏窗口等类型的人机交互界面，从而使用户易于分辨和掌握交互界面的使用规律和特点，提高其友好性和易操作性。

### 4. 一致性原则

一致性包括色彩的一致、操作区域的一致、文字的一致。一方面界面颜色、形状、字体与国家、国际或行业通用标准相一致；另一方面界面颜色、形状、字体自成一体，在不同层级的界面中应保持一致。界面设计的一致性可以给用户舒适感，不会分散其注意力。对于该产品的新用户，或紧急情况下处理问题的用户来说，一致性还能减少他们的操作失误。

图 7 - 18 所示为博朗 5 系三款剃须刀，它们在外观设计方面遵循了色彩一致的原则，在细节处皆采用同色暗红线条点缀，在机身手握处采用同形状的防滑纹路，使系列具有整体感。

a) 5030S

b) 5050cc

c) 5090cc

图 7 - 18 博朗 5 系剃须刀

图 7－19 所示为智能手表的显示设计，屏幕内字体内容对于每一个切换界面都是统一的，使用户感到舒适，使用时不会因辨识字体而产生注意力的分散。

图 7－19 智能手表设计遵循设计的一致性原则

### 5. 频率原则

即按照用户使用产品功能的频率，设计人机界面的层次顺序和对话功能菜单显示位置等，从而提高人机交互的效率。例如，在图 7－20 所示的校园 e 卡通 APP 中，根据频率原则，将用户最常用的功能置于页面首页，大大增加了该 APP 的易用性。

### 6. 重要性原则

即按照管理对象在控制系统中的重要性和全局性水平，设计人机界面的主次菜单和对话窗口的位置，从而有助于管理人员把握好控制系统的主次，实施好控制决策的顺序，实现最优调度和管理。例如图 7－21 所示的自动存取款机初始界面中，最先显示的往往是最重要、也最常用的功能，比如说取款、存款、修改密码等，基本满足了用户使用自动存取款机的需要。

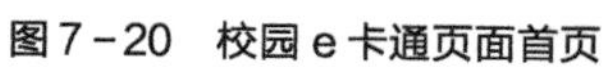

图 7－20 校园 e 卡通页面首页

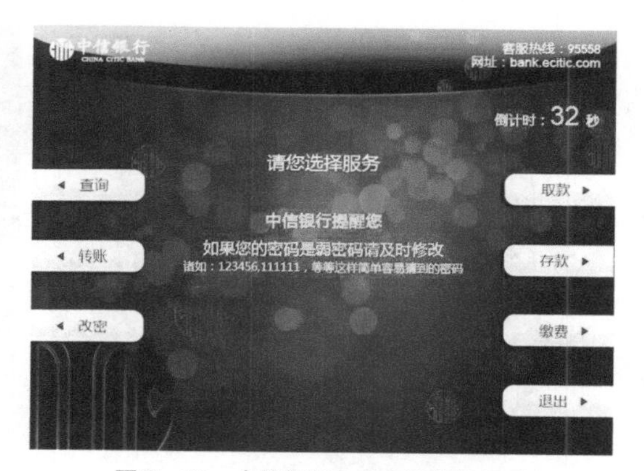


图 7－21 中信银行自动存取款机界面

### 7. 面向对象原则

即按照操作人员的身份特征和工作性质，设计与之相适应的、友好的人机界面。根据其工作需要，宜以弹出式窗口显示提示、引导和帮助信息，从而提高用户交互的水平和效率。

人机交互界面的标准化设计是未来的发展方向，遵循人机交互界面的标准化设计能够实现机器的简单易用、易懂和实用，得到整体统一的外观布局，充分表达以人为本的设计理念。

人机交互界面包括面向现场控制器和面向上位监控管理，两者是有密切内在联系的，二者监控和管理的现场与对象是相同的，因此许多现场设备参数在二者之间是共享和相互传递的。各种工控组态软件和编程工具为制作精美的人机交互界面提供了强大的支持手段，系统越大越复杂，越能体现其优越性。

## 7.4 产品中的人机操纵交互

### 7.4.1 操纵装置交互分析

操纵装置是用户用来操控某种产品或者机器使其按照自己的意愿呈现出某种动作的功能部件，其基本功能是将用户的动作属性转化为产品或机器的相应响应状态，以此控制其运行并对用户做出相应的反馈。一般情况下，用户、操纵装置、显示设备共同组成了简单且完整的人机操纵交互系统。

操纵装置的设计是否合理，直接关系到人机系统的工作效率。操纵装置的设计应使操作者在一个作业班次内安全、准确、迅速、舒适、方便地持续操纵而不产生早期疲劳。因此，设计、制造机器设备时，不仅要考虑它的运转速度、生产能力、能耗、耐用性、外观等问题，还应考虑操作者的人体尺度、生理特点、操作动作和运动特征、心理特性、体力和能力的限度以及习惯等因素，才能使所设计的操纵装置达到高度的宜人化。例如，汽车站取票机的操纵界面，它的高度适宜性能够适应大多数年龄阶段的人群，文字以简短明了为主，如图 7 − 22 所示为成都 11 汽车站车票联网销售机。数位屏是一款主要适用于手绘环境的工具，若要想完美代替纸质的效果，就需在使用过程中，满足操作过程无卡顿、触感不影响手绘效果等极高要求，对于用户的情感要求极强，不能导致“人未崩溃，设备罢工”这样的悲剧发生，如图 7 − 23 所示为数位屏。

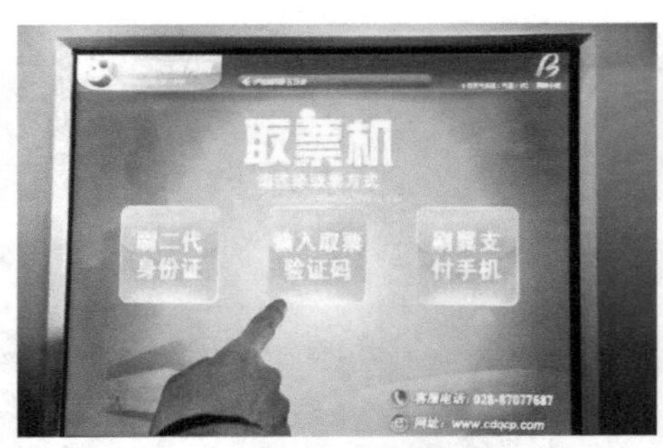


图 7 − 22　成都 11 汽车站车票联网销售机

图 7 − 23　数位屏

### 7.4.2 设计原则

操纵装置应充分考虑到使用者的安全、舒适、生理、心理等各种要素，应尽量避免正常操作而产生的早期疲劳。因此操纵装置的设计应遵循以下几方面的原则：

1）操纵装置操作部件的尺寸应符合一般人体尺寸特征。

2）操纵装置的操纵力度以及操纵速度应根据一般人体的用力程度以及反应程度设定。

3）操纵装置的运动方向应与产品的运行方向相一致。

4）同一台机器的操纵装置，其操作方向要一致。

5）不同机器的操纵装置应尽量使用标准件，以增加操作者的熟知度并减小维修成本。

6）尽量使用自然的操纵动作或借助操作者身体的重力进行操纵。

7）在条件许可的情况下，尽量设计多功能操纵装置。

8）应具有合适的操纵阻力，尤其是在控制精度要求高的场合。

另外，在产品设计的用户日常操作习惯中，还应遵循以下原则：

（1）操纵习惯　操纵装置与习惯有着密切的关系，习惯是用户甚至整个人类长期发展而来的，只可遵循，不可逆施。例如，在使用遥控器时，向上按钮一般表示向上、增加、提高等操作，可用于空调温度的增加、电视音量提高等，没有违背人的操作习惯。

（2）用力梯度　操纵过程中，操作者希望从手或足的用力中获得有关操纵量的信息。为此，操纵量的大小应与操纵力的大小成比例关系，这种关系称为用力梯度或用力级差。一般而言，操纵装置的操纵行程较小时，用力级差应偏大些；若操纵行程较大，用力级差不宜太大。

如图7－24所示的水桶抽水器是解释用力梯度最好的示例，抽水器内部有弹簧，用户按压抽水器时，内部的弹簧被压缩，而用户向下按压的距离越大，弹簧的弹力越大，用户的操纵力随之越大，用户的用力级差也变大。因此，抽水器的用户可根据手部的用力级差感受自身的操纵量。

（3）操纵阻力　操纵装置的操纵阻力起着至关重要的作用，过度的操作灵敏可能导致机器的反应过于迅速，造成危险；并且操纵阻力可以适当延长时长，增加操纵者处理反应情况的反应时长。例如，脚踏板的适宜阻力矩为40．0～80.0 N·m。有时为了区别某一操纵装置而故意加大其操纵阻力，如图7－25所示的汽车的加速踏板和制动踏板。

图7－24　水桶抽水器

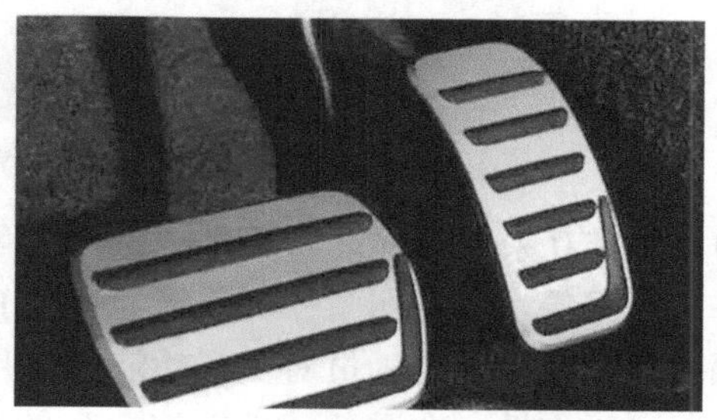

图7－25　汽车踏板的操纵阻力

（4）操纵装置设计的其他原则　正确地设计和布置操纵装置十分重要。除了前面所述的各项要求之外，还应当遵循下列两个原则：

1）应尽量利用操纵装置的结构特点或操作者身体的重力进行操纵。对于连续或重复性的操纵，应使身体用力均匀，而不是集中身体某部分用力，以减轻疲劳和避免单调。

2）应尽量设计和选用多功能操纵装置，以节省空间，减少手的运动，加强视觉与触觉辨认。

## 7.5 案例分析

### 7.5.1　汽车驾驶室操作以及界面的应用

1965年，福特和摩托罗拉共同将8音轨磁带播放器引入汽车，这意味着汽车第一代人机交互系统的诞生。从第一代人机交互诞生至今已经50余年，在2019年上海车展上，我们依旧能看到人机交互系统存在1.0版本到4.0版本之间共存的现象，具体分析如下。

### 1. 1.0 版本时代

1.0 版本的人机交互系统只能实现简单的系统操作、车辆功能设置以及单一逻辑的语音控制功能，主要功能仍然保留实体按钮，我们所熟知的 Command 操作系统就是最好的代表。就奔驰 E350L 而言，中控屏幕与液晶仪表盘连为一体，在视觉效果方面的表现非常出色，也有不少网友将之戏称为“iPhone100”，如图 7 – 26 所示。该显示装置的设计原则为：①以用户为中心的基本设计原则。在该显示装置的设计过程中，设计人员抓住了用户的特征，发现用户对于界面的需求。这样的设计决策结合了驾驶员驾驶时的环境，以驾驶员的需求为出发点进行设计，这便是该系统成功的必须条件。②面向对象原则。驾驶员在驾驶时，各种操作复杂繁多，中控屏幕与液晶仪表盘连为一体，能够集中驾驶员的注意力，避免了因将其分开而使得驾驶过程中注意力分散的状况，增加了驾驶员操作的安全性。可能对于其他产品而言，将不同功能的选区分开更能提升操作的准确性，但对于汽车则不然，汽车设计师必须准确面向驾驶员这一设计用户。

图 7 – 26　奔驰 E350L 界面显示装置

E350L 的人机交互系统界面非常简洁，拥有导航、收音机、多媒体、电话、连接、车辆基本信息、车辆设置等功能，图 7 – 27 所示为奔驰 E350L 界面显示屏。在这些交互系统界面中，使用了频率原则，按照驾驶员对交互功能的使用频率安排菜单顺序，既保障常用功能不丢失，又能增强可操作性，在避免“功能浪费”的情况下抓住了用户需求。系统反应速度较快，很容易上手，功能设置也基本没有什么难度。

在语音控制方面，奔驰 E350L 只支持拨打电话、导航这样简单的语音控制功能。经历了几次迭代之后，奔驰也针对中国消费者的使用习惯进行了调整，只需要打开语音功能后说出“导航到某地”，导航即可切换到相应位置。

图 7 – 27　奔驰 E350L 界面显示屏

从整体来看，奔驰 E350L 的这套人机交互系统在易用性方面表现出色，功能相对比较完善。

### 2. 2.0 版本时代

2.0 版本的人机交互系统相对于 1.0 版本拥有较大的进步，其中，最明显的提升为操作便利性、语音控制逻辑。其中最具代表性的当属荣威的斑马系统，2016 年 7 月，荣威 RX5 上市，号称“全球首款互联网汽车”，在这块大屏上集成了大部分操作步骤，这也让消费者刷新了对国产品牌车型的认知，图 7－28 所示为荣威 RX5 显示装置。

目前荣威 RX5 所搭载的斑马系统已经升级到了 2.0 版本。相比于斑马 1.0 版本而言，2.0 版本的 RX5 支持部分 OTA（Over the Air Technology，空中下载技术）功能，并且在语音控制方面得以提升。其最大的亮点在于能够分清主驾和副驾说话，当副驾发出语音指令时，只能实现打开天窗、调节空调温度、座椅加热等基础功能。

语音控制的逻辑也更加智能，比如只需要说出“导航”两个字，系统的每一步操作都可以使用语音指令控制，非常方便，如图 7－29 为荣威 RX5 导航界面。导航配合斑马智行 APP 可以实现远程启动、解锁、开启空调等操作，用起来十分方便。这体现了功能原则，满足了驾驶员对于应用环境及场合的具体使用功能要求。用户能够直接使用语音控制交互对象，克服了手动操作的弊端，给汽车驾驶留出了足够的安全操作时间。该系统设计使用户易于分辨和掌握交互界面的使用规律和特点，提高了其友好性和易操作性。

图 7－28 荣威 RX5 显示装置

图 7－29 荣威 RX5 导航界面

### 3. 3.0 版本时代

相比于 2.0 版本，3.0 版本时代最直观的变化在于中控屏幕的尺寸变得更大，集成化程度更高，使用体验、功能控制方面有所进步，支持整车 OTA。

特斯拉 Model 3 的内饰简洁到了极致，连仪表盘都没有。15 英寸的中控大屏幕集成了几乎所有的控制功能，包括时速表、续航里程、驾驶模式、车辆控制等，如图 7－30 为特斯拉 Model 3 内饰及界面。这样的设计，在一致性上的体验极强，界面基本色彩、操作区域、文字样式均存在着很好的一致性。在细节处理上，特斯拉 Model 3 界面美工设计的一致性给驾驶员带来舒适感，有助于集中注意力。对于新运行人员，或紧急情况下处理问题的运行人员来说，一致性还能减少他们的操作失误。特斯拉 Model 3 的体验感受中，大屏幕集成度非常高，支持整车 OTA。

图 7－30 特斯拉 Model 3 内饰及界面

另一个代表当属国内纯电动汽车的“流量担当”

蔚来 ES8，蔚来 ES8 搭载了 Nomi 操作系统，在中控屏上方使用了一个圆圆的小脑袋，造型呆萌，转来转去，拉近了用户与车的距离，使用户感觉非常亲切，如图 7－31 为蔚来 ES8 显示装置。

图 7－31　蔚来 ES8 显示装置

Nomi 采用的也是科大讯飞的语音引擎，语音识别率较高，并且能够分辨主驾、副驾、后排的语音指令，可以控制车窗玻璃升降、天窗开合、音乐播放等；打开应用、切换应用、屏幕滑动的速度较快，整体表现非常流畅。

4. 4.0 版本时代

4. 0 版本相较于 3. 0 版本主要特点在于智能化、开放化及生态化。毫无意外，在人机交互系统的开发与应用领域，国内厂商再一次走到了国际品牌的前面。比亚迪发布的 DiLink 智能网联系统，包括 Di 平台、Di 云、Di 生态和 Di 开放四大部分，将人－机－车－云连接成为一个整体，意味着人机交互系 4. 0 时代的到来，如图 7－32 为比亚迪发布的 DiLink 智能网联系统。

图 7－32　比亚迪发布的 DiLink 智能网联系统

2021 年 12 月上市的宋 Pro DM 与特斯拉 Model 3 类似，中控大屏集成了大部分功能，但使用感受却完全不同。它可以根据软件的应用场景和交互方式提前预判，完成智能、自动旋转，实现“想横就横、想竖就竖”，与我们平常所使用的平板电脑类似，可以根据应用自动转换屏幕，横屏状态下看视频，竖屏状态下看微信、刷抖音、刷微博；且它比平板电脑更加智能，支持分屏操作；同时支持智能语音控制。

值得一提的是，这块“大平板”还可以玩《绝地求生》《王者荣耀》这样的游戏。宋 Pro DM 搭载了高通骁龙 625 的 8 核处理器、3G 内存以及 32G 硬盘，运算水平相当于目前市场上的千元机水平。骁龙 625 处理器在汽车中控系统中，属于性能较优的选择，如图 7－33 为比亚迪宋 Pro DM 的中控大屏。

图7－33　比亚迪宋 Pro DM 的中控大屏

与荣威 RX5 类似，宋 Pro DM 同样拥有远程控制、车辆服务、位置服务等功能，并在此基础上增加了寻找充电桩、E-call、云 Call 等更加人性化的服务。

在软件扩展性方面，这套 DiLink 系统 100% 兼容 Android 生态手机 APP，手机上能用的 APP，在这块“大平板”上几乎都能使用。另外，比亚迪开放了 341 个汽车传感器和 66 项控制权，软件开发人员可以开发无数满足用户导航、娱乐等功能的 APP，这也更加符合“互联网汽车”“智能汽车”的时代主题。

小结：比亚迪宋 Pro DM 的这套 DiLink 智能网联系统与特斯拉、蔚来的系统相比，解决了软件扩展问题，让人机交互系统真正实现了人和机器之间交流、互动的可能。

### 7.5.2　米家互联网空调遥控器和 APP 控制界面应用

运用用户已有的认知模型是交互设计中常用的一种方法，特别是在新产品、新功能的设计中，让功能结构更加符合用户的心理预期，可以有效地降低用户的认知和学习成本。以空调、电视等使用遥控器完成功能控制的设备为例，因遥控器本身已经是一种较为成熟和被用户普遍接受的控制方式，在其 IoT（Internet of Things，物联网）的控制设计中，通常借鉴遥控器的功能按钮与布局方式，在设备界面中“模拟”出一个遥控器，利用用户对遥控器已有的认知基础，可以轻易快速地学习并接受界面上的控制方式。

除此之外，更为关键的一点是用户在长时间使用某种控制方式后，会对功能按钮的布局形成长期的记忆效应。举个例子，年长的一代人经历了较长时期的功能机时代，对 9 键按键布局和输入方式形成了较深的记忆效应，而年轻一代则缺失了这一阶段或很快度过了这一阶段，并且经历了较长时间的 PC 键盘输入方式，这也就是为什么我们父母在使用智能机时仍旧习惯使用 9 键输入而年轻一代更习惯于 26 键输入。同样的，在这里，以参照模拟的方式设计的控制页面，可以与其参照物产生相似的记忆效应，在用户日常根据不同场景切换控制方式的过程中，不会由于记忆效应的差异产生较大的认知阻力与使用障碍。在米家互联网空调遥控器 & 米家 APP 控制界面上，抓住了以用户为中心的基本设计原则，能够按照用户常有的操作习惯进行设计，适应用户的需求，满足用户的使用方式，让用户参与设计，得到了系统性的成功，如图 7－34 为米家互联网空调遥控器 & 米家 APP 控制界面。

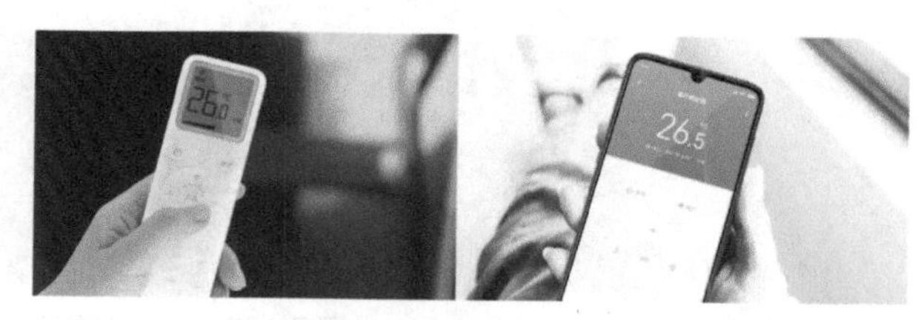


图7－34　米家互联网空调遥控器 & 米家 APP 控制界面

### 7.5.3 海尔冰箱的应用

冰箱是家用厨房内最为常见的家电产品之一。在公共空间比如餐厅、酒店也都有配备。冰箱的作用是使食物或其他物品保持冷冻状态，具有储藏、冷冻的功能。以海尔冰箱 BCD-253WDPDU1 为例，其设计在结构位置上有以下几方面优点：

1）该产品的把手设计符合大众身高结构，一般根据实际冰箱高度设计，比如此冰箱总高 1781mm，三门设计，把手分别在 550 mm 左右、950 mm 左右、1300 mm 左右。

2）形状：此冰箱把手属于隐藏式把手设计，使机器整体统一美观。把手形状呈长方形凹槽，适用于大多数家庭成员的高度差异。

3）功能：此把手设计即运用手部动作，通过抓、拉来实施对冰箱门的控制。外观大方，开门方便，不积灰尘，容易清理。

此款冰箱在显示部分、按钮的设计上优点如下：

1）显示部分、按钮一般在人眼可以看见、手可以触及的范围内，此冰箱在面板中间高约 1650 mm 的位置。

2）此冰箱显示、按钮部分为竖立的长方形，与整体机器相统一，整体感强。从上到下分为四个区域，用黑色实线区分，分别是温区选择、温度调节、功能选择和设定。上面三个区域为 LED 灯的液晶显示，设定按钮呈圆形，触摸式按钮，反应灵敏好操作。

3）功能：此款冰箱显示、按钮部分采用电脑控温，冷藏冷冻的温度可通过设定按钮进行分开调节，并有记忆报警功能。温区选择是显示三个白色正方形灯光上下分布，温度调节以白色显示摄氏温度，功能选择分为智能、假日、省电三个功能并以图形加文字的方式显示。图 7－35 为海尔冰箱 BCD-253WDPDU1。

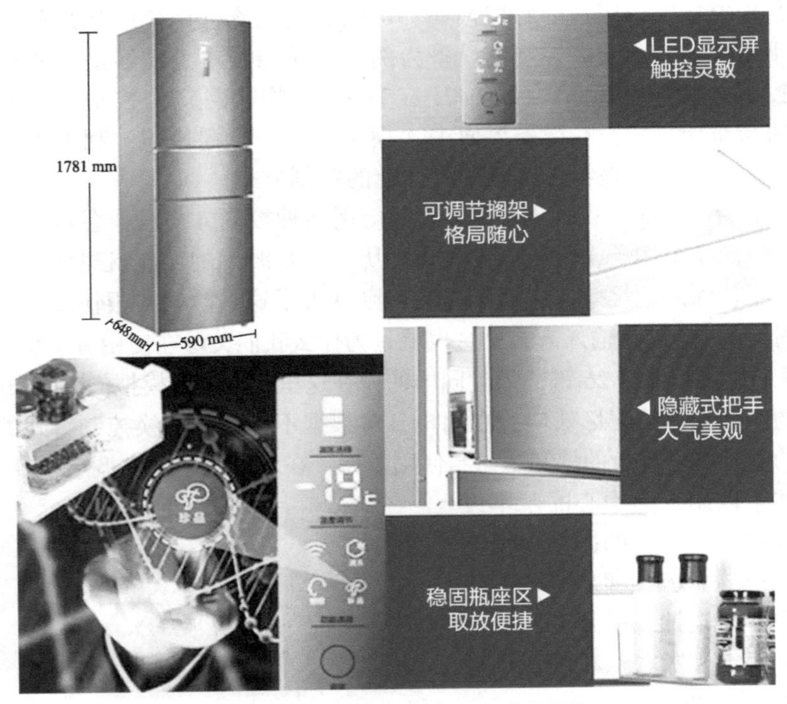


图 7－35　海尔冰箱 BCD-253WDPDU1

# 第 8 章

# 人机交互设计评价

## 8.1 概述

人机交互设计评价是指对产品设计中的人机交互设计内容运用相关理论和数据获取方法，并根据相关评价指标进行评估的过程。作为需要人与其交互的产品，对产品的人机交互系统进行研究和评价，以更好地指导产品人机交互的设计和开发，提高产品的交互功能和性能，提高用户对产品的接受度，节省开发成本等，是工业产品人机交互设计发展中的一个重要的课题。

常用的评价方法有模糊综合评价、层次分析法等，常用的数据获取方法有模拟实验法（眼动追踪系统、运动捕捉系统、表面肌电系统等）、虚拟仿真法（JACK、CATIA 等）、主观实验方法（用户访谈、问卷调研等）等。

## 8.2 评价指标

依据产品设计的目标和功能，通过对产品人机交互需求的分析，形成人机交互设计的评价指标。由于各个产品的目标、功能不同，其对人机交互的要求也不尽相同，因此需要根据不同的产品制订不同的评价指标。目前在人机交互设计评价中较为基本的且需要考虑的评价指标有可用性、易用性、安全性、舒适性等。

### 8.2.1 可用性

20 世纪 80 年代中期出现了“对用户友好”的口号，这个口号被转换成人机界面的“可用性”概念。人们给可用性下了许多定义。从“以人为中心”的设计角度出发，可用性是产品的基本属性，是对产品可用程度的总体评价，也是从用户角度衡量产品是否有效、易学、安全、高效、好记、少错、满意度的质量指标。ISO 9241 - 11 国际标准将可用性定义为：产品在特定使用环境下，特定用户用于特定用途时所具有的有效性（Effectiveness）、效率（Efficiency）和用户主观满意度（Satisfaction）。其中，有效性指的是用户完成特定任务和达到特定目标时所具有的正确和完整程度；效率指的是用户完成任务的正确和完整程度与所使用资源（如时间）之间的比率；满意度指的是用户在使用产品过程中具有的主观满意和接受程度。

可用性是一个较为抽象的概念，“能否被用户很好地使用”这个定义本身无法成为一个可以评价的原则，需要通过更细致的划分才能建立一定的体系帮助设计人员对产品的可用性进行评估和改进。从应用的角度上看，可用性也确实不是一个单独的概念，产品可用性的高低往往是通过组织测试用户试用来进行度量的。由于所执行任务的不同以及用户的个体差异，可用性往往表现在多个方面。通常这些表现是与五种基本属性相联系的，这些属性分别是可学习性、使用效率、可记忆性、出错率以及用户的主观满意度，见表 8－1。对于某一特定的产品整体可用性的度量，通常的做法是对以上属性分别度量后求平均值，由于不同用户之间的差异以及不同种类的产品所关注的属性也不尽相同，所以最好的做法是不仅求出平均值，还要对各个不同属性度量值的分布情况做一个总体的把握。在这些属性之间往往还存在着权衡的问题，首先应努力寻找能同时满足多个需求的设计方案，如不能做到则应按照既定的方向来解决问题，优先考虑最为重要的那个属性。

表 8－1　产品可用性的属性

| 可学习性 | 使用效率 | 可记忆性 | 出错率 | 用户的主观满意度 |
|---|---|---|---|---|
| 产品应易于学习，初级用户可以在短时间内掌握产品的基本功能 | 产品应当高效，用户在系统地掌握产品的使用方法后，可以通过使用产品提高生产水平 | 产品应当容易记忆，用户在中断一段时间后，仍可以使用产品，不需要做大量学习 | 产品应当少出错，出错后容易恢复，并能有效防止灾难性错误发生 | 产品的使用能为用户带来愉悦，使用户乐于使用，在主观上得到满足 |

### 8.2.2　易用性

如果产品已经达成可以使用的目的，就要考虑如何更容易达成它的目的和功能。易用性的人机交互应该能让用户快速学习和上手，并且要尽量符合用户的操作认知。易用性又分为操作经济性和易学习性。

（1）操作经济性　即减少不必要的交互，容易操作。操作界面不能太过复杂，不能因附加功能太多而模糊产品本身的重点，主要功能应容易被用户找到。

（2）易学习性　易学习性的主要内容是指产品人机交互内容设计具有直观性。功能直观、操作简单、状态明了的操作界面才能让用户一学就会。这其中又可以牵扯到一致性、提供线索、预测性和回馈等。

### 8.2.3　安全性

安全性是考验产品是否合理化、是否符合标准的一个评价标准。产品设计必须符合人机工程学的原理，关注人的生命健康安全。

### 8.2.4　舒适性

舒适性是检验产品的人机工程设计是否合理的一种衡量指标。舒适性的分析通常有五个相关联的人体工学标准，包括尺寸、力度、空间、范围和姿势，见表 8－2。

表 8－2　舒适性分析的人体工学标准

| | |
|---|---|
| 尺寸 | 根据人体工程学系统测量人体尺寸，评估人机交互设计内容尺寸是否合适 |
| 力度 | 体现在使用产品和系统的力度，比如手指完成触发式动作的力度、用手抓握物体或者施力的力度，以及四肢、躯干和全身完成抓举等动作的力度 |

（续）

| 空间 | 是指在使用产品的按键、操控杆时周围需要的有效空间，确保安全舒适地进行手部操作 |
|---|---|
| 范围 | 是指手与工具设备中的触摸点之间的距离，用来表示抓握的标准；也用来建立和评估有效的身体位置，确保使用者安全有效地操作控制设备或工业产品的各种零件以实现各种功能 |
| 姿势 | 应避免不适和疲劳的姿势，选择对身体来说健康的姿势。例如，人体工学键盘会让手腕保持自然的中间位置，如图 8－1 所示 <br>图 8－1　人体工学键盘 |

## 8.3　评价流程、方法和数据获取

### 8.3.1　评价流程

人机交互设计评价流程大体上可以分为三个阶段：评价指标和评价方法定义阶段、数据获取阶段、人机交互设计评价阶段，如图 8－2 所示。

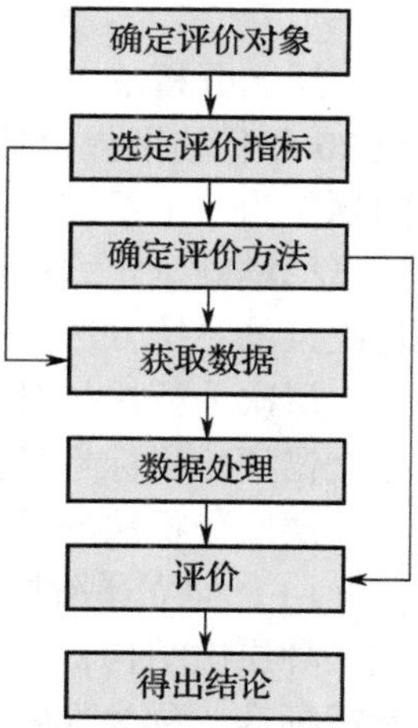

确定评价对象 → 选定评价指标 → 确定评价方法 → 获取数据 → 数据处理 → 评价 → 得出结论

图 8－2　人机交互设计评价流程

### 8.3.2　评价方法

人机交互设计常用的评价方法有模糊综合评价、层次分析法、语义差异法和界面美度评级等。

#### 1. 模糊综合评价

模糊综合评价（Fuzzy Comprehensive Evaluation，FCE）最早由我国学者汪培庄于 1982 年提出，是一种根据模糊数学的隶属度理论，把一些边界不清、不容易衡量的因素定量化，把定性评价转为定量评价，从多个因素对评价对象的隶属度等级状况进行综合评价的评价方法。

模糊综合评价法利用模糊数学对受到多种因素制约的事物或对象做出一个总体的评价，在人机交互设计评价中，对于某些主观因素，如操作感舒适性、用户满意度等这类指标是不容易用数字来代表的，模糊综合评价就可以将这类指标进行模糊化处理，确定各个单因素对评语集各等级的模糊隶属度，使定性指标向定量转化。模糊综合评价法具有结果清晰、系统性强的特点，能较好地解决模糊的、难以量化的问题，适合各种非确定性问题的解决。模糊综合评价法的具体步骤为：

（1）确定综合评价的因素集　因素集是以影响评价对象的各种因素为元素，组成的一个集合，通常用 $\boldsymbol{U}$ 表示，$U=(u_1,\ u_2,\ u_3,\ \cdots,\ u_i)$，其中元素 $u_i$ 代表影响评价对象的第 $i$ 个因素，这些因素通常都具有不同程度的模糊性。

（2）建立综合评价的评价集　评价集是由评价者对评价对象可能做出的评价的各种结果所组成的集合，通常用 $\boldsymbol{V}$ 表示，$\boldsymbol{V}=(v_1,\ v_2,\ \cdots,\ v_n)$，其中元素 $v_n$ 代表第 $n$ 种评价结果，可以根据实际情况需要，用不同的等级、评语或数字来表示。

（3）进行单因素模糊评价，构造评判矩阵　首先对每个因素集中的单因素 $u_i$ 做单因素评判，再从因素 $u_i$ 看该因素对评价等级 $v_n$ 的隶属度 $r_{in}$，这样就得出了第 $i$ 个因素 $u_i$ 的单因素评判集，用模糊集合表示为 $\boldsymbol{R}=(r_{i1}, r_{i2}, \cdots, r_{in})$，以 $m$ 个单因素评价集 $R_1, R_2, R_3, \cdots, R_m$ 为行组成矩阵 $\boldsymbol{R}_m \times n$，称为模糊综合评价矩阵。

（4）确定因素权重　在评价时，各因素的重要程度有所不同，因此需给各因素 $u_i$ 一个权重 $a_i$，各因素的权重集合的模糊集，用 $\boldsymbol{A}$ 表示为 $\boldsymbol{A}=(a_1, a_2, \cdots, a_m)$。

（5）建立综合评价模型　确定 $\boldsymbol{R}$、$\boldsymbol{A}$ 之后，通过模糊变化将 $\boldsymbol{U}$ 上的模糊向量 $\boldsymbol{A}$ 变为 $\boldsymbol{V}$ 上的模糊向量 $\boldsymbol{B}$，称模糊评价，又称决策集，表示为 $\boldsymbol{B}=\boldsymbol{A}\times\boldsymbol{R}=(b_1, b_2, \cdots, b_n)$。

（6）确定系统总得分，得出结论　综合评价模型确定后，确定系统得分 $\boldsymbol{F}$，表示为 $\boldsymbol{F}=\boldsymbol{B}_{l\times n}\times\boldsymbol{S}_{l\times n}^{\mathrm{T}}$，其中 $\boldsymbol{S}$ 为 $\boldsymbol{V}$ 中相应元素的级分。

### 2. 层次分析法

层次分析法（Analytic Hierarchy Process，AHP）是美国萨蒂（T. L. Saaty）教授于20世纪70年代初期提出的一种简便灵活又实用的多准则决策方法。是指将一个复杂的多目标决策问题作为一个系统，将目标分解为多个目标或准则，进而分解为多指标的若干层次，通过定性指标模糊量化方法算出层次单排序（权数）和总排序，以作为目标（多指标）、多方案优化决策的系统方法。

层次分析法是对一些较为复杂、较为模糊的问题做出决策的简易方法，它适用于具有分层交错评价指标且目标值又难以定量描述或难以完全定量分析的目标系统。

层次分析法的具体步骤为：

（1）建立递阶层次结构模型　根据评价对象，确定评价指标，并把各评价指标分类，形成一种层次结构，见表8-3，一般层次结构分为3层。最顶层是目标层，中间层是判断的因素或标准，称为准则层，进而再分解为易理解的设计指标，称为指标层，如图8-3所示。

表8-3　指标体系递阶层次的结构

| 目标层 | 准则层 | 执行层 |
| --- | --- | --- |
| A | N1 | P1 |
| | | P2 |
| | | P3 |
| | N2 | P4 |
| | | P5 |
| | | P6 |
| | | P7 |
| | | P8 |
| | N3 | P9 |
| | | P10 |
| | | P11 |
| | | P12 |

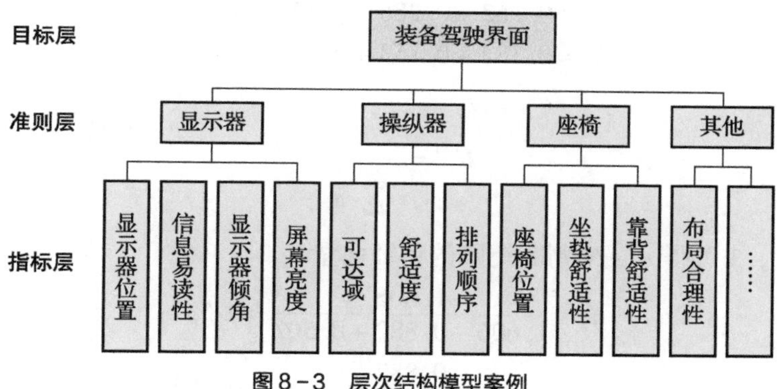


图8-3 层次结构模型案例

（2）构造出各层次中的所有判断矩阵 矩阵的判断可以通过专家讨论得出，可以使用“德尔菲法”确定各项问题的相对重要程度。为方便讨论，这里选择模拟一个相对重要情况，以获得各部分的判断矩阵，以 **A－N** 层为例，见表8－4。

表8－4 矩阵 *A*－*N*

| ***A*** | ***N*1** | ***N*2** | ***N*3** |
|---|---|---|---|
| ***N*1** | 1 | 2 | 3 |
| ***N*2** | 1/2 | 1 | 2 |
| ***N*3** | 1/3 | 1/2 | 1 |

（3）计算各层的相对权重

以 **A－N** 矩阵为例。

将元素 $A$ 按列归一化，得到 $H_{ij}$，

$$H_{ij}=\frac{d_{ij}}{\sum_{i=1}^{n}d_{ij}} \tag{8-1}$$

$d_{ij}$表示 **A－N** 矩阵中各元素，$i=1$，2，3（行），$j=1$，2，3 （列）。

举例：计算 **A－N** 矩阵第一列归一化向量：

$$h_{11}=\frac{1}{\left(1+\frac{1}{3}+\frac{1}{2}\right)}=0.535;\ h_{12}=\frac{\frac{1}{2}}{\left(1+\frac{1}{3}+\frac{1}{2}\right)}=0.263;\ h_{13}=\frac{\frac{1}{3}}{\left(1+\frac{1}{3}+\frac{1}{2}\right)}=0.182$$

获得 **A－N** 判断矩阵 $\boldsymbol{h}$ 为：

$$\boldsymbol{h}=\begin{bmatrix}0.535 & 0.571 & 0.5\\ 0.263 & 0.286 & 0.333\\ 0.182 & 0.153 & 0.167\end{bmatrix}$$

将 **A－N** 判断矩阵再按行相加得到 $h_i$

$$h_i=\sum_{j}^{n}h_{ij} \tag{8-2}$$

带入 $i=1$，2，3 计算可得：

$$h_1=0.535+0.571+0.5=1.606;$$

$$h_2 = 0.263 + 0.286 + 0.333 = 0.882;$$
$$h_3 = 0.182 + 0.153 + 0.167 = 0.502$$

计算权重向量：

$$\boldsymbol{H}_i^0 = \frac{h_i}{\sum_{i=1}^{n} h_i} \tag{8-3}$$

带入 $i=1$，2，3 可得 $\boldsymbol{A}-\boldsymbol{N}$ 判断矩阵的特征向量：

$$h_1^0 = \frac{1.606}{1.606 + 0.882 + 0.502} = 0.537;$$
$$h_2^0 = \frac{0.882}{1.606 + 0.882 + 0.502} = 0.295;$$
$$h_3^0 = \frac{0.502}{1.606 + 0.882 + 0.502} = 0.168$$

最终获得

$$\boldsymbol{h} = \begin{bmatrix} 0.537 \\ 0.295 \\ 0.168 \end{bmatrix}$$

（4）对所获结果进行一致性检验

以 $\boldsymbol{A}-\boldsymbol{N}$ 矩阵为例。

计算判断矩阵最大特征根 $\boldsymbol{\lambda}_{\max}$

$$\lambda_{\max} \approx \frac{1}{n}\sum_{i=1}^{n}\frac{(\boldsymbol{AH})_i}{H_i} = \frac{1}{n}\sum_{i=1}^{n}\frac{\sum_{j=1}^{n} a_{ij} H_j}{H_i} \tag{8-4}$$

$$\boldsymbol{AH} = \begin{bmatrix} 1 & 2 & 3 \\ \frac{1}{2} & 1 & 2 \\ \frac{1}{3} & \frac{1}{2} & 1 \end{bmatrix} \times \begin{bmatrix} 0.537 \\ 0.295 \\ 0.168 \end{bmatrix} = \begin{bmatrix} 1.631 \\ 0.900 \\ 0.495 \end{bmatrix}$$

$$\lambda_{\max} \approx \frac{1}{3} \times \left(\frac{1.631}{0.537} + \frac{0.900}{0.295} + \frac{0.495}{0.168}\right) = 3.012$$

计算一致性指标（$CR$）：

$$CI = \frac{\lambda_{\max} - n}{n - 1} \tag{8-5}$$

$$CR = \frac{CI}{RI} \tag{8-6}$$

带入 $RI = 0.52$ 计算可得：

$$CI = \frac{3.012 - 3}{3 - 1} = 0.006$$

$$CR = \frac{0.006}{0.52} = 0.0115$$

其中，$RI$ 表示平均随机一致性，查表可得；$CR < 0.1$，则可判断矩阵具有一贯性，也就是满意的一致性。

层次分析法是系统的分析方法，简洁实用，所需定量数据信息较少，但也存在定量数据较少、定性成分较多、不容易令人信服的缺点。此外，当指标过多时，数据统计量大且权重难以确定，特征值和特征向量的精确求法比较复杂。

#### 3. 语义差异法

语义分化（Semantic Differential）法，又称语义差异法，1957 年奥斯古德与苏希（G. J. Suci）、坦南鲍姆（P. H. Taunenbaum）发展了语义分化法，是一种结合联想与评估程序来研究事物意义的测量方法。

语义差异量表是一种语言工具，是语义分化的一种测量工具，旨在研究人们对话题、事件、对象或活动的态度，并以此确定深层次的内涵。现在多运用这种方法进行市场调查、评估产品和服务。

语义分化法由被评估的事物的概念（concept）、量尺（scale）、受测者（subject）三个要素构成。第一个要素是选定被评估的对象，可为具体或抽象的事物。第二个要素由若干量尺组成，这些量尺是由成对的对立形容词所构成的，量尺的选择应该尽可能包括奥斯古德所谓的语义空间（semantic space）中的三个主要维度，见表 8-5。

表8-5 语义空间中的三个主要维度

| 维度 | 定义 | 例子 |
| --- | --- | --- |
| 评价（evaluation） | 泛指对某种事物的价值予以评定的历程 | 好的-坏的、高雅的-低俗的 |
| 力量（potency） | 指将来有机会学习或接受训练时可能达到的程度 | 强的-弱的、坚硬的-柔软的 |
| 行动（activity） | 个体对于各种活动的参与性 | 积极的-消极的、活泼的-呆板的 |

依据这三个方面，相应地确定一对对形容词，每对形容词作为维度上的两端，其间分为 $n$ 个等级，而评价的等级，为了产生中性点（neutral point），一般常用的是五级和七级，中性点表示没有该感觉意义，越往两端表示该感觉意义强度越高。

第三个要素是受测者，也就是样本，样本数最少要 30 人，才能得到较稳定的资料。受测者依据对待测对象的印象，在七个等级中确定一个等级，以标明自己的态度。在各项得分基础上，可得到他在整个量表上的得分。得分越高，表明对待测对象的态度越肯定，反之越否定。

在人机交互设计评价中还经常用到界面美度评级、TOPSIS 等方法，这里就不一一赘述了。

### 8.3.3 数据获取方法

数据获取方法可概括为客观实验法和主观实验法两类。客观实验法是指运用专业的检测设备来记录使用过程中受测者的生理特征数值，经过数据处理从而进行分析评判，受到样本数量、测试环境等限制，根据具体情况又可分为现场实验法、虚拟仿真法等。主观实验法是根据受测者的主观感受和体验做出决策的方法，受到受测者自身经验、知识背景和专业水平的影响。

#### 1. 客观实验方法

客观实验法是采集人体行为或心理数据，并进行分析总结，得出评价结论的方法。依据

实验场景的不同可分为在真实场景进行的现场实验法和基于真实情境或高度还原真实情境的虚拟仿真法。

现场实验法是在产品中将部分条件作为自变量加以控制或改变进而研究对被测者操作影响的方法，常用的数据采集仪器有眼动仪、表面肌电测试仪、运动捕捉系统等。

仿真实验法是对使用环境和行为进行动态仿真的一种方法，仿真实验法结合了实验法开展客观评价的优势，可对整个使用环境中的气压、噪声、温度、振动等条件进行仿真，直接的方法是利用硬件仿真系统。随着计算机技术的发展，虚拟仿真方法也已经有了广泛的运用。仿真法可模拟的条件比实验法丰富，可仿真各类临界、极限工况，对预测和评价较有意义。

（1）眼动追踪　眼动追踪技术是一项科学应用技术，一是根据眼球和眼球周边的特征变化进行跟踪，二是根据虹膜角度变化进行跟踪，三是主动投射红外线等光束到虹膜来提取特征。

参与者在使用产品界面或与产品互动时，运用眼动追踪方法收集详细的技术信息，并记录参与者观看（和没有观看）的位置，以及观看的时间。如今这项技术很好地满足了研究人员在界面设计、人机互动和产品设计方面的需求。

眼动追踪技术在被测者阅读和观看图像的时候追踪眼球运动，记录注视、点与点之间的快速运动或者扫视的时刻，为设计评估生成数据，并且使这些成果广泛应用于可用性研究当中。

眼动追踪技术通常在综合多位参与者的数据、分析浏览模式和注意力分布后制作热图，如图 8－4 所示。用不同的颜色在热图中做出标记，红色代表浏览和注视最集中的区域，黄色和绿色代表目光注视较少的区域。

通过眼动追踪技术可准确地判断产品或界面的哪些特点最受关注或被人忽视。此外还可以为汇总的数据提供视觉参考。但这种方法的局限性是它无法帮助研究人员直接了解用户动机，进行信息处理或信息理解。

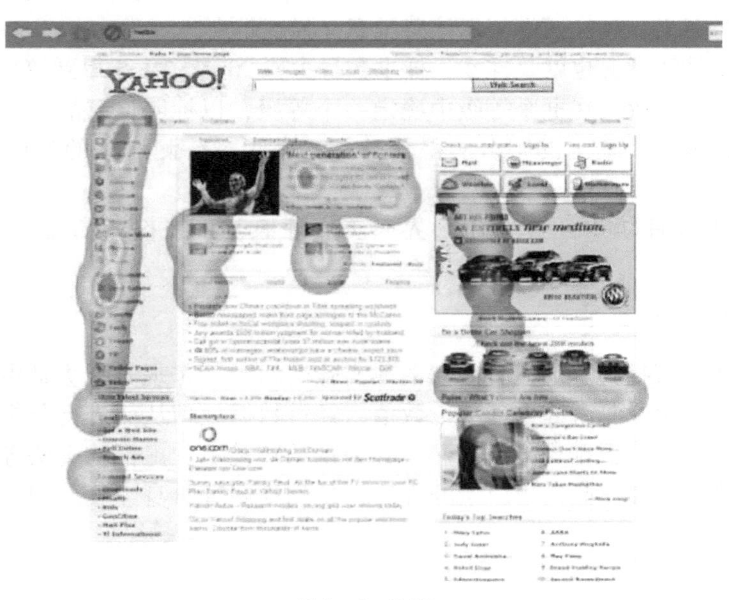


图 8－4　热图

（2）肌电　肌电测试就是指利用肌电测试仪监测用户的人体肌肉肌电指标，如图8-5所示，肌电指标分为时域指标和频域指标，可以帮助判定肌肉所处的不同状态、肌肉之间的协调程度、肌肉的收缩类型及强度、肌肉的疲劳程度及损伤、肌肉的素质等。

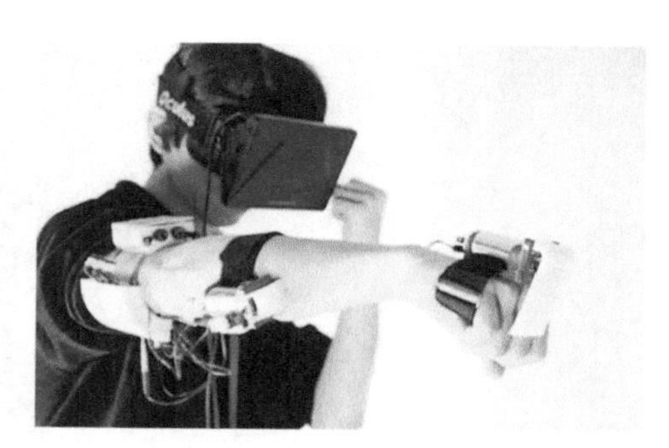

图8-5　肌电测试场景

肌电指标能够反映用户疲劳发生的时间、疲劳的程度、肌肉的抗疲劳能力以及肌肉的活跃程度从而评判产品设计机制在减缓肌肉损伤方面的效果，并通过实验结果为产品设计提供理论支撑。肌电图（electromyogram，EMG）是指用肌电仪记录下来的肌肉生物电图形。对评价人在人机系统中的活动具有重要意义。

肌电图可以采用专用的肌电图仪或多导生理仪进行测量，如图8-6所示。静态肌肉工作时测得的该图呈现出单纯相、混合相和干扰相三种典型的波形，它们与肌肉负荷强度有十分密切的关系。当肌肉轻度负荷时，图上出现孤立的、有一定间隔和一定频率的单个低幅运动单位电位，即单纯相；当肌肉中度负荷时，图上虽然有些区域仍可见到单个运动单位电位，但另一些区域的电位十分密集不能区分，即混合相；当肌肉重度负荷时，图上出现不同频率、不同波幅，且参差重叠难以区分的高幅电位，即干扰相。该图的定量分析比较复杂，必须借助计算机完成。常用的指标有积分肌电图、均方振幅、幅谱、功率谱密度函数及由功率谱密度函数派生的平均功率频率和中心频率等。

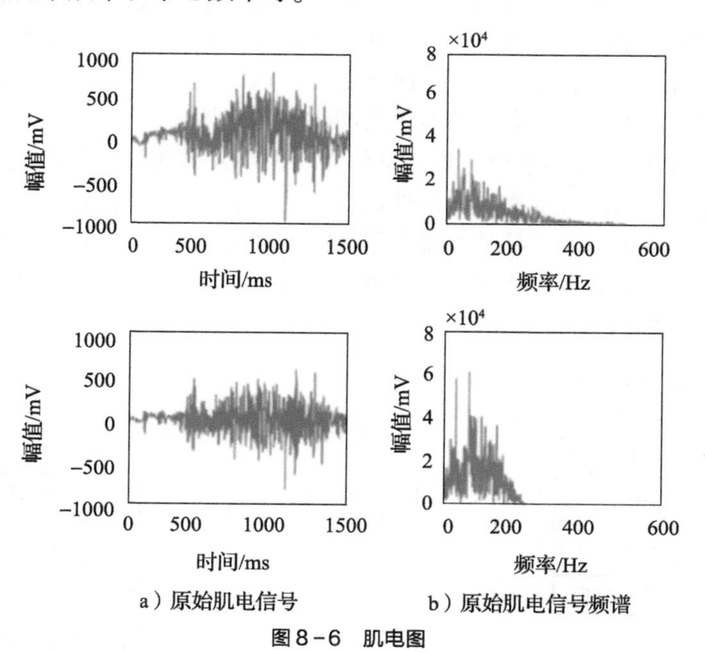


a）原始肌电信号　b）原始肌电信号频谱

图8-6　肌电图

（3）动作捕捉　动作捕捉是在运动物体的关键部位设置跟踪器。由Motion capture系统捕捉跟踪器位置，再经过计算机处理后得到三维空间坐标的数据。当数据被计算机识别后，可以应用在动画制作、步态分析、生物力学、人机工程等领域，如图8-7所示。

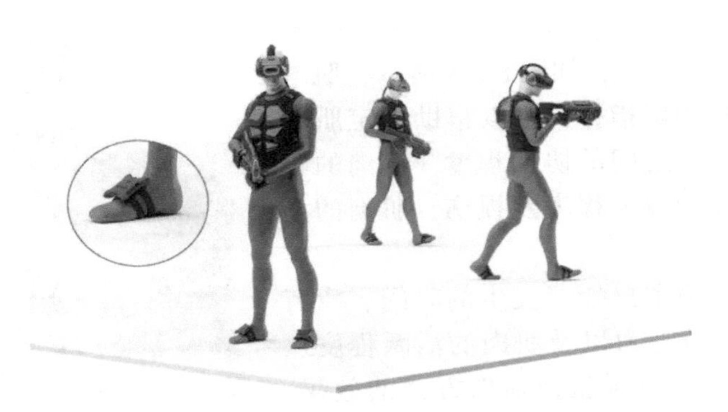

图 8-7　运动捕捉过程

（4）虚拟仿真　虚拟仿真法是借助计算机虚拟仿真软件工具进行的研究，可对尚处于设计阶段的装备系统进行仿真，并就系统中的人机适配关系进行分析评价，从而预测操作界面的性能。目前运用较广的可视化仿真软件有德国西门子公司的 JACK、法国达索公司的 DELMIA 和 CATIA、德国 Human solution 公司的 RAMSIS 等。

采用虚拟仿真评价能大大缩短设计周期，安全节能。不足之处是虚拟场景无法反映人的主观感受，不能提供不同环境下人的不同感知测量数据。

以任意类型的人机系统为研究对象进行虚拟仿真及人因工效分析的基本流程如图 8-8 所示。

（5）JACK 仿真　SIEMENS JACK 8.2（简称 JACK）是由西门子工业软件有限公司开发的一款人机工效学分析软件。JACK 软件于 1995 年被宾夕法尼亚大学研发，之后西门子公司对其进行了商业化的运作。经过了十多年研究之后，JACK 软件已然成为一款具有人机工效分析、数字人体建模、三维仿真等多种功能的高端仿真类软件。

JACK 软件基于人因工程的思想，集三维仿真、数字人体建模、人因工效分析为一体。它能够创建仿真环境、引入具有生物力学特性的三维人体模型、给数字人指派任务、对环境和产品进行人因评估，从而判断产品是否符合用户需求和人因规律。JACK 包含了基础人体测量数据、关节的柔韧性、人的健康状况、劳累程度和视力限制等医学及生理学参数。仿真及工效分析的基本流程如图 8-9 所示。

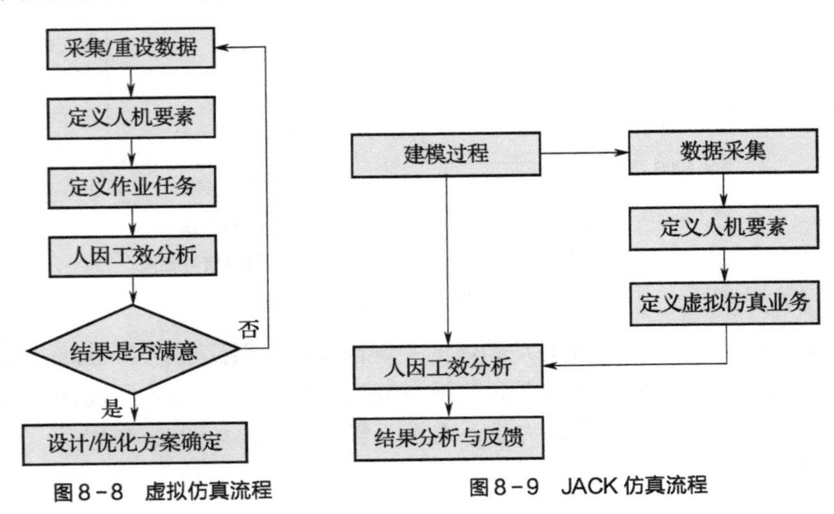


图 8-8　虚拟仿真流程

图 8-9　JACK 仿真流程

JACK 的工效分析模块以报告和图表的形式提供工效评估结果，对不符合人体生物力学的作业姿势、受力等给予警示，有些模块甚至能够提出纠正意见。依据工效分析的结果，进行人机系统的优化设计，改善后再次进行仿真分析、评价，如此循环，直至人机系统的人因缺陷得到改善。

（6）CATIA 仿真　CATIA 是人机工程仿真的有效软件，其人机模块具体分为人体模型构造模块（HBR）、人体行为分析模块（HAA）、人体模型测量编辑模块（HME）、人体姿态分析模块（HPA）。在实际操作中，利用合适的人体百分位模型，进行人机配合，如图 8－10 所示，对产品进行人机分析和评价，通过结果改进模型。该方法可大大缩短产品设计周期，也为其提供了可靠的人机数据支撑。

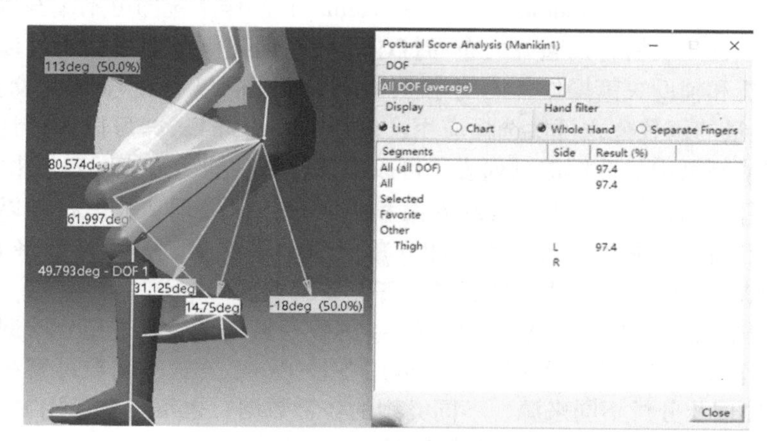


图 8－10　CATIA 仿真过程

## 2. 主观实验方法

主观实验方法是根据评价者的主观感受，按照使用、安全、舒适等规则对产品进行评判的一种方法，初始评判结果一般为产品局部或者整体得分值，然后通过 Excel、SPSS、MATLAB 等软件工具进行数据处理得到定性结论。常见的有专家咨询法（Delphi）、层次分析法（AHP）、调查研究法等。

（1）专家咨询法　Delphi 法是美国兰德公司率先用于定性预测的一种专家匿名决策方法。其本质上是确定设计评价指标之后，采用问卷形式进行多轮的专家咨询，数个专家彼此匿名，直到意见一致，过程如图 8－11 所示。此过程中可能会出现专家意见分歧难以调和的情况，则需要对专家意见进行赋权，如对专家资历进行排序，提高个别专家的权威性。Delphi 法能充分发挥专家作用，但存在组织者和参与者主观影响，可能导致预测的结果偏离实际。因此，将 Delphi 法与虚拟仿真等评价方法相结合，不仅能节省专家时间，也能保证评价结果的客观性和全面性。

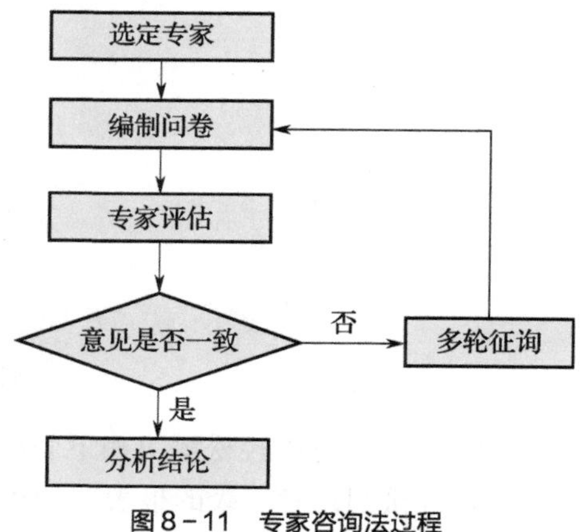


图 8－11　专家咨询法过程

（2）调查研究法　常用的设计调查方法主要有直接法和间接法两种。直接调查法是指调查者直接获取资料来源，具体的调查方法有文献检索、实地参观调查法、访谈调查法、观察调查法、迭代设计法和实验调查法等。间接调查法是指调查者通过其他渠道间接获取资料来源，包括情境分析、案例研究等方法。

### 3. 数据处理方法

人机交互设计评价中，获取到的数据通常用 Excel、SPSS、MATLAB 等软件工具进行数据处理得到定性结论。

（1）Excel 数据分析方法　Microsoft Excel 是微软公司的办公软件 Microsoft Office 的组件之一，是由 Microsoft 为使用 Windows 和 Apple Macintosh 操作系统的电脑编写和运行的一款试算表软件。它能够创建表格，以整齐的布局打印表格并创建简单图形，还可以进行各种数据的处理、统计分析和辅助决策操作，广泛地应用于管理、统计财经、金融等众多领域。

Excel 中有大量的函数公式可供选择应用，使用 Microsoft Excel 可以执行计算，分析信息并管理电子表格或网页中的数据信息列表，可以实现许多功能，给使用者带来方便。

目前许多软件厂商借助 Excel 的友好界面和强大的数据处理功能，将其以更简单的方式应用到企业管理和流程控制中。比如 ESSAP（Exe&SQL 平台）就是很好地将 Excel 和数据库软件 MS SQL 相结合，应用到企业管理和各行各业数据处理的例子。

Excel 在管理中的应用相当广泛，使用 Excel 的各种自定义功能，充分挖掘 Excel 的潜能，可以实现各种操作目标和个性化管理。综合运用各种 Excel 公式、函数可解决复杂的管理问题：用 Excel 可处理及分析不同来源、不同类型的各种数据，也可灵活运用 Excel 的各种功能进行财务数据分析和管理。Excel 软件界面如图 8－12 所示。

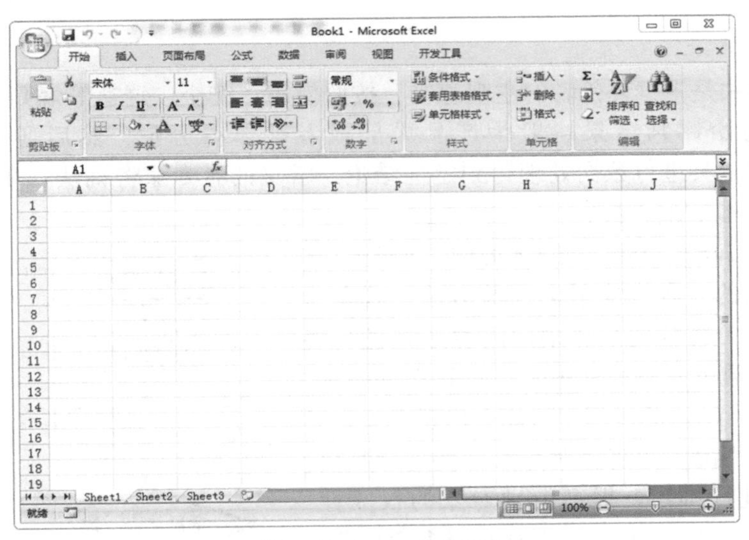


图 8－12　Excel 软件界面

利用 Excel 可以轻松解决如下问题：

1）轻松创建专业级的报表。利用 Excel 可高效率地进行报表制作，可导入非 Excel 格式的外部数据，以及对数据进行验证。

2）利用 Excel 中的公式与函数可以轻松完成 Excel 表中的各种计算问题。

3）制作满意的图表。利用表中的数据制作各类直观的图表。

（2）SPSS 数据分析方法　SPSS Statistics 软件原名 SPSS，是英文名称社会科学统计软件包（Statistical Package for the Social Sciences）首字母的缩写。随着 SPSS 公司产品服务领域的扩大和服务深度的增加，SPSS 公司整个产品线的名称都进行了调整，现在 SPSS 软件的名称全称为“Statistical Product and Service Solutions”，即“统计产品与服务解决方案”。SPSS 统计分析软件是一款在调查统计行业、市场研究行业、医学统计、政府和企业的数据分析应用中久享盛名的统计分析工具，是世界上最早的统计分析软件，它被广泛用于宏观和微观经济分析、管理决策制定、管理信息分析以及各种数据处理和分析工作之中。SPSS 软件界面如图 8－13 所示。

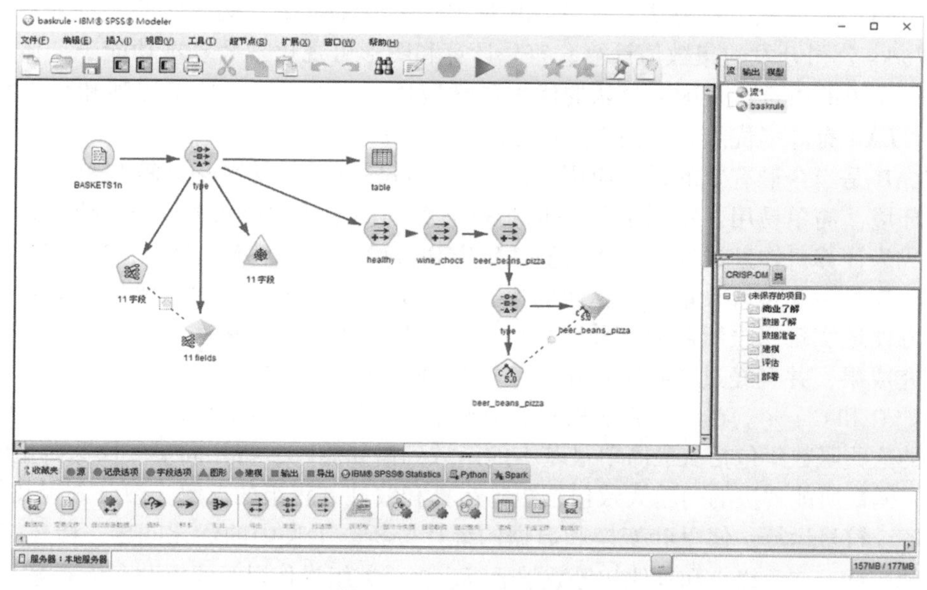


图 8－13　SPSS 软件界面

SPSS 有如下特点及功能：

1）即时切换多国语言界面，中文界面清晰友好。SPSS 软件界面操作语言齐备，使用者可以自行设置英文或简体中文操作界面，SPSS 软件具有清晰、友好的中文界面，全新的中文帮助文档，使使用者的学习更轻松。软件还具有简洁、清晰的中文输出，结果一目了然，共享和发表结果更方便。

2）统计分析功能全面。SPSS 非常全面地涵盖了数据分析的整个流程，提供了数据获取、数据管理与准备、数据分析、结果报告等功能，特别适合设计调查方案、对数据进行统计分析，以及制作研究报告中的相关图表。

3）快速、简单地为分析准备数据。在进行数据分析之前，需要根据分析目的及分析技术，对数据进行准备和整理工作。SPSS 内含的众多技术使数据准备变得非常简单。SPSS 可同时打开多个数据集，方便研究时对不同数据库进行比较分析和转换处理。该软件提供了更强大的数据管理功能，帮助用户通过 SPSS 使用其他的应用程序和数据库。SPSS 支持超长变量名称（有 64 位字符），这不但方便了中文研究需要，也达到了对当今各种复杂数据库更好的兼容性，用户可以直接使用数据库或者数据表中的变量名。

4）使用全面的统计技术进行数据分析。除了一般常见的摘要统计和行列计算，SPSS 还提供了广泛的基本统计分析功能，如数据汇总、计数、交叉分析、分类、描述性统计分析、因子分析、回归及聚类分析等，并且逐渐加入了针对直销的各种模块，方便市场分析人员针对具体问题的直接应用。新增的广义线性模型和广义估计方程可用于处理类型广泛的统计模型问题；使用多项 Logistic 回归统计分析功能在分类表中可以获得更多的诊断功能。

5）用演示图表清晰地表达分析结果。高分辨率、色彩丰富的饼图、条形图、直方图、散点图、三维图以及更多图表都是 SPSS 中的标准功能。SPSS 提供了一个全新的演示图形系统，能够产生更加专业的图片，它包括了以前版本软件中提供的所有图形，并且提供了新功能，使图形定制化生成更为容易，产生的图表结果更具有可读性。

（3）MATLAB 数据分析方法　MATLAB 是 Matrix Laboratory（矩阵实验）的缩写，是由美国 Math-Works 公司开发的集数值计算、符号计算和图形可视化三大基本功能于一体的，功能强大、操作简单的语言，是国际公认的优秀数学应用软件之一。“从工程师和科学家的目的来看，MATLAB 有许多优点，是同类产品中最好的软件。”

MATLAB 是当今最有效的科技应用软件之一，它具有强大的科学计算与可视化功能和开放式扩展环境，简单易用，特别是所附带的 30 多种面向不同领域的工具箱，使得它在许多科学领域中成为计算机辅助设计和分析、算法研究和应用开发的基本工具和首选平台。

MATLAB 是一个包含大量计算算法的集合。其拥有 600 多个工程中要用到的数学运算函数，可以方便地实现用户所需的各种计算功能。函数中所使用的算法都是科研和工程计算中的最新研究成果，并且经过了各种优化和容错处理。在通常情况下，可以用它来代替底层编程语言，如 C 和 C + +。在计算要求相同的情况下，使用 MATLAB 的编程工作量会大大减少。MATLAB 的这些函数集包括从最简单最基本的函数到诸如矩阵、特征向量、快速傅里叶变换的复杂函数。函数所能解决的问题大致包括矩阵运算和线性方程组的求解、微分方程及偏微分方程组的求解、符号运算、傅里叶变换和数据的统计分析、工程中的优化问题、稀疏矩阵运算、复数的各种运算、三角级数和其他初等数学运算、多维数组操作以及建模动态仿真等。

MATLAB 具有数值计算、数据分析和可视化、编程与算法开发、应用程序的开发和部署四个功能。MATLAB 使用界面如图 8 - 14 所示。

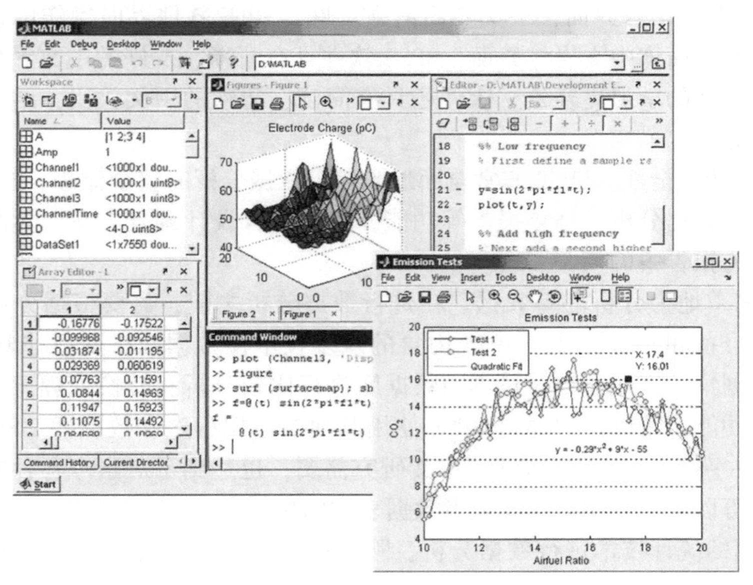


图 8 - 14　MATLAB 使用界面

1）数值计算。MATLAB 提供了一系列用于分析数据、开发算法和创建模型的数值计算方法。MATLAB 语言包括用以支持常见的工程设计和科学运算的数学函数。核心的数学函数采用处理器优化库，可以快速地执行向量运算和矩阵运算。

2）数据分析和可视化。MATLAB 提供了用于数据采集、分析和可视化的工具，从而能够帮助分析者深入探查数据，而且与使用电子表格或传统编程语言相比节省了大量时间。MATLAB 自产生之日起就具有方便的数据可视化功能，可以将向量和矩阵用图形表现出来，并且可以对图形进行标注和打印。高层次的作图包括二维和三维的可视化、图像处理、动画和表达式作图。可用于科学计算和工程绘图。

3）编程与算法开发。MATLAB 提供了一种高级语言和开发工具，可以迅速地开发并分析算法和应用程序。

4）应用程序的开发和部署。MATLAB 工具和附加产品提供了一系列开发和部署应用程序的选项。既可以与其他 MATLAB 用户共享各个算法和应用程序，也可以对其他没有 MATLAB 程序的用户实施免特许费的部署。

## 8.4 案例分析

### 8.4.1 健身车人机工程仿真与评价

健身车是一种常见的模拟户外运动的有氧健身器材。由于骑行姿势不当或健身车尺寸设计不合理，长时间骑行会造成关节和肌肉疼痛等问题，因此其人机工程设计是一个重要的课题。

为优化健身车使用时的人机体验，以某企业直立程控健身车为研究对象，利用 CATIA 软件中的人机工程模块，对人在骑行过程中的可视性、可及性以及姿态舒适性进行了虚拟仿真。根据仿真结果对健身车进行改良设计，以达到舒适的人机体验。建立了相应的模糊综合评价体系，通过征集用户对改进后的健身车进行真实试验，对仿真结果进行校核与修正，并提出修改方案。提出了通用的 CATIA 人机仿真与真实用户验证流程，为健身车人机设计提供了直观的人机数据支撑，缩短了产品设计周期。

#### 1. 健身车人机系统仿真

建立人体虚拟模型可保证人 – 机匹配的直观性、真实性，从而为“机”的优化提供参考依据。对比软件中现有的各国人体模型，发现日本人体模型与 GB 10000—1988 的人体尺寸数据最为接近。因此选用日本人体模型进行仿真，并参照 GB 10000—1988 对其部分尺寸进行修正，以满足中国人体需求。

（1）可视性与可及性分析　在 CATIA 中，将头部与竖直方向的夹角调整为30°，得到与放松状态相同的视野效果。经测量健身车显示屏与人体放松状态的视线垂直，如图 8 – 15b 所示，便于观察，因此面板倾角设计合理。图 8 – 15 中 A 区为双眼视线重叠范围，即最佳视野区域，其中心位置效果最佳。B 区为有效视野区域。由图 8 – 15 可知，竖直状态和放松状态下，面板与储物架处于最佳视野偏下位置，需进行调整。

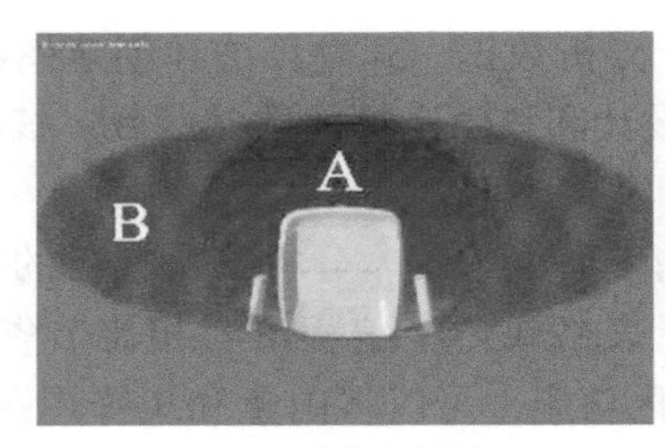

a）竖直状态视野

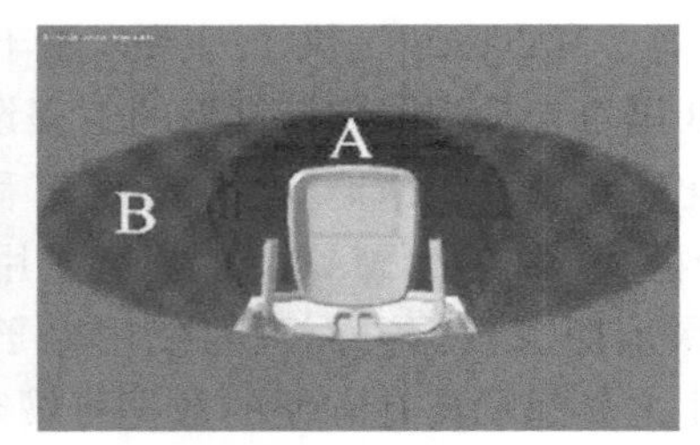

b）放松状态视野

图 8-15 视野分析示意图

上肢伸展区域是工作空间设计的基本依据。对上肢伸展域功能进行计算，结果如图 8-16 所示，把手以及屏幕操作区域处于上肢可及性范围的边缘位置，且储物架在上肢可及性范围之外，应减小面板与上身距离，并提高储物架位置。由图 8-17 可知，把手之间间距较小，若放置水杯等较高物件，拿放时易与把手产生干涉。

（2）舒适性评估　舒适度指人在使用产品过程中各关节舒适状态的程度。舒适度分析时，需要在系统中对人体各关节的活动范围进行区域划分，并进行不同权重的定义，在评分系统中进行量化评价。如图 8-18 所示，在骑行过程中，当踏板处于远端极限位置时，人体模型脚部无法触及踏板，换用男子 P5-小模型、P95-大模型进行配合，结果相同。因此健身车坐垫高度设计偏高，需改进。

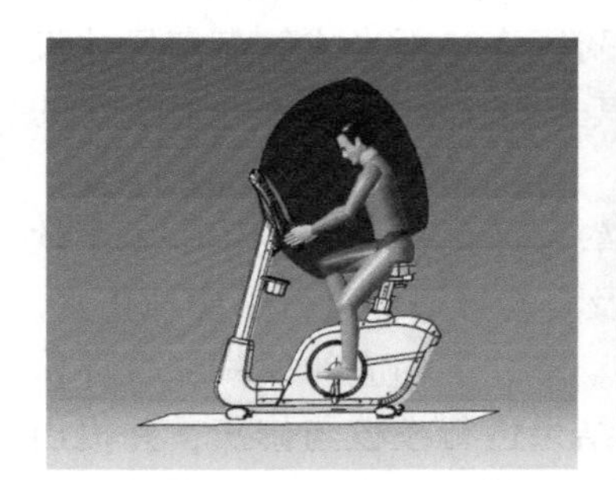
图 8-16 上肢可及性分析

图 8-17 储物架分析

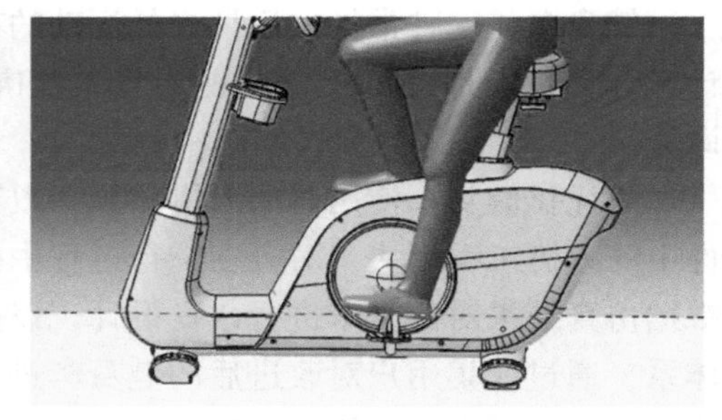
图 8-18 下肢可及性分析

上肢舒适度评价得分见表 8-6。大臂在 DOF2（水平面上的摆动自由度）上舒适性偏低，原因为把手之间间距过近。小臂在 DOF1（垂直面上的摆动自由度）上得分较低，原因为坐垫和扶手在竖直方向上的差值较小。根据优化后的上肢姿态对模型进行改进，扩大把手之间间距，使人在抓握把手时，手臂自然外张，符合人体上肢动作习惯。综合以上因素，并结合产品设计紧凑性原则，针对模型，降低坐垫高度，满足远端极限位置的踏板可及性；增大把手与坐垫在竖直方向上的差值，提高小臂在 DOF1 上的舒适度，同时提高面板的可视性与可及性。

表 8-6 上肢舒适度评估结果

| 关节 | 身体部位 | 自由度 | 活动范围 | 位置 | 分值 |
|---|---|---|---|---|---|
| 肩关节 | 大臂至躯干 | DOF1 | -60°~170° | 42° | 88 |
| | | DOF2 | -18°~80° | -12° | 70 |
| | | DOF3 | -20°~97° | 0° | 100 |
| 肘关节 | 小臂至大臂 | DOF1 | 0°~140° | 43° | 84 |

降低坐垫高度，对下肢骑行舒适度进行评估，以踏板处于近端极限位置的右腿骑姿为例，仿真结果见表8-7。大腿DOF1、DOF2分值较高，分别验证了曲柄长度和两踏板水平距离设计的合理性。小腿接近极限位置，DOF1分值较低，需调整曲柄高度。

表8-7　下肢舒适度评估结果

| 关节 | 身体部位 | 自由度 | 活动范围 | 位置 | 分值 |
| --- | --- | --- | --- | --- | --- |
| 髋关节 | 大腿至臀部 | DOF1 | -18°～113° | 76° | 81 |
| | | DOF2 | -30°～45° | 12° | 100 |
| 膝关节 | 小腿至大腿 | DOF1 | 0°～135° | 128° | 56 |

### 2. 健身车改进设计与验证

根据CATIA对人体模型的可及性、可视性以及舒适度的分析结果，对健身车部件的改进内容见表8-8。

表8-8　健身车改进设计内容

| 部件 | 改进内容 | 作用 |
| --- | --- | --- |
| 坐垫 | 高度下移100 mm | 提高踏板可及性、提高上肢舒适性、提高操作面板与储物架可及性 |
| 把手间距 | 间距增大100 mm | 提高大臂舒适性、避免存放物体与把手干涉 |
| 储物架 | 上移100 mm、取消隔板 | 提高可及性、扩展容量 |
| 曲柄中心 | 高度下移50 mm | 提高小腿舒适性 |

骑行中人体腿部姿势处于变化状态，因此分别对人体膝关节处于0°、45°、90°、135°时的舒适度进行评估，图8-19为右腿位于45°时（即大腿和小腿的夹角）的舒适度评价结果，改进后人体各部位舒适度得分较高。

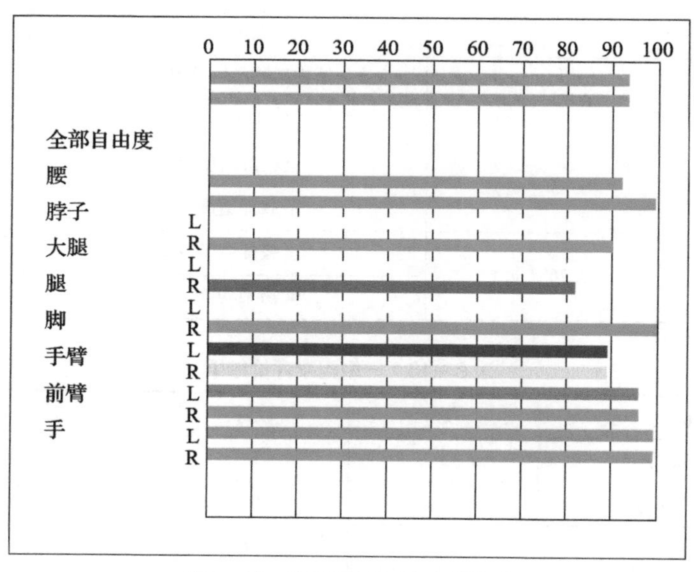


图8-19　改进后CATIA人机验证

### 3. 模糊综合评价

因人机工程评判因素普遍有模糊性特点，采用模糊综合评价法，量化评价标准，对健身车人机工学进行综合性评价。其中包含因素集 $U$、备择集 $V$、权重集 $W$、单因素模糊评价集 $R$、结果矩阵 $B$。本文将健身车人机工程因素分为两级，采用二级模糊综合评价法进行评价，流程如图 8－20 所示。

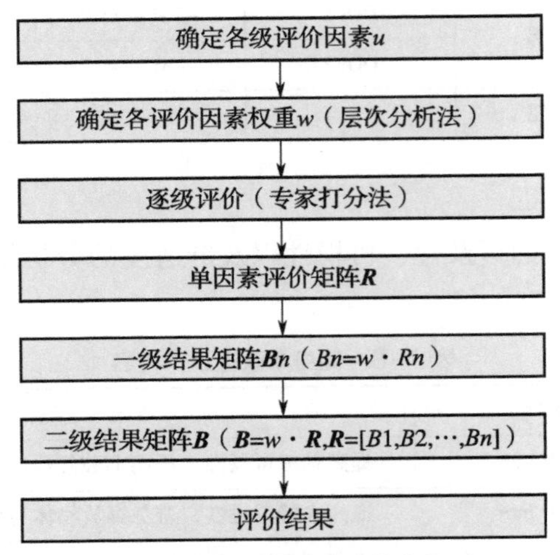


图 8－20　模糊综合评价流程

本文采用层次分析法确定各因素权重，各级评价因素及权重见表 8－9。

表 8－9　各级评价因素及权重值

| 第二级因素 | 权重值 | 第一级因素 | 权重值 |
|---|---|---|---|
| 可视性（$u_1$） | 0.12（$w_1$） | 屏幕可视性（$u_{11}$） | 0.75（$w_{11}$） |
| | | 储物架可视性（$u_{12}$） | 0.25（$w_{12}$） |
| 可及性（$u_2$） | 0.17（$w_2$） | 储物架物品可及性（$u_{21}$） | 0.33（$w_{21}$） |
| | | 操作按键（$u_{22}$） | 0.67（$w_{22}$） |
| 关节舒适性（$u_3$） | 0.45（$w_3$） | 上肢舒适度（$u_{31}$） | 0.33（$w_{31}$） |
| | | 下肢舒适度（$u_{32}$） | 0.67（$w_{32}$） |
| 功能体验（$u_4$） | 0.26（$w_4$） | 坐垫杆调节（$u_{41}$） | 0.67（$w_{41}$） |
| | | 储物架功能（$u_{42}$） | 0.33（$w_{42}$） |

表 8－10　一级因素评价结果

| 评价指标 | 好 | 较好 | 一般 | 差 |
|---|---|---|---|---|
| 屏幕可视性（$u_{11}$） | 3 | 7 | 6 | 4 |
| 储物架可视性（$u_{12}$） | 5 | 9 | 5 | 1 |
| 储物架物品可及性（$u_{21}$） | 3 | 11 | 4 | 2 |
| 操作按键（$u_{22}$） | 3 | 5 | 8 | 4 |
| 上肢舒适度（$u_{31}$） | 4 | 8 | 7 | 1 |

（续）

| 评价指标 | 好 | 较好 | 一般 | 差 |
|---|---|---|---|---|
| 下肢舒适度（$u_{32}$） | 3 | 9 | 6 | 2 |
| 坐垫杆调节（$u_{41}$） | 13 | 4 | 3 | 0 |
| 储物架功能（$u_{42}$） | 2 | 6 | 8 | 4 |

由表8－10得到单因素评价矩阵$\boldsymbol{R}_i$。以可视性$u_1$及其对应的第一级因素$u_{11}$、$u_{12}$为例，首先计算其单因素评价矩阵$\boldsymbol{R}_1$。

$$\boldsymbol{R}_1=\begin{bmatrix}0.15 & 0.35 & 0.30 & 0.20\\0.25 & 0.45 & 0.25 & 0.05\end{bmatrix}$$

由公式$\boldsymbol{B}=w\cdot\boldsymbol{R}$，可得：

$$\boldsymbol{B}_1=w\cdot\boldsymbol{R}_1=[0.1750,\ 0.3750,\ 0.2875,\ 0.1625]$$

同理计算$\boldsymbol{B}_2$，$\boldsymbol{B}_3$，$\boldsymbol{B}_4$。

设$\boldsymbol{R}=[\boldsymbol{B}_1,\ \boldsymbol{B}_2,\ \boldsymbol{B}_3,\ \boldsymbol{B}_4]^{\mathrm{T}}$，可求出第二级评价矩阵：

$$\boldsymbol{B}=w\cdot\boldsymbol{R}=[0.2432,\ 0.3600,\ 0.2942,\ 0.1026]$$

将备择集分为四个层次，$V=\{v_1,\ v_2,\ v_3,\ v_4\}$ ＝｛好、较好、一般、差｝，每个层次对应分值见表8－11。

表8－11　评价层次分值

| 好 | 较好 | 一般 | 差 |
|---|---|---|---|
| 90～100 | 70～89 | 50～69 | <50 |

模糊综合评价结果采用加权平均计算，公式为

$$V=\sum_{j=1}^{4}b_j v_j \tag{8-7}$$

式中，$b_j$为评价矩阵各结果，$v_j$为备择集各层次分值，得到计算结果为75。对应备择集的较好层次，验证了健身车改进设计的整体合理性。针对用户试验数据对局部仿真结果提出修正：①增大显示屏，提高用户可视性；②操作按键需依据重要性分类处理，进一步优化操作界面；③储物架加入毛巾挂钩等设计，改善使用体验。

### 8.4.2　矿用挖掘机驾驶室人机界面仿真与评价一

针对矿用挖掘机人机界面的评价问题，因其人机界面的复杂性，采用AHP法对矿用挖掘机的人机界面方案决策进行评价，同时结合JACK虚拟仿真结果和GEM算法（Group Eigenvalue Method群组决策特征根法），构建适用于矿用挖掘机的人机界面评价模型，如图8－21所示。

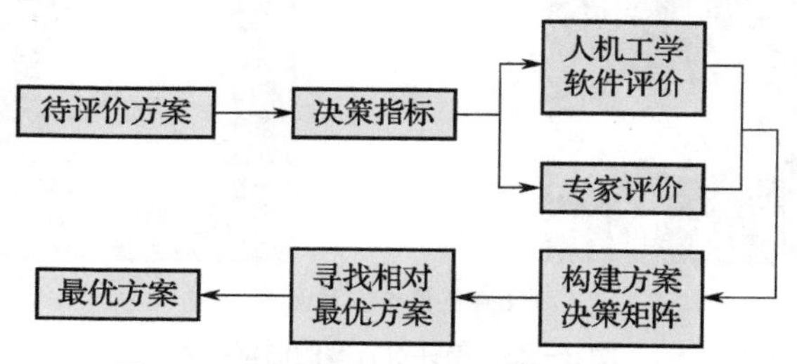


图8－21　矿用挖掘机的人机界面评价模型

针对某型号矿用挖掘机驾驶室人机界面的设计，在原人机界面设计的基础上，结合人机界面设计原则和车辆人机工程学，重新设计了 $A_1$、$A_2$、$A_3$，共 3 个待评价人机界面方案，待评价方案如图 8－22 所示。

a）待评价方案 $A_1$

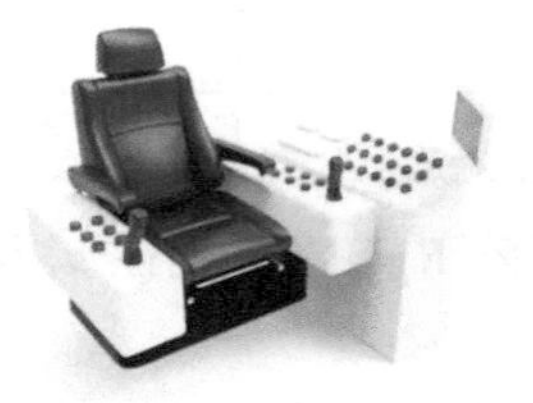
b）待评价方案 $A_2$

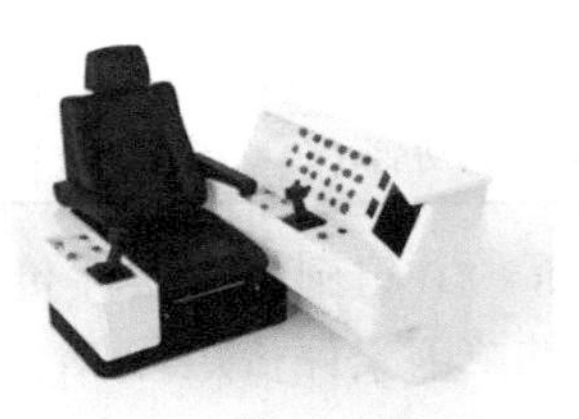
c）待评价方案 $A_3$

图 8－22　待评价方案

对待评价方案进行 JACK 人机工程学软件虚拟仿真，选用 Reach Zones、Comfort Assessment 和 Visual Field 工具对 3 个待评价方案虚拟仿真分析，分析结果如图 8－23 所示。

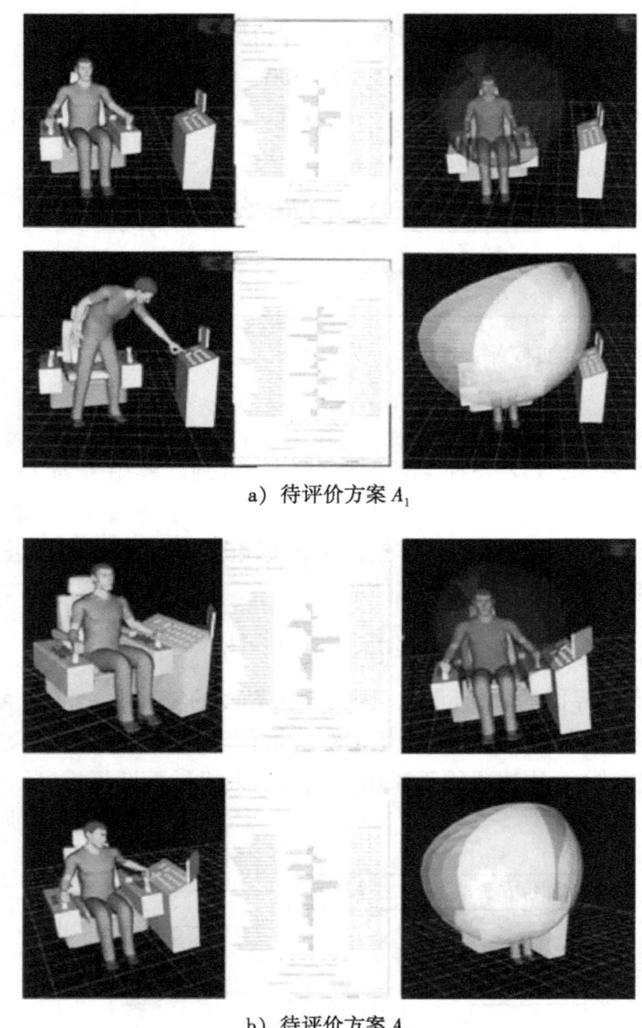
a）待评价方案 $A_1$

b）待评价方案 $A_2$

图 8－23　待评价方案的仿真结果

（操纵杆操纵舒适度、左手可达域、操纵台舒适度、视野的评估）

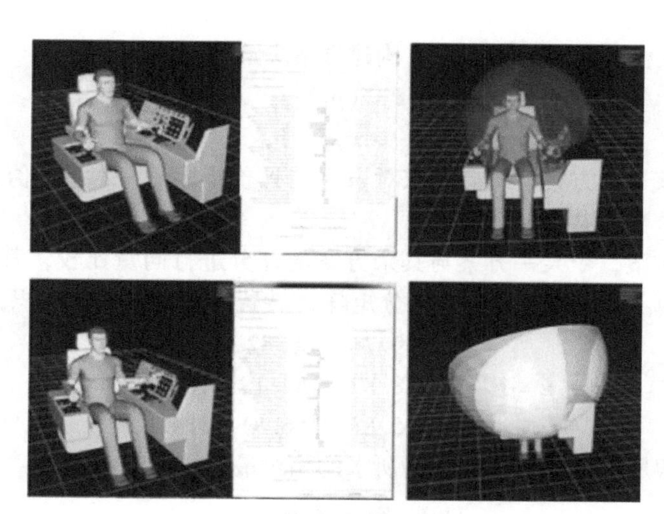

c）待评价方案 $A_3$

图8-23　待评价方案的仿真结果 （续）
（操纵杆操纵舒适度、左手可达域、操纵台舒适度、视野的评估）

基于矿用挖掘机驾驶室人机界面特点和标准、人机工程学理论和人机界面设计准则，并依据 AHP 法分层原理，构建矿用挖掘机驾驶室人机界面决策指标，见表8-12。

表8-12　矿用挖掘机驾驶室人机界面决策指标表

| 目标层 | 指标层 |
|---|---|
| 矿用挖掘机驾驶室人机界面方案（$\boldsymbol{A}_1$，$\boldsymbol{A}_2$，$\boldsymbol{A}_3$） | 操作面板的安装位置是否合理 $\boldsymbol{B}_1$ |
| | 操作面板是否处于最佳视域 $\boldsymbol{B}_2$ |
| | 组成元件是否按功能分区 $\boldsymbol{B}_3$ |
| | 人机界面的信息易读性 $\boldsymbol{B}_4$ |
| | 组成元件的排列顺序与操作顺序是否一致 $\boldsymbol{B}_5$ |
| | 组成元件的操作范围是否处于合理区域 $\boldsymbol{B}_6$ |
| | 人机界面的设计能否减少误操作的发生 $\boldsymbol{B}_7$ |
| | 人机界面的布局设计是否合理 $\boldsymbol{B}_8$ |
| | 人机界面设计的界面美度 $\boldsymbol{B}_9$ |

邀请10个专家评分，其中有4个矿用挖掘机操作员，3个工程机械高工，3个人机工程学研究者，依据3个待评价方案的 JACK 虚拟仿真结果及自己的经验和知识，对表中指标层指标分别评分，评分等级为1~5，共5个等级。分别计算3个方案中9个指标的10个专家的算术平均值，见表8-13。

表8-13　人机界面决策指标量值表

| | $\boldsymbol{B}_1$ | $\boldsymbol{B}_2$ | $\boldsymbol{B}_3$ | $\boldsymbol{B}_4$ | $\boldsymbol{B}_5$ | $\boldsymbol{B}_6$ | $\boldsymbol{B}_7$ | $\boldsymbol{B}_8$ | $\boldsymbol{B}_9$ |
|---|---|---|---|---|---|---|---|---|---|
| $\boldsymbol{A}_1$ | 1.2 | 2.3 | 3.8 | 3.1 | 4.1 | 1.1 | 1.3 | 2.1 | 2.2 |
| $\boldsymbol{A}_2$ | 4.1 | 4.4 | 5.0 | 4.1 | 4.2 | 4.7 | 3.2 | 3.2 | 4.0 |
| $\boldsymbol{A}_3$ | 4.8 | 4.4 | 5.0 | 4.2 | 4.2 | 4.1 | 4.6 | 4.6 | 4.8 |

依据表 8-13 人机界面决策指标表，构建方案决策评分矩阵 $\boldsymbol{P}$：

$$\boldsymbol{P}=(p_{ij})_{x\times y}$$
$$(i=1,\ 2,\ \cdots,\ x;\ j=1,\ 2,\ \cdots,\ y)$$

其中 $P_{ij}$ 的 $i$ 为该目标方案下所有专家对 $m$ 个待评价指标的算术平均值，共有 $x$ 个；$j$ 为目标层人机界面方案个数，共有 $y$ 个。

假设存在最优方案，令某一方案与其余方案的评分进行向量比较，其夹角之和最小的方案即最优方案。计算 $E$，$E$ 为方案决策评分矩阵 $\boldsymbol{P}$ 转置后和它本身的乘积，求解得到：

$$\boldsymbol{E}=\boldsymbol{P}^{\mathrm{T}}\boldsymbol{P}=\begin{bmatrix}59.74 & 88.82 & 95.83\\ 88.82 & 154.19 & 166.81\\ 95.83 & 166.81 & 184.85\end{bmatrix}$$

$\boldsymbol{E}$ 的最大特征根所对应的特征向量为所求的相对最优方案，公式为：

$$\frac{\max}{p\in P_{y}}\sum_{i=1}^{x}(F^{\mathrm{T}}p_{i})=\rho_{\max} \tag{8-8}$$

$\rho_{\max}$ 为 $\boldsymbol{E}$ 的最大特征根，$\boldsymbol{F}$ 为 $\rho_{\max}$ 对应的正特征向量，$P_{y}$ 为所有专家对 $m$ 个待评价指标评分的算数平均根的向量的集合，求解得到：

$$\boldsymbol{F}=[0.3689\quad 0.6272\quad 0.6860]$$

对 $\boldsymbol{F}$ 归一化处理后得到：

$$\alpha=[0.2193\quad 0.3729\quad 0.4078]$$

最终获得矿用挖掘机操作界面设计方案优劣排序为：待评价方案 $A_1$ < 待评价方案 $A_2$ < 待评价方案 $A_3$，即待评价方案 $A_3$ 为 3 个待评价方案中的最优方案。

该方法结合了 AHP 法和 GEM 法的优点，并参考 JACK 人机工程学评价结果，规避了 AHP 法的判断矩阵的不一致性问题和 GEM 法的决策的主观性，简化了计算过程，提高了可信度，节约了企业的决策成本，对复杂人机界面设计方案的科学合理评估和选用提供了一种新的思路。

### 8.4.3 矿用挖掘机驾驶室人机界面仿真与评价二

大型矿用挖掘机是露天矿采掘的主要工程机械。在人力成本增加、矿产资源减少、开采难度增大和对采掘效率提出更高要求等众多因素影响下，大型矿用挖掘机的市场占有率也在逐年增加。但在对大型矿用挖掘机驾驶员操作的观察和自身驾驶的模拟中，发现驾驶人员的操作环境恶劣，人机工程学应用水平较低。驾驶员连续操作时间长、重复性操作多、劳动强度过高、空间布局不合理等问题导致驾驶员工作效率较低，带来了安全、健康等隐患。因此，应用人机工程学相关理论对大型挖掘机驾驶室进行人机分析和改进设计具有非常重要的意义。

人机工程学的研究方法有很多，主要包括：观察法、实际测量法、实验法、计算机模拟法、调查研究法等。在大型矿用挖掘机驾驶室人机工程分析评价的过程中，借助传统的真实样本的分析评价方法，需要消耗大量的时间和经费，并且由于评价个体间的差异性，分析结果过于片面，在理论研究上缺乏科学依据。计算机虚拟仿真技术较传统真实样本方法，不仅可以节约研发过程中 50% 以上的时间和成本，而且分析结果与实物分析的结果大致相同。与 CATIA、Bodybuilder 等软件相比，专业的人机工程学分析软件 JACK 提供了业界最准确的人体生物力学模型，该模型由生物力学算法和运动学算法组合而成，在航空、航天、工业等领域的人机工效分析中得到广泛应用。因此，利用 JACK 软件对大型挖掘机驾驶室进行人机工程学的仿真和评估，提出驾驶室操作部分的改进方案具有非常重要的现实意义。

### 1. WK-35 驾驶室虚拟仿真环境

大型矿用挖掘机驾驶室人机仿真分析基础要素主要由两部分组成：一是利用 JACK 建立虚拟驾驶员数字模型，即分析的主体；二是建立人机工程学分析仿真的基础模型，即分析的对象。利用 Rhino 软件建立大型挖掘机模型，转换为 WRL 格式后，导入 JACK 软件。完成人体模型和挖掘机模型后，即可得到虚拟仿真环境。在虚拟仿真环境中，利用 JACK 人机分析系统进行驾驶员舒适性、可达性、可视性的研究，分析现有驾驶室人机部分的缺陷和不足，并提出最后的改进设计。在 JACK 软件中，中国人体数据来源于 GB 10000—1988《中国成人人体尺寸》，以此为基准，在该软件中创建百分位为 5%、50%、95% 的男性人体数字模型，如图 8－24 所示。百分位为人体测量用语，是一种用于确定人体尺寸分布值的方法。百分位表示具有某一人体尺寸和小于该尺寸的人占统计对象总人数的百分比。以第 5 百分位、人体身高尺寸为例，表示有 5% 的人身高等于或小于该尺寸。

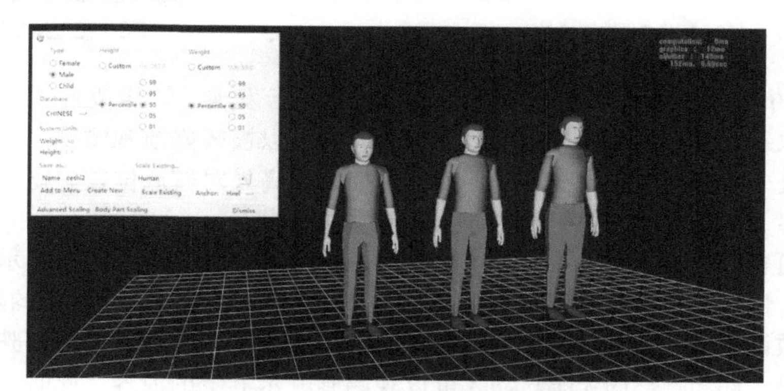

图 8－24　JACK 中国成年男性人体模型

### 2. WK-35 驾驶室人机分析

挖掘机驾驶室的视野和各控制部件的位置会影响驾驶人员的工作舒适性和工作效率。正确的人机设计可以使驾驶员在操作中不易疲劳，是驾驶员连续正确操作的重要前提条件，因此下面从驾驶员可视性、可达性、驾驶舒适性 3 方面来分析 WK-35 驾驶室人机设计方面所存在的不足。挖掘机驾驶员在驾驶时不仅需要实时观测铲斗的工作位置，还需要通过显示器精确地掌握挖掘机的运行状态。合理的挖掘机驾驶室可以保证驾驶员在头部和眼部转动舒适的情况下做到以下两点：

1）可以通过前窗较好地观测到铲斗各个位置；

2）可以便捷地观测到显示器上的重要信息。

驾驶员头部转动的舒适范围为左右转动 45°以内、上下转动 30°以内，眼球转动的舒适范围为左右转动 15°以内、上下转动 15°以内。大型挖掘机通过控制起重臂、斗杆和铲斗的运动，来实现对矿物的挖掘工作。如图 8－25 所示，挖掘机工作时，铲斗有 4 个极限位置：位置 $A$ 为铲斗的最高点；位置 $B$ 为铲斗的最远点；位置 $C$ 为水平位置点；位置 $D$ 为铲斗的挖掘最低点。通过这 4 个极限位置来分析驾驶员对铲斗的可视性情况。

JACK 软件中的 Obscuration Zones 功具可以测算出人被障碍物遮挡后的视野，利用 Obscuration Zones 工具将遮挡物设置为前窗的边框，即可得出驾驶员在工作时前方的视野，如图 8－26 所示，半透明部分为驾驶员前窗的视野范围。

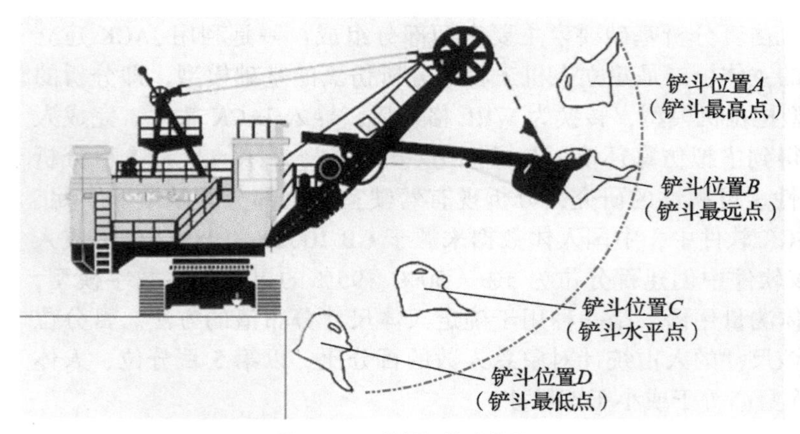


图 8－25　挖掘机铲斗位置

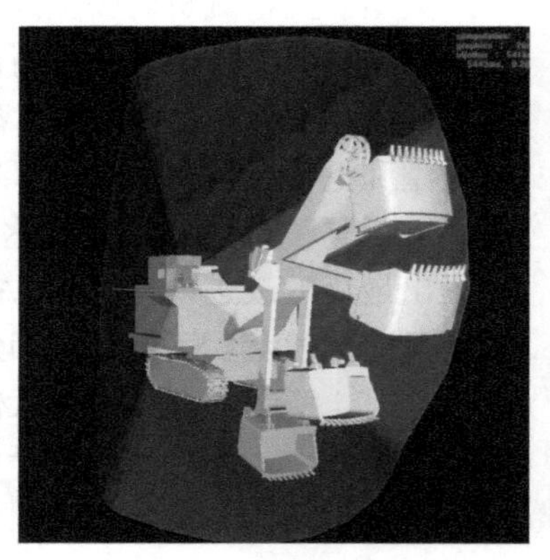

图 8－26　挖掘机铲斗可视性分析

通过对第 50 百分位驾驶员在驾驶室内的视野分析后发现，铲斗位置 $A$、$B$、$C$，即最高点、最远点和水平位置都在驾驶员的视野范围以内，可以被较好地观测到。但位置 $D$，即铲斗的最低点，处于视野的盲区内，这样不利于挖掘机在高处对较低位置矿物的挖掘，且存在一定的安全隐患。所以应对驾驶室开窗部分进行改进设计。

在对铲斗可视性分析之后，利用 JACK 软件中的 View Cones 工具进行显示器的可视性分析。View Cones 是以人的双眼作为出发点，将眼睛能看到的区域以立体圆锥的形式展现出来，将视锥角度参数设为 40°，该角度是人最为理想的视锥范围。调整驾驶员驾驶姿势后，得出驾驶员只有通过头部和腰部的大幅转动才可以观测到显示器上的内容，此时头部转动角度为 56°，已超过驾驶员头部舒适范围。因此，利用 JACK 里的 Comfort Assessment 工具进行较为全面的舒适性分析，如图 8－27 所示，发现在驾驶员颈部和腰部数据均为黄色，已超过 Dreyfuss 3D 的推荐值，处于不舒适状态，所以应对屏幕位置进行改进设计。

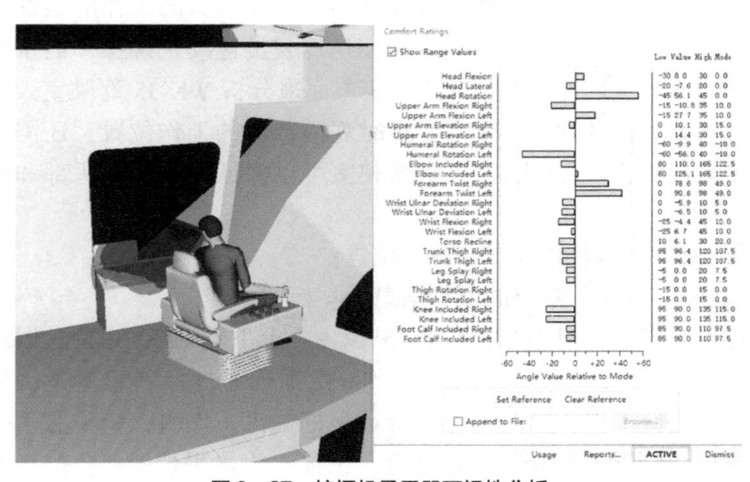


图 8－27　挖掘机显示器可视性分析

大型挖掘机在作业或行驶时，由于工况和视野在不断变化，驾驶员时刻处于高度集中的工作状态，这要求驾驶员要在上身基本不前倾的状态下，完成对各种操纵装置的操作，以减轻驾驶员疲劳，确保作业安全。参与分析的零件有：控制挖掘机铲斗以及挖掘机行驶的操纵杆、行走模式按钮、挖掘模式按钮、安全报警按钮等操作部件。利用 JACK 软件中的 Reach Zones 工具对人体模型手部的操作空间进行仿真模拟，如图 8－28 所示，半透明部分即为驾驶员坐姿状态的三指最大可达域，驾驶员操作手柄以及座椅两旁的按钮全部位于可达域以内，最后两个键位于可达域的边缘，不在驾驶员操作的最佳空间以内。

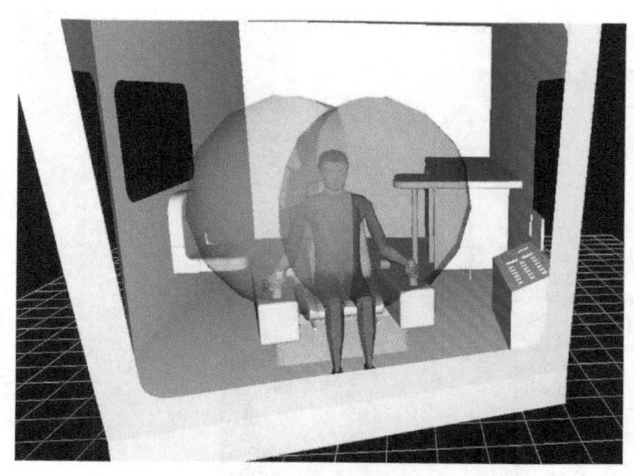

图 8－28　驾驶员双手可达性分析（前视）

由于挖掘机驾驶员左手在对座椅旁操纵杆和按键进行操作的同时，还要操纵左边控制台上的按键，所以利用 JACK 软件中 Reach Zones 工具，将驾驶员参数调成 From Waist 状态，得到驾驶员在腰部可以自由弯曲下的可达域。如图 8－29 所示，包络线部分即为驾驶员在腰部可自由活动下的左手最大可达域，虽然较之前得到的可达域有了一定的增大，但是由于控制台位置较远，控制台还是位于可达域以外。因此，在驾驶员坐姿状态，控制台位置不符合可达性要求，需要进行改进设计。

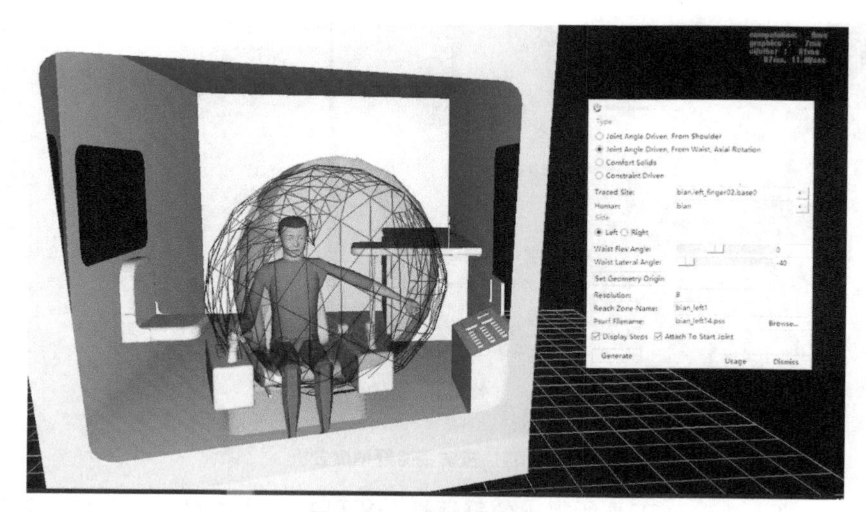


图 8－29　左手最大可达域

JACK 软件中的 Comfort Assessment 工具可对舒适度进行分析，由于大型挖掘机驾驶员主要通过上肢去控制驾驶室内各操纵装置，因此选用 Dreyfuss 3D 标准，针对两种常用的工作姿势进行单关节舒适度分析。Dreyfuss 3D 标准是将分析出的关节弯曲程度与给定的参考值进行比较，得出关节的舒适度。该标准可以分析整个身体的 28 个关节的舒适性，黄色表示关节处于一个不舒服的状态；绿色表示关节舒适度是在正常范围并且驾驶员不容易疲劳。得出数据数值越小，代表该关节舒适度越高。使用 Comfort Assessment 工具中的 Dreyfuss 3D 标准对操作操纵杆姿势进行单关节舒适度分析，结果如图 8 - 30 所示。结果显示驾驶员的腕关节和膝关节数据均为黄色，都超过了 Dreyfuss 3D 标准的舒适区间，处于不舒适状态。

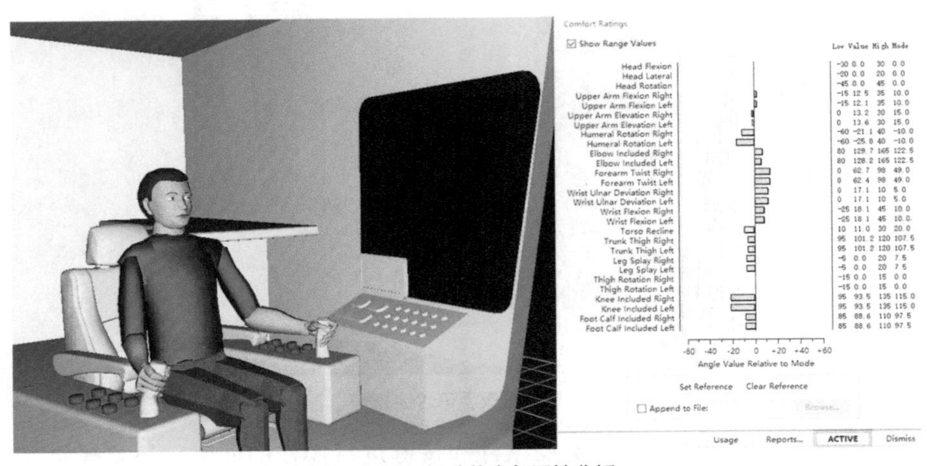


图 8 - 30　驾驶状态舒适性分析

使用 Comfort Assessment 工具中的 Dreyfuss 3D 标准对按键姿势进行单关节舒适度分析，如图 8 - 31 所示，从图中可以看出驾驶员颈部、上臂、腕部、大腿、膝关节数据均为黄色，都超过了 Dreyfuss 3D 标准的推荐值，其中颈部和上臂大大超出了舒适范围，处于极不舒适状态，腕部、大腿、膝关节处于较不舒适状态。

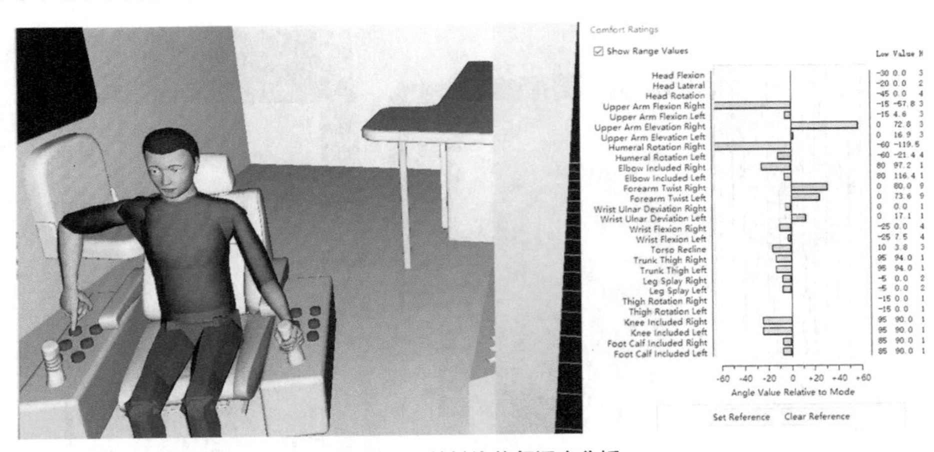


图 8 - 31　按键姿势舒适度分析

根据 Comfort Assessment 工具所得出的舒适性分析可知，造成驾驶员工作不舒适的主要原因为：

1）操纵杆位置和角度不合理。

2）按键位置不合理。

3）座椅高度不合理。

### 3. 挖掘机驾驶室改进设计

在对原有驾驶室的可视性分析后，针对原驾驶室存在的可视性问题，提出相应的改进方案，见表8－14。

表8－14　可视性改进方案

| 改进位置 | 存在问题 | 改进方案 |
| --- | --- | --- |
| 驾驶室前窗 | 铲斗位置 *D* 位于驾驶室前窗视野盲区 | 驾驶室前窗底部采用半镂空结构开窗，扩大驾驶室视野 |
| 显示器位置 | 挖掘机显示屏处于驾驶员左侧，驾驶员在观测时颈部舒适性差 | 将显示屏放在驾驶员右前方 |

依据人机工程学原理，显示面板的位置应满足驾驶员在不需要移动身体位置，甚至在头部和眼部不动的情况下即可看清楚所有信息。由于挖掘机铲斗位于驾驶员左前方，因此将显示面板设在驾驶员右前方，其并不会影响铲斗的可视性。如图8－32所示，利用View Zone工具创建视锥，显示屏在驾驶员视锥内，驾驶员可以通过头部转动看到显示屏整体内容。使用Comfort Assessment工具进行舒适性分析，各关节均处于舒适状态，因此显示屏改进位置符合可视性及舒适性要求。

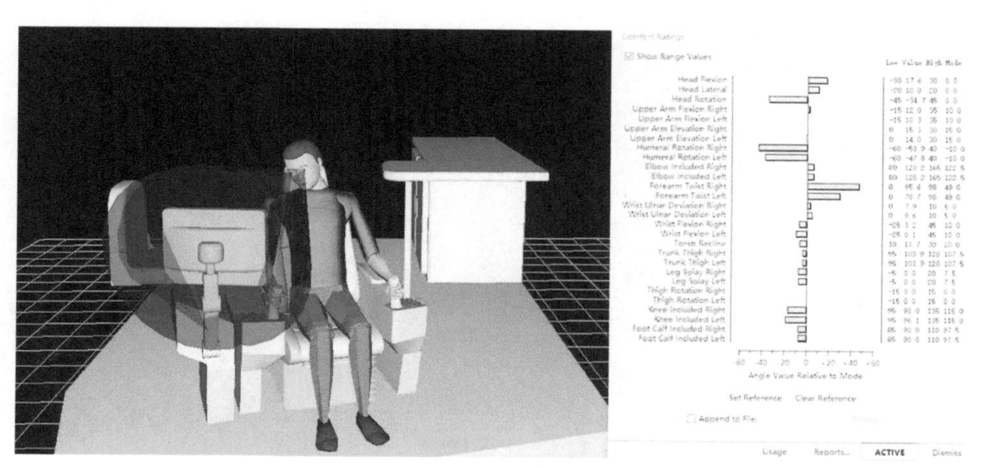


图8－32　显示屏位置舒适度分析

在对原有驾驶室可达性分析中，得出的主要问题是控制台位于驾驶员可达域以外，驾驶员需要起身移动才可以对其进行控制。依据人机工程学原理，操纵装置的设计应根据使用的顺序和频率、重要性、功能性，设计在人操作最方便、反应最灵活的空间范围以内。因此，针对控制台位置问题，做出相应的改进。

在对原有驾驶室的舒适性进行分析后，针对原驾驶室存在的舒适性问题，参照《土方机械操纵的舒适区域与可及范围》，提出相应的改进方案，见表8－15。

表8-15 舒适性改进方案

| 改进位置 | 存在问题 | 改进方案 |
| --- | --- | --- |
| 座椅位置 | 座椅高度问题导致膝关节不舒适 | 座椅高度由 400mm 下移至 350 mm |
| 操纵杆位置 | 操纵杆位置导致腕关节不舒适 | 将操纵杆位置沿驾驶员矢状面向后移动 30mm |
| 按键位置 | 按键位置导致按键姿势不舒适 | 将驾驶员操纵杆后按键移至操纵杆两边，沿驾驶员矢状面向前移 90mm |

按照人机工程学原则，合理的坐面高度应使驾驶员大腿接近水平、小腿可以自然伸直的同时略向前倾。原座椅高度过低，导致膝关节角度接近90°，将座椅高度改为350 mm后，膝关节角度105°，符合膝关节舒适角度要求。再将改进方案导入JACK软件，使用Comfort Assessment工具进行舒适性分析，可见将座椅和操纵杆位置改进后，驾驶员在双手操作操纵杆时，膝部和腕部舒适度都有较大的提升，均处于Dreyfuss 3D舒适标准以内，因此座椅和操纵杆的改进方案满足舒适性要求。将按键位置移至操纵杆两边后，驾驶员在按键时，颈部和上臂舒适度得到明显提升，并且各关节舒适度均处于Dreyfuss 3D舒适标准以内，因此按键改进位置合理，满足驾驶者的舒适性要求。

# 附 录

# 相关术语

### 1. 用户体验 UX（User Experience）

用户体验包含了终端用户与一个企业、它的服务以及它的产品交互的所有方面。UX 是终端用户与一个产品或服务互动感知的全部。这些感知包括了有效性、时间长短、情感的满意度以及与创造这个产品或服务的个体的关系质量。

### 2. 用户体验设计 UXD（User Experience Design）

用户体验设计是以用户为中心的一种设计手段，是以用户需求为目标而进行的设计。设计过程注重以用户为中心，用户体验的概念从设计的早期就开始进入整个流程，并贯穿始终。UXD 还有一种称呼为 UED，也是用户体验设计。阿里巴巴内部把用户体验团队称作 UED 团队，通常 UED 部门包括四种职位：用户体验研究员、交互设计师、视觉设计师以及前端开发工程师。

### 3. 客户体验 CX（Customer Experience）

客户体验（CX）是一个组织和一个客户在他们的关系持续时间之内相互作用的产物。这种相互作用包括品牌对客户的吸引力，提高客户认识、发现、培养、宣传、购买产品和使用服务的概率。CX 包括一个购物者与品牌之间的每一次互动。包括从他们购物旅程的开始直到终点。CX 可通过以下因素来衡量，如整体体验、顾客继续使用你的产品的可能性，以及他们是否愿意将产品分享给其他人。

### 4. 用户界面 UI（User Interface）

UI 是指用户界面，是任何系统的用户实际用眼睛看到的最直观的界面。可以是一组命令或菜单，通过这些命令或菜单等，用户与程序能够进行通信。本质上来说，这也正是人与机器之间的交互发生的空间。

### 5. 交互设计 IxD（Interaction Design）

交互设计是关于设备（Device）、界面（UI）以及用户（Users）之间的连接；它能够促进用户流畅地在任何给定系统中操作。每当用户在一个数字化设备上做选择后，交互设计就是它的反应；它使文本框架和对象更有用，并且使其容易学习、直观呈献给用户。它在数字化的系统中为用户提供了人性化的元素，使之与技术的互动变得愉快且享受。

### 6. 以用户为中心的设计 UCD（User-Centred Design）

以用户为中心的设计（UCD）是在设计过程中以用户体验为设计决策的中心，强调用户优先的设计模式。简单地说，就是在进行产品设计、开发、维护时从用户的需求和用户的感受出发，以用户为中心进行产品设计、开发及维护，而不是让用户去适应产品。产品的使用流程、信息架构、人机交互方式等，都需以 UCD 为核心进行设计，时刻高度关注并考虑用户的使用习惯、预期的交互方式、视觉感受等方面。

### 7. 人机交互 HCI（Human-Computer Interaction）

HCI 是英文人机交互的缩写，尤其注重的是人（用户）与计算机之间的界面。在人机两个领域的研究人员通过观察人类与计算机的互动，进而研制出新技术让人类用新颖的方式与机器互相理解对方，并能够进一步互动。

### 8. 信息架构 IA（Information Architecture）

信息架构（IA）是信息共享环境的结构设计；通过对网站、局域网、在线社区以及软件等个体打标、归类的方式使产品或服务更加易用和好查找；具体在产品的设计中，交互设计师需要在整个项目开始的时候针对产品的信息结构进行归纳整理，从而做到有的放矢，更快做出符合用户价值的交互设计。

# 参考文献


[1] 孙孝华. 色彩心理学 [M]. 上海：上海三联书店，2017.
[2] 索尔索. 认知与视觉艺术 [M]. 郑州：河南大学出版社，2019.
[3] 张岩，金月仙. 色彩艺术与构成 [M]. 北京：北京理工大学出版社，2019.
[4] 李乐山. 人机界面设计 [M]. 北京：科学出版社，2017.
[5] 尹欢. 产品色彩设计与分析 [M]. 北京：国防工业出版社，2015.
[6] 周晓成，张煜鑫，冷荣亮. 虚拟现实交互技术 [M]. 北京：化学工业出版社，2016.
[7] 佐佐木刚士. 版式设计原理 [M]. 北京：中国青年出版社，2007.
[8] 加勒特. 用户体验要素：以用户为中心的产品设计 [M]. 北京：机械工业出版社，2019.
[9] 杨颖，雷田，张艳河. 基于用户心智模型的手持移动设备界面设计 [J]. 浙江大学学报（工学版），2008，42（5）：800-804，844.
[10] 顾振宇. 交互设计原理与方法 [M]. 北京：清华大学出版社，2016.
[11] 林富荣. APP交互设计全流程图解 [M]. 北京：人民邮电出版社，2018.
[12] 阮宝湘. 工业设计人机工程 [M]. 3版. 北京：机械工业出版社，2016.
[13] 昂格尔. UX设计之道：以用户体验为中心的Web设计 [M]. 北京：人民邮电出版社，2010.
[14] 威尔森曼. 重塑用户体验 [M]. 北京：清华大学出版社，2010.
[15] 郑昊. UI设计与认知心理学 [M]. 北京：电子工业出版社，2019.
[16] 罗仕鉴，龚蓉蓉，朱上上. 面向用户体验的手持移动设备软件界面设计 [J]. 计算机辅助设计与图形学学报，2010，22（6）：1033-1041.
[17] ROBERT J M，LESAGE A. 15 Designing and Evaluating User Experience [J]. Behaviour&Information Technology，2011，30（6）：867-868.
[18] 张贵明. 简约高效——人机界面的组织策略 [J]. 装饰，2013（09）：99-100.
[19] 张贵明. 非茨定律在页面设计中的应用 [J]. 装饰，2013（12）：108-109.
[20] LI C H，JI Z J，PANG Z B，et al. On usability evaluation of human-machine interactive interface based on eye movement [C] //Man-Machine-Environment System Engineering. Singapore：Springer Singapore，2016.
[21] CZERNIAK J N，BRAND L C，MERTENS A. The influence of task-oriented human-machine interface design on usability objectives [C] //Lecture Notes in Computer Science. Cham：Springer International Publishing，2017.
[22] 崔生国. 以形寓意：关于图形视觉形态和意义的思考 [J]. 装饰，2013（2）：127-128.
[23] 夏颖翀. 数字产品界面中朴素的设计和冗余的设计 [J]. 装饰，2013（5）：98-99.
[24] 温源. 移动互联网软件产品的"UI"设计研究 [D]. 济南：山东大学，2013.
[25] 陈向荣，吴硕贤. 基于主观评价法的现代剧场满意度评价——以广州大剧院和湖南大剧院为例 [J]. 华南理工大学学报（自然科学版），2013，41（10）：135-144.
[26] 刘小路. 由"技艺"到"方法"：格式塔理论在包豪斯与乌尔姆的发展 [J]. 装饰，2014（6）：76-77.
[27] 刘娟. 人机交互设计在科技产品中的应用 [J]. 包装工程，2014，35（18）：64-67.
[28] 丁凯. 论移动平台中用户界面的视觉层级设计 [J]. 南京艺术学院学报（美术与设计版），2014（6）：192-196.
[29] 卡尔. 产品设计与开发 [M]. 北京：机械工业出版社，2014.
[30] 李理，刘畅，康俊峰，等. 基于格式塔心理学的工业产品渐消面设计研究 [J]. 包装工程，2015，36（14）：46-47.
[31] 库伯. About Face 4 交互设计精髓 [M]. 北京：电子工业出版社，2015.

[32] 林一，陈靖，刘越，等. 基于心智模型的虚拟现实与增强现实混合式移动导览系统的用户体验设计 [J]. 计算机学报，2015，38 (2)：408 - 422.
[33] 郭伏，丁一，张雪峰，等. 产品造型对用户使用意向影响的事件相关电位研究 [J]. 管理科学，2015，28 (6)：95 - 104.
[34] 谢伟，辛向阳，丁静雯. 基于眼动测试的产品人机界面交互设计研究 [J]. 机械设计，2015，32 (12)：110 - 115.
[35] BERGSTROM J R，SCHALL A J. 眼动追踪：用户体验设计利器 [M]. 宫鑫，康宁，杨志芳译. 北京：电子工业出版社，2015：50.
[36] 薛文峰. 移动互联网软件产品中的 UI 设计研究 [J]. 包装工程，2016，37 (6)：45 - 48.
[37] 唐诗斯，秦拯，欧露. 基于席克定律与费茨定律的菜单可用性研究 [J]. 计算机工程与应用，2016，52 (10)：254 - 258.
[38] 张天蓉. 简约之美 [J]. 科技导报，2016，34 (1)：143.
[39] 张凤军，戴国忠，彭晓兰. 虚拟现实的人机交互综述 [J]. 中国科学：信息科学，2016，46 (12)：1711 - 1736.
[40] 张世锋. 技术推动观念 VR 技术引发的视觉传达新观念 [J]. 新美术，2016，37 (11)：87 - 91.
[41] 熊英，张明利. 基于用户体验的互联网产品界面设计分析 [J]. 包装工程，2016，37 (4)：88 - 91.
[42] 张超，黄劲松. 无意识设计流程规范化研究 [J]. 湖北工业大学学报，2017，32 (3)：85 - 88.
[43] 刘敬，余隋怀，初建杰. 基于主客观综合赋权的民机客舱舒适性评价 [J]. 图学学报，2017，38 (2)：192 - 197.
[44] 齐铁军，侯伟. 漫谈产品设计人机工程学中的物理知识 [J]. 中学物理教学参考，2017，46 (24)：53 - 54.
[45] 张修乾. 基于人机交互的工业产品设计模型研究 [J]. 现代电子技术，2017，40 (20)：153 - 155.
[46] 吴永坚. 移动端 APP 图标设计探索 [J]. 艺术评论，2017 (7)：161 - 164.
[47] 韩静华，牛菁. 格式塔心理学在界面设计中的应用研究 [J]. 包装工程，2017，38 (8)：108 - 111.
[48] 逄佳，李霁. 基于视觉信息传达的网页界面设计研究 [J]. 包装工程，2017，38 (2)：243 - 245.
[49] 刘伟，曾勇. 数字设备界面系统中的交互安全研究 [J]. 包装工程，2018，39 (24)：244 - 249.
[50] 普里斯，罗杰斯，夏普，等. 交互设计：超越人机交互 [M]. 北京：机械工业出版社，2018.
[51] 彭辉. 平移、编码与沉浸：新媒体广告 UE 设计模式的迭代 [J]. 出版广角，2018 (5)：73 - 75.
[52] 胡飞，姜明宇. 体验设计研究：问题情境、学科逻辑与理论动向 [J]. 包装工程，2018，39 (20)：60 - 75.
[53] 郑杨硕，朱奕雯，王昊宸. 用户体验研究的发展现状、研究模型与评价方法 [J]. 包装工程，2020，41 (6)：43 - 49.
[54] 韩亮，谭明. 基于服务设计思维的金融科技交互体验研究 [J]. 包装工程，2020，41 (16)：98 - 104.
[55] 谭浩，尤作，彭盛兰. 大数据驱动的用户体验设计综述 [J]. 包装工程，2020，41 (2)：7 - 12；56.
[56] 颜洪，刘佳慧，覃京燕. 人工智能语境下的情感交互设计 [J]. 包装工程，2020，41 (6)：13 - 19.
[57] 刘翔宇，王坤，王强. 色彩的隐喻性特征在手机 UI 设计中的运用 [J]. 包装工程，2018，39 (8)：200 - 205.
[58] 杨洁. 智能手机 APP 用户界面设计的行为逻辑思维 [J]. 包装工程，2018，39 (22)：241 - 245.
[59] 苟锐，傅德天，莫宇凡. 不同年龄人群对交互界面设计风格的审美偏好与操作效率的比较 [J]. 包装工程，2019，40 (16)：22 - 26.
[60] 张兴华，王晓予. VR 技术引发的视觉传达新观念 [J]. 传媒，2018 (10)：50 - 53.
[61] 卜新章. VR 虚拟现实影像的视觉特征探析 [J]. 编辑学刊，2018 (3)：36 - 40.
[62] SAURO J，LEWIS J R. 用户体验度量 [M]. 北京：机械工业出版社，2018.

[63] 王艺璇，王小平，吴通，等. 基于眼动实验的音乐类手机 APP 界面设计评价 [J]. 科学技术与工程，2018，18 (9)：266 – 271.
[64] 苏珂，廖越. 基于 JACK 的电动拖拉机驾驶室人机工程改进设计 [J]. 机械设计，2018，35 (8)：106 – 110.
[65] 苏建宁，杨文瑾，张书涛，等. 基于潜在语义分析的形态美度综合评价方法 [J]. 兰州理工大学学报，2018，44 (6)：39 – 43 + 189.
[66] 辛向阳. 从用户体验到体验设计 [J]. 包装工程，2019，40 (8)：60 – 67.
[67] 王雪皎. 基于原型理论的图标特征识别与应用设计 [J]. 包装工程，2019，40 (4)：72 – 76.
[68] CHAE S Y，LEE C Y . Analysis and correction of web documents' non – compliance with web standards [J]. Journal of the Korean Physical Society，2019，74 (7)：731 – 743.
[69] 熊璐. 以交互理念为核心的网页界面设计课程教学实践探索 [J]. 装饰，2019 (5)：140 – 141.
[70] 程时伟，魏千景，张章伟，等. 移动设备交互环境下的注视点感知计算方法 [J]. 计算机辅助设计与图形学学报，2019，31 (1)：1 – 9.
[71] 黄莓子，郑黄昱缨. 基于 UI 设计视角的移动端游戏开发研究 [J]. 美术大观，2019 (6)：104 – 105.
[72] 张敏，黄华. VR 交互技术下的产品设计评价系统研究 [J]. 现代电子技术，2019，42 (19)：173 – 177.
[73] 沙春发，潘欣云，杨桦，等. 基于眼动实验的产品造型与意象空间匹配度评估指标选取 [J]. 科学技术与工程，2019，19 (32)：105 – 111.
[74] 严褒. 基于虚拟现实技术的工业产品造型设计 [J]. 现代电子技术，2019，42 (3)：184 – 186.
[75] 周橙旻，于梦楠. 基于用户体验的家具展示类网站设计研究 [J]. 包装工程，2019，40 (22)：181 – 189.
[76] 赵彦杰，陆冕. 栅格系统方法在网页界面设计中的应用研究 [J]. 包装工程，2019，40 (18)：95 – 100；107.
[77] 吕健，孙玮伯，潘伟杰，等. 基于认知特性的信息界面布局美度评价 [J]. 包装工程，2019，40 (18)：220 – 226.
[78] 侯守明，韩吉，张煜东，等. 基于视觉的增强现实三维注册技术综述 [J]. 系统仿真学报，2019，31 (11)：2206 – 2215.
[79] 李超. 版式设计中的形式美探讨 [J]. 包装工程，2020，41 (4)：285 – 287；297.
[80] 徐兴，李敏敏，李炫霏，等. 交互设计方法的分类研究及其可视化 [J]. 包装工程，2020，41 (4)：43 – 54.
[81] 赖守亮，罗紫惠. CSS3 与网页视觉设计及技术呈现研究 [J]. 包装工程，2021，42 (2)：191 – 194.
[82] 徐小萍，吕健，金昱潼，等. 用户认知驱动的 VR 自然交互认知负荷研究 [J]. 计算机应用研究，2020，37 (7)：1918 – 1963.
[83] 代明远，王明江，肖利伟，等. 工程机械产品虚拟设计应用综述 [J]. 机械设计，2020，37 (3)：128 – 134.
[84] 王嫚，檀鹏，纪毅，等. 基于体验式学习理论的文遗类 AR 交互设计 [J]. 包装工程，2021，42 (4)：97 – 102.
[85] 张昊鹏，郭宇，汤鹏洲，等. 基于图像匹配的增强现实装配系统跟踪注册方法 [J]. 计算机集成制造系统，2021，27 (5)：1281 – 1290.
[86] 夏敏燕. 产品意象评价中的眼动与脑电技术研究进展 [J]. 包装工程，2020，41 (20)：69 – 73.
[87] AZADEH A，MORADI B. Simulation optimization of facility layout design problem with safety and ergonomics factors [J]. International Journal of Industrial Engineering – Theory Applications and Practice，2014，21 (4)：209 – 230.

[88] JAMIL N, CHEN X M, CLONINGER A. Hildreth' s algorithm with applications to soft constraints for user interface layout [J]. Journal of Computational and Applied Mathematics, 2015, 288: 193-202.
[89] 姚湘，郭雨晴，李萌. 用户行为分析视角下的产品人机优化设计研究 [J]. 包装工程，2020，41 (18): 90-100.
[90] 翁超，巩淼森，梁峭. 情境视角下就地热再生车辆产品设计策略 [J]. 包装工程，2021，42 (2): 129-134，142
[91] 张书涛，苏鹏飞，杨文瑾，等. 基于熵理论的产品美度综合评价方法 [J]. 包装工程，2021，42 (8): 79-87.
[92] 袁月，蒋晓. 基于模糊层次分析法的家用儿童餐椅设计评估 [J]. 包装工程，2020，41 (24): 188-192.
[93] 袁树植，高虹霓，王崴，等. 基于感性工学的人机界面多意象评价 [J]. 工程设计学报，2017，24 (5): 523-529.